诗意栖居 2023

京内高校美丽乡村

有机更新联合毕业设计作品集

北京建筑大学
北京交通大学
北京工业大学
北方工业大学
北京城市学院
河南城建学院
编著

華中科技大學出版社
http://press.hust.edu.cn
中国 · 武汉

内容提要

自十九大以来，为促进乡村高质量发展，实施乡村振兴战略被摆在优先位置。《北京市乡村振兴战略规划(2018—2022年)》中提出要立足首都城市战略地位，坚持乡村振兴和新型城镇化双轮驱动，准确把握北京“大城市小农业”“大京郊小城区”的市情和乡村发展规律。本书为第三届“京内高校美丽乡村有机更新”联合毕业设计成果，参加的高校包括北京建筑大学、北京交通大学、北京工业大学、北方工业大学、北京城市学院及河南城建学院。本书以“诗意栖居”为题，分析大城市近郊村落的经济社会形态和物质空间特征，探索生态资源、空间资源、文化资源等与乡村更新设计的具体关联，描绘宜居、低碳、智慧的未来乡村图景。

图书在版编目（CIP）数据

诗意栖居：2023京内高校美丽乡村有机更新联合毕业设计作品集 / 北京建筑大学等编著. -- 武汉：华中科技大学出版社，2024.1

ISBN 978-7-5772-0218-1

Ⅰ.①诗… Ⅱ.①北… Ⅲ.①乡村规划－毕业设计－作品集－中国－现代 Ⅳ.①TU982.29

中国国家版本馆CIP数据核字(2023)第219765号

诗意栖居：2023京内高校美丽乡村有机更新联合毕业设计作品集　　北京建筑大学等 编著

SHIYI QIJU: 2023 JINGNEI GAOXIAO MEILI XIANGCUN YOUJI GENGXIN LIANHE BIYE SHEJI ZUOPINJI

策划编辑：简晓思

责任编辑：简晓思

装帧设计：金　金

责任监印：朱　玢

出版发行：华中科技大学出版社（中国·武汉）　　电　话：（027）81321913

武汉市东湖新技术开发区华工科技园　　邮　编：430223

印　刷：湖北金港彩印有限公司

开　本：889mm×1194mm 1/16

印　张：11.75

字　数：358千字

版　次：2024年1月第1版第1次印刷

定　价：98.00元

编委会

主　编：荣玥芳

副主编：张颖异　王　鑫　刘　蕊　刘　泽　王　雷　刘会晓

参　编：陈　鹭　高　璟　韩　风　李梦迪　裴　昱　桑　秋　杨易晨

联合毕业设计点评专家

梁玮男　北方工业大学建筑与艺术学院规划与风景系主任

张　鸣　北京市城市规划设计研究院乡村规划所主任规划师

于彤舟　北京北建大城市规划设计研究院有限公司顾问总规划师

单彦名　中国建筑设计研究院城镇规划设计研究院副院长

马　元　北京清华同衡规划设计研究院有限公司总体研究中心项目办主任

赵玉凤　河南城建学院建筑与城市规划学院副院长

序言

党的二十大报告提出“全面推进乡村振兴”和“建设宜居宜业和美乡村”。这是以习近平同志为核心的党中央统筹国内国际两个大局、坚持以中国式现代化全面推进中华民族伟大复兴，对正确处理好工农城乡关系作出的重大战略部署，为新时代新征程全面推进乡村振兴、加快农业农村现代化指明前进方向。

乡村规划设计是实施乡村振兴战略的重要任务，通过坚持规划引领，加强区域统筹，发挥资源特色，强化部门协同，统筹优化宜居宜业的乡村空间格局；积极探索多层次全域景观设计，展现山乡之美、原乡品质、和谐风貌，塑造具有首都特色的和美乡村形态。同时乡村规划设计也是城乡规划专业的重要组成部分，加强对乡村规划与建设的关注，推进乡村规划设计领域的专业发展，培养具备乡村规划专业能力的技术人才，是城乡规划学科的重要责任，也是首都乡村振兴的重要支撑。

“京内高校美丽乡村有机更新”联合毕业设计作为京内高校联合毕业设计的重要品牌，不断探索新时期城乡规划专业本科毕业设计的教学理念和方法，将专业教育与人才需求紧密结合，共同推进乡村规划教学研究与交流。“诗意地栖居”是本届联合毕业设计的主题，也是对高品质乡村生活的美好愿景。学生们在极具京郊特色的金海湖畔、丫髻山脚下、明长城遗址旁和京西稻智慧农场里，深入黄草洼、前吉山、刁窝、常乐等村庄开展细致的调研访谈，分析特大城市近郊村落经济社会形态和物质空间特征，探索生态资源、空间资源、文化资源等与乡村更新设计的具体关联，描绘出宜居宜业、绿色智慧的和美乡村图景。

参与本届联合毕业设计的北京建筑大学、北京交通大学、北京工业大学、北方工业大学、北京城市学院和河南城建学院发挥各自优势，形成了优秀的联合毕业设计成果并结集出版，供广大学者同仁和高校师生参考。

石晓冬

北京市城市规划设计研究院党委书记 院长

前言

“京内高校美丽乡村有机更新”联合毕业设计由北京建筑大学发起，各兄弟院校支持，至今已连续举办三年。三年来，我们坚持把乡村更新作为着眼点，带领城乡规划专业毕业班的学生扎根乡土，描绘心中理想的乡村蓝图。我们相信，乡村有机更新联合毕业设计选题是一种激励，更是一种传承，是最好的课程思政。以毕业设计为契机，未来的乡村更新实践必将有青年学子的风采。

2023 年的联合毕业设计吸引了 6 所联盟院校的 20 个团队参加，13 位毕业设计一线教师全程指导，33 名毕业班学生通力合作，共同完成了联合毕业设计教学任务，参与人数创历年之最。联合毕业设计为学生提供了真实的设计场地、可触可感的乡村生活场景和亟待解决的现实问题，需要将课堂上的理论转化为科学可行的设计方案，把知识落到实处。值得欣慰的是，各校师生团队在毕业设计中展现出了极大的热忱，相互切磋，共同努力，高质量地完成了设计作品并取得了优异成绩，斩获校级、院级优秀毕业设计若干。

联合毕业设计历经教师组选题会议、开题启动会、集体调研、中期汇报及期末答辩等环节，筹备和组织工作获得了多家高校、科研院所及地方政府的支持，使相关工作得以开展。感谢北京交通大学、北京工业大学、北方工业大学、北京城市学院、河南城建学院、北京市规划和自然资源委员会海淀分局、北京市规划和自然资源委员会平谷分局、北京市城市规划设计研究院、中国建筑设计研究院城镇规划设计研究院、北京清华同衡规划设计研究院、北京城市规划学会城镇学术委员会、北京北建大建筑设计研究院、北京北建大城市规划设计研究院、北京市海淀区上庄镇人民政府、北京市平谷区金海湖镇人民政府等单位；感谢为联合毕业设计提供指导的何闽所长、梁玮男主任、张鸣主任规划师、于彤舟总规划师、单彦名副院长、马元主任、赵玉凤副院长、孟媛主任等，感谢各位专家和学者对联合毕业设计的支持与帮助。

希望本书的出版，能为新时期本科毕业设计教学理念和方法提供思路，为推进乡村规划教学研究交流提供平台，为乡村有机更新设计实践提供技术支持，也为各联盟院校 2023 届毕业生留下值得珍藏的回忆。愿各位学生不忘初心，奔赴热爱，为祖国的乡村振兴事业贡献力量。

上篇

联合毕业设计情况简介

联合毕业设计学生作品

下篇

诗意栖居 上篇

2023

联合毕业设计情况简介

联合毕业设计选题名称

2023 年度“京内高校美丽乡村有机更新”联合毕业设计选题名称：诗意地栖居——北京城市边缘区乡村有机更新设计。

联合毕业设计宗旨

2023 年度“京内高校美丽乡村有机更新” 联合毕业设计宗旨：为北京地区乡村有机更新设计实践研究与人才培养服务。

联合毕业设计参加高校

2023 年度“京内高校美丽乡村有机更新” 联合毕业设计参加高校：北京建筑大学、北京交通大学、北京工业大学、北方工业大学、北京城市学院、河南城建学院。

联合毕业设计开展缘起

“京内高校美丽乡村有机更新”联合毕业设计经过三年的发展，已逐渐成为城乡规划专业联合毕业设计的一个重要品牌，以实际行动提升毕业设计教学质量，助力城乡规划人才培养，支撑我国乡村振兴战略。2021 年，本联合毕业设计由北京建筑大学发起，包括北京建筑大学、北京林业大学、北京工业大学、北方工业大学在内的四所高校联合开展。联合毕业设计选址北京市密云区北甸子村和王庄村，参加的师生包括 8 名教师和 13 名城乡规划专业本科学生。各高校师生对北京乡村问题展开了探讨与研究，同时加强了校际师生之间的交流与合作，促进了北京地区高校城乡规划专业在乡村规划设计板块的交流与学习。

鉴于 2021 年联合毕业设计的经验以及效果，2022 年度的“京内高校美丽乡村有机更新”联合毕业设计新增了北京交通大学、河南城建学院、北京城市学院三所院校的师生团队，扩大了校际联合的范围，同时增加了校内跨专业联合，增加的专业包括建筑学、历史建筑保护工程、设计学、管理学等，从而更好地实现乡村更新设计校际、跨专业交叉研究与设计。

2023 年，“京内高校美丽乡村有机更新”联合毕业设计由北京建筑大学、北京交通大学、北京工业大学、北方工业大学、北京城市学院、河南城建学院六所高校的 47 名师生参与，团队数量和人数创历年新高。设计基地选址在北京市平谷区的黄草洼村、大庙峪村、挂甲峪村、刁窝村、前吉山村，以及海淀区的东马坊村、常乐村。本次联合毕业设计试图通过大城市边缘区乡村有机更新设计，对乡村更新的在地性、地域性及可实施性路径展开研究和探索。

联合毕业设计选题确定

依照城乡规划专业本科毕业设计整体教学安排，结合立德树人根本任务、培养新时期城乡规划人才需求导向和加强跨校跨专业毕业设计的要求，2023 年“京内高校美丽乡村有机更新”联合毕业设计牵头高校北京建筑大学确定设计选题为“诗意地栖居——北京城市边缘区乡村有机更新设计”。通过乡村规划设计训练，引导学生关注我国乡村振兴战略、北京乡村振兴重点工作和上位规划相关内容；掌握城市边缘区乡村有机更新设计要点，形成规范、准确的文本及图纸；基于实际问题，熟练运用规划设计理论与技术，提出科学合理的规划设计对策。选题确定后，北京建筑大学形成联合毕业设计总体框架、任务书文件和基础资料，分发至各参与院校。在各校毕业设计教学要求下，以师生自愿为原则，分别组织联合毕业设计分组工作，最终形成 20 个毕业设计师生队伍，开启联合毕业设计之旅。

联合毕业设计成果总结

经过半年的课程教学与跨校交流，先后经历了线上线下教师研讨、开题动员、中期汇报和期末答辩，各毕业设计团队最终圆满完成课程任务。2023 年 5 月 31 日，联合毕业设计期末答辩会于北京建筑大学西城校区成功举行，为本年度联合毕业设计划下完美句点。

各校学生的毕业设计成果异彩纷呈，展现了专业素养和团队合作精神，实现了当代青年学子与乡村未来的“双向奔赴”。在一次次的跨校交流和思考中，学生们用专业技术绘制出乡村更新的蓝图，用智慧点亮乡村振兴之路。在大家的笔下，乡村有成千上万种模样：可以是全产业链协同发展，可以是绿水青山生态宜居，可以是生活富裕乡风文明。“诗意”或许为今天的乡村做了更好的注脚，乡村还可以是卸下城市压力的乌托邦，是出走千里的梦归处，是人地平衡的大家园。一张张图纸、一份份作品勾勒出最美好的乡村愿景；一纸纸文字、一份份报告书写了最翔实的乡村面貌。能够把联合毕业设计作品整理成册，离不开教师和学生的共同创造。

北京建筑大学

第三届“京内高校美丽乡村有机更新”联合毕业设计以“诗意地栖居”为题，旨在训练学生分析都市近郊村落的社会形态和物质空间特征，阐释生态资源、空间资源、文化资源等与乡村更新设计的具体关联，描绘宜居、低碳、智慧的未来乡村图景，对北京地区乡村更新的科学性、地域性和可实施性进行深度探索。

北京建筑大学城乡规划系金雨晴、吴梦迪、李迪凡小组的毕业设计题目为“悟禅梵意——文化赋能背景下的都市近郊村落有机更新设计”，基于黄草洼村特有的三泉寺传统寺庙和宗教民俗，挖掘地域文化特色，构建集民俗体验、观光旅游、避暑休闲为一体的新型乡村社区，为都市近郊村落有机更新提供了创新思路。任鱼跃、宁杨弘威、陈卓小组的毕业设计题目为“清溪穿青山，山林疗人心——未来健康乡村场景下的都市近郊乡村有机更新设计”，通过对金海湖镇黄草洼村现状问题的调研与思考，结合村庄优越的生态自然本底和乡土文化资源，构建了具有疗愈康养特色的轻户外都市近郊乡村更新路径，提出了具有创意性和实操性的规划设计方案。郝天啸、王瀚笙、吴禧霖小组的毕业设计题目为“山水逸墅——金海湖畔游，京东水村居”，设计依托黄草洼村山、水、林、田、湖的生态农业特色和休闲旅游特色，推动农林业与休闲旅游业的深度融合，把生态优势转化为村庄发展优势，打造高端民宿旅游乡村。史方舟、王晓格、金明顺小组的毕业设计题目为“绿野稻香，常乐未央——水田林交响、村景园融合的梦幻桃花源、诗意栖息地”，通过对上庄镇常乐村现状问题的调研与思考，以优越的生态基底为依托，以智慧稻田为特色，以科技、文化为助力，打造集特色文创、科创、研学、康养和农业体验、休闲娱乐、民俗体验等功能于一体，三大产业融合发展的智慧田园综合体。

北京交通大学

2022 年 12 月至 2023 年 6 月，第三届“京内高校美丽乡村有机更新”联合毕业设计在京举行，北京交通大学建筑与艺术学院城乡规划系 3 位学生和 3 位指导教师组成的团队全程参加。

团队以北京市海淀区上庄镇常乐村为设计研究对象，在近半年的历程中，完成了田野调查、历史研究、在地访谈、数据分析、规划设计、模型制作等工作。在推进过程中，师生通过多种规划设计和研究手段，深入了解村落的地域文化、空间环境、院落建筑、基础设施、产业发展、民俗文化、生活空间等方面，总结保护与再利用遇到的困难，评估更新活化潜力，旨在合理利用村落资源，整合既有空间要素和文化要素，培育发展特色产业。

3 个方案分别以“科融乡里，共享常乐”“稻乡水岸，织古融今”“研游常乐，寻脉稻香”为主题，立足村落自身的地域特征和历史印迹，利用村落内外各类空间资源和文化资源，形成层次丰富、逻辑清晰的空间结构，促进感受历史文化、体验科技农场、享受乡野生活等行为，提升村庄活力，实现外来人群与在地村民协同共生的局面。

在此次联合毕业设计过程中，师生依托跨校平台广泛开展交流，在协同教学、学术讲座、阶段评图的支持下，拓展了规划设计维度，加深了设计成果表达。此次联合毕业设计对于学生开拓视野、加深实践经验大有裨益，并且有助于学生在未来不断适应专业挑战和社会要求。

北京工业大学

此次联合毕业设计以“诗意地栖居”为主题，围绕文化塑造的理念，我校两位学生选择平谷区挂甲峪村和大庙峪村两个山区村庄作为设计场地开展村庄规划设计。相较去年疫情的影响，本次联合毕业设计各校师生终于汇聚一堂。2023 年 2 月大家进行联合调研，4 月举办线下中期汇报，5 月伴随着期末答辩，活动完美落幕。一路走来，学生结识了其他院校的同学，相互交流，共同进步，不仅收获了友谊，更增长了见识。“百舸争流，千帆竞发”，各校师生基于相同主题从不同视角切入，诠释着对乡村发展的规划思考，极大地丰富了我们的设计维度，同时我们也得到了其他院校、设计院老师和专家的指导。半年的交流学习，获益良多，今后我们将继续承载着联合毕业设计的收获，推进乡村规划的教学工作。祝愿“京内高校美丽乡村有机更新”联合毕业设计活动持续发力，越办越好。

北方工业大学

城乡规划毕业设计是学生在正式投入工作前一次最好的“真题试做”机会，能够切实地帮助他们完成从学生思维到工作思维的蜕变，也是对五年大学学习的一次总结，是一次将知识融会贯通应用于实际项目的大好机会。第三届“京内高校美丽乡村有机更新”联合毕业设计，是由北京建筑大学领衔组织，由包括我校在内的六所高校共同参与，以乡村规划和乡村有机更新为主题的一场联合毕业设计活动。本次联合毕业设计可选基地有北京市平谷区的黄草洼村、大庙峪村、挂甲峪村、刁窝村、前吉山村，以及海淀区的东马坊村、常乐村。在参与联合毕业设计期间，随着进程的深入以及与其他高校的师生进行交流，我们越发意识到联合毕业设计活动独特的优势。

一方面，相较于单个院校举行的毕业设计活动，由多个高校共同参与的活动能够提供更加丰富的平台和更大的设计范围，使学生能够在联合毕业设计活动中将各个阶段学习的理论知识再度梳理吸收，将理论知识付诸于实践。

另一方面，联合毕业设计活动是多个高校、多位老师与学生团队、多种设计理念之间的碰撞，更有利于让城乡规划毕业设计向着多元化、多样化的方向发展，各种规划思路之间的碰撞也更有利于学生迸发出新的灵感。

“京内高校美丽乡村有机更新”联合毕业设计目前举办到第三届，还有着很大的进步空间。可以预见，未来联合毕业设计活动的规划基地选取可以更加多样化，与实际项目接轨，同时也可以尝试与建筑学、风景园林学等专业进行联合，互相取长补短，让联合毕业设计成为一个学生展现自我、成就自我的新平台。

北京城市学院

北京城市学院坚持以市场为导向，以应用型为特色，以服务区域发展为目标，走“本科立校、依法治校、优质强校、特色兴校”的发展道路，实施“适合教育、全人教育、有效教育、实用教育”的育人理念，全力创建高水平大学，全心造就高素质人才。北京城市学院城市建设学部城乡规划专业立足中国特色新型城镇化建设和首都城乡规划建设需要，聚焦空间数据分析、城市更新等重点领域，培养具备数字规划技术和工程协同能力的“一专多能”的高水平应用型人才，于 2021 年获批北京市级一流本科专业建设点。

“旅居山水 · 雄关之源——平谷区刁窝村有机更新设计”由北京城市学院城市建设学部城乡规划专业优秀教师团队指导完成。本次设计主要考虑人与自然之间的和谐关系，坚持以人为本的设计理念，规划了“两轴、两带、多点”的总体布局。设计方案以生态环境优先为原则，充分体现对人的关怀。整个设计基于国家政策、上位规划及现状情况进行，主要解决了用地、道路、绿地、建筑风貌、游览路线和院落格局等问题，如丰富用地类型，增添次要步行道路来完善路网体系，增加大量宅前绿地，划定整治更新建筑，完善建筑风貌的控制等，由此来设计富有长城特色的游览路线，并在重要的节点上进行院落更新设计。同时针对长城要塞特色文化设计了主题民宿，便于村民更好地了解长城要塞相关知识，打造平谷区独有的长城要塞文化交流中心。

河南城建学院

乡村有机更新，是新时期城乡居民高品质生活的需要，是乡村价值高水平再造的需要，也是乡村振兴高质量发展的需要，对实现农村地区经济、社会和生态的协同发展具有重要的意义。

对于本次联合毕业设计，河南城建学院选择了京郊平谷区的金海湖镇黄草洼村和黄松峪乡刁窝村两处村庄进行规划设计。

对于黄草洼村，依托其依山傍水的生态环境优势及现有的产业基础，挖掘在地的特色要素，以自然疗愈为理念，以空间有机更新为切入点，以小规模渐进式为手段，打造融合自然、设施齐全、具有空间特色的景郊型生态旅游村居。本次规划首先总结村庄特征及问题，梳理村庄诉求，总结出规划问题——“村庄活力衰退，资源价值未充分发掘”，结合时代背景引入践行“自然疗愈”理念，划分四个规划层面，即提产、兴村、留人、营景，最终实现规划目的，促进黄草洼村高质量发展，实现乡村振兴，活力再生。

对于刁窝村，因为黄松峪乡对其定位为“生态休闲谷、醉美旅居镇”的休闲度假区，着力发展山水旅游、特色民宿、特色种植，于是围绕平谷区“一城多点六园、两廊两带一区”的空间布局和黄松峪乡“一廊、多点、多斑块”的生态安全格局，本次规划从实际出发，通过空间秩序、历史遗存、产业发展、人文资源等方面的更新，对刁窝村田园景观进行塑造，合理规划刁窝村产业布局，打造刁窝村山川河谷交相辉映的空间整体形象，践行“绿水青山就是金山银山”的理念，促进地区乡村高质量发展。

联合毕业设计教研论文

交叉融合，协作共进——京内高校美丽乡村有机更新设计联盟联合毕业设计教学组织探索

荣玥芳，张颖异（北京建筑大学 城乡规划系）

一、联合毕业设计缘起

近年来，随着城乡规划学科与行业的快速发展，各高等院校城乡规划教学体系不断深化改革，联合毕业设计成为毕业设计教学组织的重要模式之一。联合毕业设计在推进校际交流、拓展师生视野方面具有优势，利于实现校际师生间的互助互促，提高毕业设计成果质量，推动毕业设计教学体系的进一步建设与发展。

2017 年，习近平总书记在党的十九大报告中提出乡村振兴战略，指出农业、农村、农民问题是关系国计民生的根本性问题，必须始终把解决好“三农”问题作为全党工作的重中之重，实施乡村振兴战略。《北京城市总体规划（2016 年—2035 年）》中把建设“疏朗有致的美丽乡村”作为一项重要内容，实现现代化生活与传统文化相得益彰，城市服务与田园风光内外兼备，建设绿色低碳田园美、生态宜居村庄美、健康舒适生活美、和谐淳朴人文美的美丽乡村和幸福家园。在此背景下，北京建筑大学经过前期酝酿和组织协调，于 2021 年正式发起“京内高校美丽乡村有机更新联盟联合毕业设计”系列教学活动，该活动最初有北京建筑大学、北京林业大学、北京工业大学、北方工业大学四所高校参与。2022 年，联合毕业设计教学活动吸纳北京交通大学、北京城市学院、河南城建学院师生团队加入，壮大了校际联合范围，更多的教师和学生深入北京乡村，为北京乡村振兴和美丽乡村建设贡献智慧。

2023 年是联合毕业设计教学活动的第三年，参与师生人数越来越多，辐射院校范围越来越广。毕业设计教学组织和教学模式不断完善，形成了以乡村有机更新为纽带的跨院校交流、跨学科交叉、跨校企合作、地方政府支持的多重联合模式，联合毕业设计的教学组织日渐优化成熟。

二、联合毕业设计教学组织特点

1. 在地性

联合毕业设计结合乡村振兴的时代背景和本土乡村更新需求，充分考虑地区特色，紧密结合北京市乡村地理特征、资源禀赋、人文环境和社会经济特点，选取具有代表性的乡村作为设计基地。以 2023 年为例，经过多方论证和基础资料收集，拟定北京市平谷区黄草洼村、大庙峪村、挂甲峪村、刁窝村、前吉山村，以及海淀区马坊村、常乐村为设计对象，各指导小组可根据实际情况选择一个乡村进行更新设计，重点关注与解决当地面临的实际发展问题。在联合毕业设计启动之初，邀请北京乡村更新学界和业界知名专家及学者开展系列讲座，内容涵盖平谷区规划解读、海淀区规划解读、村庄规划与建设的在地性思考等内容，对设计基地所在区域的国土空间规划分区规划进行系统讲解，对当前乡村规划关注要点、工作重心和技术方法予以梳理，加强学生对基地的多维度认知，为设计方案的生成提供思路。

在地性一直是联合毕业设计的突出特点，以此引导学生既关注北京乡村建设热点地区的现实问题，又结合地方政府乡村规划设计的重点区域，为乡村现实发展予以智力支持。在实际调研过程中，地方政府、自然资源和规划部门、设计单位和责任规划师团队全程跟随，帮助学生更深入地理解当地需求，创作出更具有针对性、可落地的更新设计方案。

2. 交叉性

联合毕业设计鼓励交叉融合，为各联盟高校多个学科和专业的交流合作提供契机。通过联合毕业设计课程，不同学缘背景的学生了解了我国乡村振兴战略、北京乡村振兴重点工作和上位规划相关内容，掌握了大城市周边乡村有机更新设计要点，形成了规范准确的文本及图纸，并基于实际问题，提出科学合理的规划设计对策。历年来，参与联合毕业设计的学生来自城乡规划学、建筑学、历史建筑保护工程、设计学、社会学、管理学、测绘工程、智能导航等多个专业。联合毕业设计逐步建立健全多专业相互匹配的教学机制，鼓励学生跨专业跨领域研究，通过融合不同专业的视角和方法，使不同学缘背景的学生能够在数据集成、模型模拟、定性定量分析等层面形成联动与支持，呈现更全面、更完善的方案成果，助力乡村更新设计的交叉融合探索。

3. 开放性

北京乡村开放性强，城乡人口双向流动频繁，秉承区位与资源优势，联合毕业设计在开展的过程中也极具开放性特色。除院校师生参与联合毕业设计外，专业人士系列讲座、专家和学者评图、师生与村两委代表座谈等活动均不定期开展，促进多重社会力量融入毕业设计全过程，让学生真正拓宽视野、发散思维，促进学生设计思想的碰撞与激发。在此基础上，指导教师团队注重培养学生的个性发展，鼓励学生展现自己独特的思维方式和创新的设计风格，设计评判标准开放多元，通过对学生个性思考的引导，培养具有独立思想和创新能力的乡村规划专业人才。

三、联合毕业设计教学组织内容

1. 要求与进度安排

联合毕业设计选题着重考察学生综合分析乡村发展困境并给予规划响应的能力，工作量适中，整体进度控制在一个毕业设计周期（表1）。学生的主要任务包括完成文件册和图纸两部分，文件册包括文献翻译、文献综述、调研报告、实习日志、规划设计文本、设计图纸及参考文献，图纸包括区位分析、基地现状、设计构思、总平面图、规划结构分析、道路系统分析、绿地景观分析、各项综合分析、节点设计、效果图、设计说明等，训练学生对乡村规划设计理论、技术、方法的综合运用。题目既有对以往专业知识的回顾和应用，也有对新技术、新方法的探索，能够达到毕业设计教学目的和要求，难度适配城乡规划学及其相关专业本科毕业生能力。

表1　2023 年联合毕业设计进度安排

周 次	课内计划教学内容	课下内容	阶段成果
2022/2023 学年第一学期（秋）			
17	开题		
18	单元一 调研与文献检索 （毕业实习）	调研 检索 翻译 综述	调研报告 实习日志 文献翻译 文献综述
19			
20			

续表

周次	课内计划教学内容	课下内容	阶段成果
2022/2023 学年第二学期（春）			
1	单元二 方案设计	一草	
2	概念生成		
3	概念生成		一草
4	概念细化	二草	
5	单元三 技术设计		
6	乡村社区更新设计方法的运用		二草
7	中期检查		
8	总图细化		
9	模型细化	正图模型	模型（选）、设计图纸
10	成果编制		
11	成果编制		
12	单元四 成果汇编	展板 说明 文本	展板、设计说明或规划设计文本
13	单元五 成果展示（毕业展览） 展示、观摩、审查、评定	布展	毕业展览
	单元六 成果汇报（毕业答辩） 答辩、评定	答辩总结	毕业答辩

2. 组织节点与内容

联合毕业设计之初，各高校负责人充分对接，依据联合毕业设计整体要求和各联盟高校的校内要求，将联合毕业设计划分为前期、中期和终期三个阶段，并设置分阶段目标和评分方式，保证教学有序推进。

联合毕业设计前期由开题启动会和集体调研两部分组成。在开题启动会上，组织方详细介绍联合毕业设计的课题内容、教学要求和程序，向学生具体说明需要完成的任务和成果要求。邀请行业专家进行系列学术讲座，为学生进入联合毕业设计状态“热身”。启动会结束后，集体调研开启，由组织方带领全体联合毕业设计师生，会同设计基地村镇代表、所在地自然资源和规划局代表、责任规划师负责人等前往备选基地，共同完成集体调研踏勘工作。通过与村委会干部座谈、村民访谈、问卷发放、影像记录等方式采集数据和资料，为撰写开题报告奠定基础。

联合毕业设计中期以汇报会形式进行，各校学生设计小组汇报各自设计思路与进展，对后续设计工作开展做出计划，对北京地区乡村更新的科学性、地域性和可实施性进行深度分析。专家评审团对各组汇报内容给出反馈和修改意见，鼓励学生继续探索、勇于尝试，为美丽乡村更新建设提出科学可行的规划设计策略。以中期汇报为节点，各组毕业设计进程过半，进入方案完善和成果准备阶段。

联合毕业设计终期以答辩会形式进行，分为开幕式、分组答辩和闭幕式三个环节。在终期答辩开幕式上，组织方介绍校外评审专家并宣读评审规则，各校师生代表发言，畅谈毕业设计教学过程和收获。发言结束后，分组答辩正式开始。答辩由三个大组组成，学生团队讲述方案理念、生成逻辑和核心观点，同时展示全部图纸。各答辩组专家依次点评题目，学生代表回答问题，专家视答辩情况给出成绩。

以 2023 年为例，评委专家认为终期答辩各方案特色明显，有的抓住都市近郊村落发展特点，定位准确，擅于结合实际；有的现状分析扎实，规划结构完整，更新重点突出；有的汇报思路清晰，规划策略有

图 1 联合毕业设计终期答辩会合影

针对性，完成度较高。同时，对部分方案的设计主题与规划内容的衔接给出修改建议，提出“系统 - 节点”策略需在空间中有所体现，应继续关注数据完整性对乡村更新设计的影响，挖掘乡村多元文化，并鼓励在设计上灵活运用“加减法”，使规划方案与实际结合更紧密，用地与现状更契合，规划内容更具可行性。在闭幕式上，组织方与各位专家、指导教师、学生代表纷纷动情发言，毕业气息浓郁，答辩会现场气氛也到达高潮。

3. 设计成果

在全体联盟院校师生的共同努力下，2023 年的联合毕业设计成果质量有所提高，体现出更为明确和聚焦的问题导向倾向。学生运用多重规划设计方法和技术，积极思考最适合乡村未来发展的可实施性方案，呈现出丰富、多元的北京乡村更新设计成果。三生空间、文旅融合、生态优先、零碳发展、互联网 +、城乡联动等关键词出现在作品中，边界、文脉、格局、交通、形态等思考使作品具有深度和启发性，需求、偏好、满意度等研究使作品充满人文关怀，乡村人居环境和山水格局之间的相互适应与优化成为多组学生关注的重点议题。实践验证了联合毕业设计教学的有效性，涌现出多个优秀的毕业设计作品。

四、结语

“京内高校美丽乡村有机更新”联合毕业设计作为年轻的联合毕业设计教学品牌，为城乡规划及相关专业的毕业设计教学提供了新的思路。通过跨学校、跨专业的交流学习，联合毕业设计促成了多方交流合作，切实提高了毕业设计质量和教学水平，助力城乡规划本科教学改革。乡村有机更新选题更是立足于国家发展的战略需求与热点，以在地性、交叉性、开放性为特征，描绘北京乡村发展蓝图，体现时代精神。未来的联合毕业设计将持续加强高校之间、高校与政府、高校与企业间的联系，促进多方合作，继续探索毕业设计组织创新，为乡村振兴输送高质量人才。

需求牵引，价值导向——乡村振兴背景下乡村更新联合毕业设计教学实践

张颖异，荣玥芳（北京建筑大学 城乡规划系）

习近平总书记在党的二十大报告中提出“全面推进乡村振兴”，强调“建设宜居宜业和美乡村”。这是以习近平同志为核心的党中央统筹国内、国际两个大局，坚持以中国式现代化全面推进中华民族伟大复兴，对正确处理好工农城乡关系作出的重大战略部署。实施乡村振兴战略，是解决新时代我国社会主要矛盾、实现“两个一百年”奋斗目标的必然要求。乡村振兴，规划先行，乡村规划类毕业设计的教学模式与方法也须同步优化转型。“京内高校美丽乡村有机更新联合毕业设计”立足青年乡村规划人才培养，紧密结合京郊乡村发展现实需求，尝试构建适用于乡村有机更新设计与研究的教学框架，科学助力北京乡村振兴事业发展。

一、联合毕业设计基本教学形式

本科生毕业设计是城乡规划专业重要的教学实践环节，联合毕业设计旨在开拓学生的专业视野，锻炼学生的创新思维，培养学生在不同环境下学习、工作以及进行学术交流的能力。本届联合毕业设计共有 20 个京内外高校毕业设计团队、18 名指导教师和 33 名学生参与，历经线上线下教师研讨、开题动员、中期汇报和期末答辩等环节，形成符合联合毕业设计总体要求和各参与高校具体要求的毕业设计作品。

以北京建筑大学城乡规划系为例，我们共有 12 名 2023 届城乡规划专业本科生通过遴选，参与美丽乡村有机更新联合毕业设计。本着师生互选、公平公正原则，12 名学生组合为 4 个设计小组，每小组 3 人，两名城乡规划教师每人指导其中两个小组，师生配合完成联合毕业设计教学工作。

联合毕业设计基地选取原则为：①位于北京周边，实地调研便利；②具备一定的自然生态、人文历史或空间形态特点，发展机遇与挑战并存；③体量和规模适中，适合一个毕业设计周期。初步选址后，由联合毕业设计牵头高校与当地政府、规划与自然资源部门等对接，最终确定备选基地名单，即北京市平谷区黄草洼村、大庙峪村、挂甲峪村、刁窝村、前吉山村，以及海淀区马坊村、常乐村。同时形成基础资料集，供各组师生设计使用。

二、 联合毕业设计的教学框架构建

1.“理论—调研—设计—实施”全流程教学

北京建筑大学的乡村有机更新联合毕业设计重视从理论研究、现场调研、方案构思与设计到实施设想的全过程教学。理论研究作为方案设计的前期准备，鼓励毕业班学生在设计中具备研究意识和初步技能，延展设计思路，使后续方案更具有广度和深度。现场调研作为更新设计的基础步骤，引导学生走出校园、深入乡村，对设计基地的物质空间和人群需求展开深入调查研究，获取第一手资料，得到真实信息。方案构思与设计是毕业设计的核心内容，着重培养学生的空间设计能力，增强学生图纸绘制的规范性和准确性，夯实学生的专业基础。实施设想是学生在设计方案达到一定深度的基础上，预估方案落地实施的可能路径与方式，评估未来的经济效益和社会效益，强调对学生理论、实践双重能力的培养。

2.“预开题—开题—中期—结题”全节点把控

“京内高校美丽乡村有机更新联合毕业设计”已开展三届，成为各高校分享前沿乡村更新设计技术、交流乡村类毕业设计教学经验的重要学术品牌。在联合毕业设计过程中，北京建筑大学作为发起方，定期组织形式多样的预开题、开题、中期和结题活动，实现设计全节点把控。

预开题阶段，各校教师组开展交流讨论，就毕业设计教学目标、教学内容、任务书及成果要求等进行沟通，确保学生工作量饱满，专业综合能力得到充分锻炼。在此基础上，北京建筑大学还会举办开题前的师生座谈会，教师组就联合毕业设计相关内容与要点向学生逐一说明，并布置开题前学习任务。

在毕业设计开题节点，北京建筑大学组织高校参与单位、规划设计院所及政府部门等进行开题会议，围绕学生即将进行的村庄更新设计，邀请业界专家进行题为“海淀区乡村规划设计实践探索”“平谷区规划解读”“村庄规划与建设的在地性思考与实践研究”的讲座，分享当前村庄规划关注要点、工作重心和技术方法，讲解乡村建设的前沿理论和实践方法。

在中期汇报节点，北京建筑大学再次邀请各方，对各校毕业设计小组的设计研究进展、方案构想、草图绘制等开展中期验收与评定，给出修改意见。

在结题答辩节点，各校毕业设计小组齐聚北京建筑大学，以组为单位进行毕业设计结题答辩，完整展现设计逻辑、设计过程与设计方案，演示设计方案及相关模型，答辩组教师和专家依照多重维度的毕业设计评分体系完成各组、各成员的打分工作。

3.“生生—师生—系际—校际”多层面交流

联合毕业设计作为一种新型的乡村类毕业设计教学形式，为学生提供了资源共享、学习互促的平台，推进“生生—师生—系际—校际”多层面交流。传统毕业设计通常以小组为单位，采取师傅带徒弟的形式，多为教师向学生的单方面输出，学生的课堂学习较为被动。联合毕业设计打破常规，学生之间的协作与交流成为完成毕业设计的首要条件。这需要学生具备一定的合作能力和自我管理能力，避免出现设计延误与信息交流不畅等问题。教师在联合毕业设计中承担组织者、引导者、教学者、合作者等多重角色，从单方面的知识输出转变为师生团队合作，实现高频率师生互动和高效率方案探讨。此外，系际和校际交流也成为联合毕业设计的亮点，多个节点的讨论与汇报，使参与单位之间形成了良好的沟通与合作机制；统一组织的基地调研使各院校师生有了同一目标与任务，专业交流更为深入，也结下了深厚友谊。

三、教学实践过程：以黄草洼村有机更新毕业设计小组为例

1. 理论准备阶段：以研究为基础

以黄草洼村有机更新设计的两个小组为例，学生在理论准备阶段需要使用 Citespace 工具，梳理和综述近十年有关乡村更新的国内外研究，了解当前热点与难点，把握前沿的乡村有机更新设计方向。研究发现，乡村更新设计研究基本围绕乡村旅游、生态保护、人文特色挖掘等展开，近年有偏向乡村康养的趋势。在此基础上，学生着手准备前期文献与资料，包括：①黄草洼地形图 + 底图优化，即根据已有数据及资料，整理现状底图，为更新设计奠定基础；②上位规划摸底，即学习北京市总体规划、平谷分区规划、金海湖镇国土空间规划、黄草洼村建设发展规划及相关文献，掌握规划总体方向，整理、核对基础数据；③黄草洼村现状分析，包括现有资源禀赋、人口数量、建成环境、基础设施等内容；④历史沿革分析，即对黄草洼村的历史沿革与文化传承进行梳理；⑤周边旅游资源分析，即厘清现有旅游资源，寻找旅游开发触媒；⑥乡村规划文献综述，即综述乡村有机更新设计文献，探讨乡村规划设计方法与理念等问题，从乡村空间意象、数字乡村设计、乡村规划设计、乡村振兴、国土空间规划等角度出发，归纳相关研究成果；⑦外文文献翻译，即围绕城乡联系和城乡之间的相互作用，重点关注乡村地区的人文、经济和环境，了解乡村有机更新的国际最新学术成果。

在前序分析研究基础上，学生需提出黄草洼村有机更新设计的目的与导向。一方面，按照产业兴旺、生态宜居、乡风文明、治理有效、生活富裕的总体要求，呼应国家乡村振兴战略及价值导向；同时考虑农

村一、二、三产融合发展，支持和鼓励农民就业、创业，扩宽增收渠道。另一方面，依据北京美丽乡村建设需求，思考如何促进城市资源加快向乡村地区流动，全面提升农村人居环境，促进农村绿色发展，传承历史文化和地域文化；如何优化乡村空间布局，凸显村庄秩序与山水格局、自然环境的融合协调，推动城乡经济一体化。

2. 调研踏勘阶段：以现实为依据

根据黄草洼村有机更新毕业设计小组组内工作计划，需参与联合毕业设计集体调研和分组调研，进行 3 次或 4 次现场踏勘，形成专门的调研报告。报告的主要内容包括黄草洼村的基本情况、资源禀赋、发展需求、村民日常活动与空间偏好等。根据调研可知，金海湖为黄草洼村提供了重要的生态和旅游资源，全村具有良好的自然风光；目前村内共有 138 户，户籍人口 432 人，近年老龄化速度有加快趋势。作为著名的市级民俗村，黄草洼村有市级民俗户 33 户，全村为“北京最美乡村”，入选中国美丽休闲乡村监测合格名单。依托优越的自然资源，黄草洼村目前已经建成数十家农家乐旅游观光园和民俗旅店，樱桃葡萄观光采摘园、郊野公园、登山步道等配套设施较为完备，农业生产实现标准化。当地村民利用天然活水养殖虹鳟鱼，开展民俗接待服务。村民整体生活殷实，人均收入达到 8000 元以上。近年来，黄草洼村建成以风筝为特色的民间工艺品合作社，增加居民收入。

3. 方案构思与设计阶段：以需求为牵引

结合已有研究和数据，黄草洼村有机更新毕业设计小组提炼了当前村庄的更新需求，并以此为牵引，提出设计思路：①结合当地现有的农产品采摘，打造果酒酿造特色体验；②因地制宜，结合地势和金海湖景观形成户外轻运动系列活动；③辅以配套设施，提供游客服务、攀岩服务、淡水门户服务、运动主题功能商业服务等；④提升风貌整体性，保留乡村物质空间特征；⑤预估游客人车流淡旺季规模、方案的旅游承载力，考虑需要投资的大致种类和金额、盈利期等经济相关问题；⑥治理策略采用“共同缔造”理念，并与现有黄草洼村和金海湖镇的治理体系相结合；⑦考虑村民拆迁补偿政策、土地流转、现行农村土地政策、推行本方案的政府角色和村民角色、乡村治理社区化等相关问题。

图 1 与村书记调研座谈

基于上述分析，形成以下核心内容：区位分析，结合实际情况分析区位优劣势；基地现状分析，注重因地制宜，梳理现状问题；设计构思分析，确定开发时序；规划结构分析，阐释各项资源在规划设计方案中的应用方式；总平面图，集中反映设计方案；道路交通系统分析、绿地景观分析、其他各项指标分析等；节点设计；效果图；设计说明，阐述设计理念和设计方法，综合论述设计结果。

4. 实施设想阶段：以实践为检验

黄草洼村有机更新毕业设计小组最终成果包含文件册和图纸两部分，文件册包括文献翻译、文献综述、调研报告、实习日志、规划设计文本、设计图纸及参考文献；图纸包括区位分析、基地现状、设计构思、总平面图、规划结构分析、道路系统分析、绿地景观分析、各项综合分析、节点设计、效果图、设计说明等。在完成乡村更新设计方案的基础上，学生深入探索方案实施的可能性和预期经济、社会影响，与村干部和本地村民共同探讨更新方案的可能实施路径，记录村民的普遍接受程度与意见建议。以此确保各项更新设计策略能够增强乡村活力，提升黄草洼村居民的生活质量；推进文化旅游资源的优化配置，结合金海湖资源优势，发挥“1+1 > 2”的效应；融合相关产业，将运动娱乐、旅游体验、休闲度假等集聚于一村，逐步落实美丽乡村的深度建设。

四、结语：联合毕业设计的教学思考

“京内高校美丽乡村有机更新联合毕业设计”为各高校城乡规划及相关专业的交流合作提供了契机与平台。通过联合毕业设计课程，学生了解了我国乡村振兴战略、北京乡村振兴重点工作和上位规划相关内容；掌握了大城市周边村落有机更新设计要点，形成规范、准确的文本及图纸；能够基于实际问题，结合本科阶段的学习内容，提出科学合理的规划设计对策。

联合毕业设计整体提升了本科毕业设计成果质量，这其中既有对以往专业知识的回顾和应用，也有对新技术、新方法的探索。在多次交流中，毕业设计选题更具科学性，全面考察了学生综合分析乡村发展困境并给予规划响应的能力。在多个答辩环节中，学生获得了来自同辈的鼓舞，聆听了来自不同院校教师的意见和业界专家的点评，形成了竞争与合作的学习氛围，展现了对乡村规划设计理论、方法、技术的综合运用能力。

融合与跨越——环境设计与城乡规划跨校、跨学科联合毕业设计教学实践探索

韩风，田靓（北京建筑大学 环境设计系）

毕业设计是环境设计专业本科生最后一门课程，也是最为关键的课程。跨学科人才培养已经成为当代高校教育改革及创新发展的新趋向。教育部等三部委在 2018 年 8 月印发的《关于高等学校加快“双一流”建设的指导意见》中明确提出“探索跨院系、跨学科、跨专业交叉培养创新创业人才机制”的要求。如何通过跨院系、跨学科、跨专业培养毕业生形成多学科的知识结构体系、多学科的设计思维视角和掌握多学科的综合设计方法，是毕业设计教学实践中亟待解决的重要问题。

以往环境设计专业很少与城乡规划专业进行联合毕业设计交流，因为二者在空间尺度、设计方法、设计内容及表现形式上都存在着较大的差异。而本次北京建筑大学环境设计专业作为唯一非城乡规划专业的院系参与“2023 京内高校美丽乡村有机更新联合毕业设计”活动，是对跨院系、跨学科、跨专业人才培养模式的一次有益尝试，对于培养“厚基础、宽口径”的复合型人才有着积极的推动作用。

一、筑牢基础：融合多学科知识结构，打通专业壁垒

环境设计专业涵盖的范畴十分广泛，涉及宏观、中观、微观尺度下的综合设计内容。其培养的学生除了应对建筑、景观、室内方面等中微观尺度的专业知识有所了解，还需要学会从城乡规划学科的宏观视角去分析和解决设计过程中遇到的难题。如城乡规划专业在村落整体分析中强调了空间形态格局、区域自然环境资源、村落产业结构等因素，这些知识点的补充有助于环境设计专业的学生对环境进行更全面和更有针对性的调研分析，从而为毕业设计创作打下更扎实的基础。

同时，环境设计专业的学生也能在中微观设计的层面为城乡规划专业的学生提供更为细致的帮助。环境设计专业的学生善于解读城乡规划专业关于人口流失、产业发展潜力不足、村落风貌千村一面等难题的分析结果，针对城乡规划设计的方向进行细化设计，将宏观的规划理念贯彻和应用到建筑、景观和室内等中微观尺度设计范畴内，准确地找到适合项目定位的设计方案和效果。通过这些交叉学习，两个专业之间的壁垒渐渐被打破，相互取长补短，实现了联合毕业设计预期的培养目标。

二、开拓视野：跨越固有思维边界、打造多元设计思维

环境设计专业的学生在进行毕业设计创作的过程中，往往习惯于从建筑界面开始思考，围绕建筑及其室内外空间展开设计，而很少从城镇村落的整体去展开工作，因此，环境设计专业的学生对于整体环境中个体之间的关联性，以及设计内容的社会因素、经济因素等方面缺乏认知。这种固有的思维模式限制了环境设计专业学生设计前期调研工作的广度与深度，造成很多设计流于表面，设计思路始终难以拓展的问题。

与城乡规划专业学生进行联合毕业设计，使环境设计专业的学生有机会从更大或更多样化的视角去审视项目本身，打破建筑相关的边界束缚。如城乡规划专业的学生在做村庄调研的时候，能找到政府各个时期对美丽乡村规划工作的具体要求，使规划的出发点更符合国家整体战略方针，整体设计更扎实且可行。又如城乡规划专业的学生擅长从村落整体的轴线、片区划分去把握村落设计的重点区域，以及每一个节点在整体规划设计中应具备的功能。这些设计方法，值得环境设计专业的学生去借鉴和学习。

三、协同提升：构建“教”与“学”的提升机制与评价体系

环境设计专业与城乡规划专业进行跨校、跨专业、跨学科的联合毕业设计活动，对于毕业设计指导教师的教学能力，以及毕业生综合素质的提高，都有着积极的作用。受限于个人自身专业背景和实践经验，很多教师在进行毕业设计指导时往往缺乏个人认知之外的知识结构体系和评判意识，仅凭个人主观意识去评判和辅导学生的创作。尤其是教师缺乏跨专业的知识及实践工作经验不足的时候，很容易将学生带入设计误区，路越走越窄。在单一评价体系下完成设计的毕业生，也很难达成突破创新与技能的全面提升。

“2023 京内高校美丽乡村有机更新联合毕业设计”活动，构建了跨省市、跨院校、跨学科和跨专业的综合性联合毕业设计平台，将六所院校不同专业的师生组织在一起。在调研考察、日常交流、开题、中期汇报和期末答辩等一系列环节中，环境设计专业的学生接触到更多其他学科的行业专家、各规划院的高级工程师、规划局的领导、各院校规划专业的教师和学生，看到城乡规划专业师生分析问题、解决问题和展现成果的技巧与方法，听到更多环境设计专业之外的评价和专业的指导意见，这大大提升了环境设计专业学生的综合能力，也给毕业设计的指导教师提供了更丰富的思路，打破了单一的评价体系，迈向更为专业和多元的产学研协同育人的教学模式。

四、持续建设：改进教学组织与互动机制，实现全程联合培养

历经本次联合毕业设计教学活动，教师们也应思考如何进一步持续改进和提升联合毕业设计水平。如考虑到校际交流环节时间成本较高、各高校毕业设计时间节点难以契合等因素，思考除了在调研考察、开题、中期汇报和期末答辩等环节进行集中活动，其他时间能否多安排线上交流和交叉辅导，给师生提供更多的相互学习和交流的机会。此外，在各个阶段的研讨和答辩时，能否聘请更多其他交叉学科的专家、教师作为顾问参与培养环节，彻底打通专业壁垒，实现学科互通融合。同时，可否将各个院校环境设计与城乡规划专业的毕业生打散分组，形成多校间“环设 + 规划”的综合性分组模式。在指导教师主导或监督的前提下，安排不同院校、不同学科背景的学生相互配合和互动。在注重交叉融合的同时，仍坚持鲜明的侧重点和成果呈现方式，实现整个联合毕业设计过程中更为融合和高效的联合培养教学体系。

五、结论

“京内高校美丽乡村有机更新联合毕业设计”是环境设计与城乡规划专业跨省市、跨院校、跨学科进行毕业设计活动的有益尝试，全面提升了教学水平和人才培养质量，对交叉培养创新创业人才机制进行了有借鉴意义的探索。通过近两年联合毕业设计教学实践，环境设计专业毕业生的设计思维和设计水平得到了显著的提升，并且夯实了专业基础，开拓了视野，真正实现了融合与跨越。

基于城乡关系梳理与再认知的乡村规划毕业设计教学探索

王鑫 王雨琪 陈鹭 裴昱（北京交通大学 城乡规划系）

一、城乡协同：毕业设计背景概述

本科毕业设计是城乡规划专业教育的综合检验环节，既是对学生过去四年所学知识的综合应用，亦有助于为学生后续深造拓展提供平台基础。近年来，基于新工科建设背景和社会经济发展的新阶段，各院系积极探索城乡规划毕业设计的新路径，倡导“联合教学共促规划学科发展”，提出“多主体协同育人”模式，拓展“研究型规划设计教学实践”工作。

乡村规划是城乡规划专业教学的重要议题，在基础教学、专业教学、实践教学等环节中均有体现，全面回应《高等学校城市规划专业评估文件》中的“智育”要求。以乡村规划作为毕业设计选题，既能够有效检验学生的专业能力达成度，更有助于学生在未来职业生涯中更好地展现能力、服务社会、实现价值。近年来，关于乡村规划毕业设计的教研讨论不断增加，但总量还相对较少，有待进一步提升。

2012 年以来，“城市更新”和“乡村振兴”成为城乡高质量发展的关键要务。2018 年，《乡村振兴战略规划（2018—2022 年）》提出“坚持乡村振兴和新型城镇化双轮驱动”的要求，旨在加强城乡关系协同发展。2022 年，《乡村建设行动实施方案》提出“发挥县域内城乡融合发展支撑作用”，强化规划引领，统筹资源要素。吴志强院士在“城乡规划学科发展年度十大关键词（2021—2022）”中强调“跨区域发展动力与治理”，对城乡融合以及包括空间、社群、文化等要素的多维度整合具有重要指导意义。2023 年，吴志强院士再度归纳总结新一轮的“城乡规划学科发展年度十大关键词（2022—2023 ）”，其中有 3 组关键词——“都市圈共生”“城乡融合规划”“中国式城乡现代化”，均指涉城乡内在逻辑关联以及空间实践。

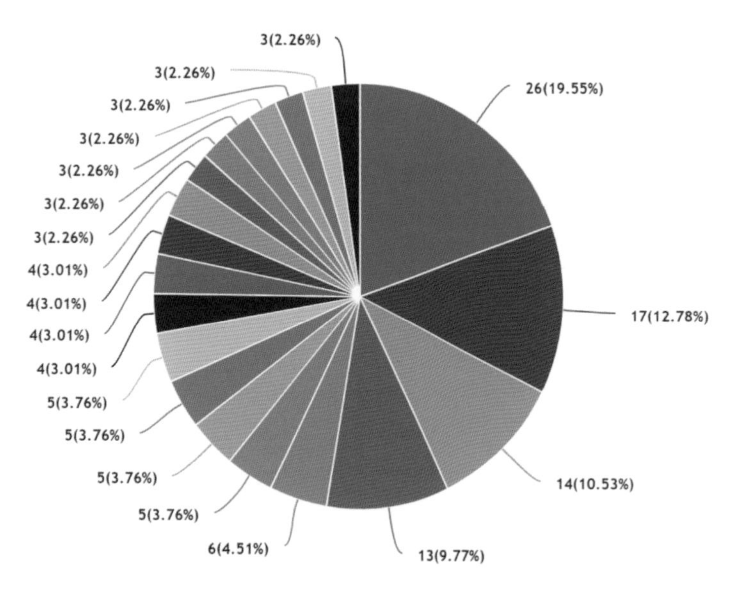

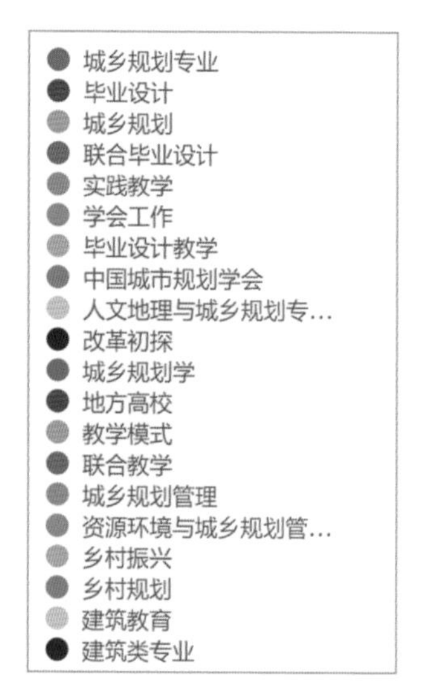

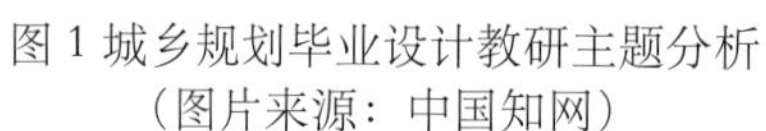
图 1 城乡规划毕业设计教研主题分析
（图片来源：中国知网）

基于上述背景情况，对城乡关系的进一步梳理和认知成为关键，也是本次联合毕业设计的教学重点。

二、科教互促：教学环节设计组织

本次联合毕业设计自 2022 年 11 月启动，包括题目商议、开题双选、田野调查、中期答辩、预答辩、最终答辩与展评等环节。在持续半年的毕业设计过程中，校内指导教师团队、校外专家团队、联合毕业设计平台、乡村属地等多主体框架为学生的理论学习、田野调查、焦点研讨、综合表达环节提供全面支撑，帮助学生充分理解城乡关系，梳理发展脉络，理论结合实践，最终完成规划设计。

第一，在理论环节，持续为学生推荐中外文献阅读，强化研究型规划设计思维。在本年度的教学组织中，学院提出了“通达”的总体理念，倡导各专业从“交流”“交通”“可达”等方面，深化毕业设计主题。故而特别要求学生去关注乡村环境的交通区位、历史沿革、线廊空间，事实上，交通网络的构建与连接，对于城乡多元要素的深度融合具有重要作用。交通廊道还可以作为“绿道”的载体，实现“三生空间”的有机融合。对于本科学生而言，构建城乡一体的观念是格外重要的，正如《体国经野：中国城乡关系发展的理论与历史》一书中所言，中国城乡关系史并非若干断裂的片段，将数千年城乡关系历史勾连起来，并试图为它寻找一个“统一”的理论线索：城乡融合是指城乡之间相互依存和共同发展的关系，在空间、经济、社会及文化等方面相互作用、相互影响、相互制约。通过理论学习，帮助学生构建多维度的城乡空间体系，并掌握城乡关系在区域（region）、城市（city）、邻里（neighborhood）多尺度贯通过程中的效用。

此外，引导学生综合运用城乡综合调查、城市社会学、城市经济学等课程中的既有知识，通过构建指标体系，评估城乡一体化（融合）的水平，阐释城乡生活与空间的关联。不仅如此，乡村土地和生活空间的使用模式及策略具有关键意义，是实现城乡融合发展的基础和平台。

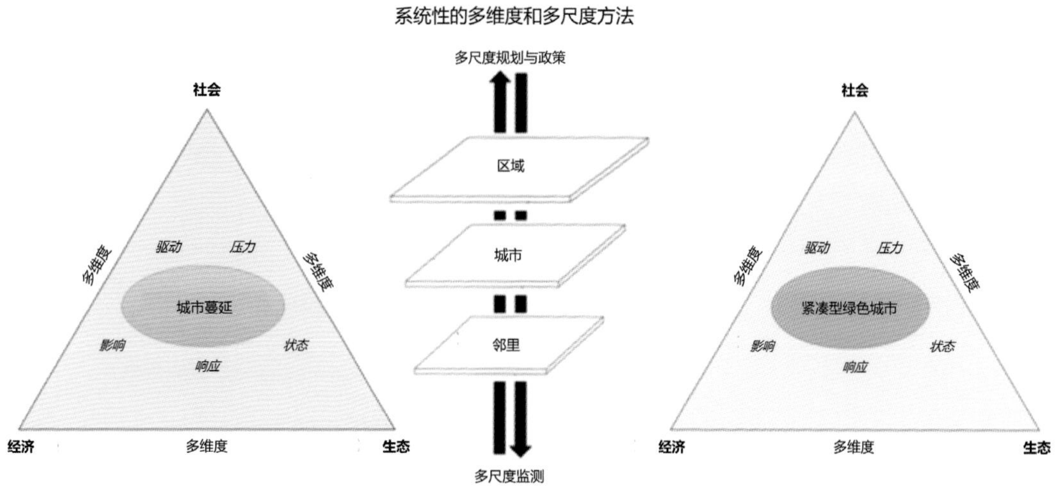

系统性的多维度和多尺度方法

图 2 多维度的空间体系构建

（图片来源：引自 *Urban sprawl, compact urban development and green cities: How much do we know, how much do we agree?* 有改动）

第二，现场调研是厘清认知、确定概念、落实空间的基础。本次参加联合毕业设计的 3 组学生的选题均为北京市西郊的上庄镇常乐村，定位为“交通变迁视野下的传统村落有机更新”。学生多次去往村落现场，并采用不同的交通工具，结合“体验”与“数据”，在共同研究工作的基础上，分别提出了“科融乡里，共享常乐”“稻乡水岸，织古融今”“研游常乐，寻脉稻香”的规划设计主题，即以交通空间为物质载体，在文化维度与环境维度衔接古今和城乡，为常乐村的空间更新、乡民交融、文化延续提供支持。

图 3 现场调研
（图片来源：作者自摄）

与北京市门头沟区、房山区等地的村落不同，常乐村位于海淀区上庄镇，属于城乡关系转化最为显著的区域之一。根据北京市和海淀区的“美丽乡村”建设规划，海淀区共有 24 个保留村，其中常乐村是离中心城区最近的村落之一，区位优势明显，位于若干“科技发展极”之间，拥有突出的科技创新引擎。在政策方面，上位规划对其期待是城乡整体统筹，与科学城统筹，以及文化的延续和传承。常乐村内的流动人口远远超过常住人口，存在显著的人口倒挂问题。在使用上，近一半的院落被出租，另有多数处于空置状态。鉴于村落在区位、功能、主体等方面均处于“城乡之间”状态，经过研讨，规划设计引入“半城市化（peri-urban）”的理念，将历史研究和实证研究相结合，通过追本溯源，可以发现城郊空间关系的嬗变，体现了空间认知类型的变化。借用经验空间和意象空间，对北京城市边缘带的乡村空间演化历程进行梳理，为未来的空间规划方案和策略制定提供依据。

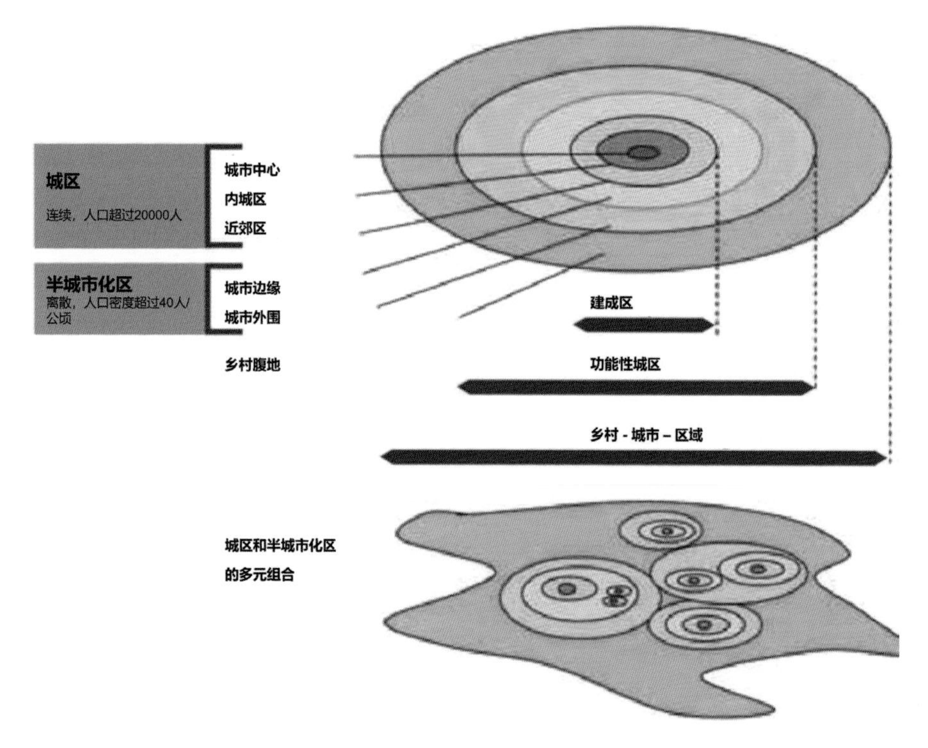

图 4“半城市化”视野下的城乡空间关系
（图片来源：Annette Piorr. Peri-Urbanisation in Europe, 2011. 有改动）

三、全面呈现：过程引导多元成效

毕业设计的成效不局限于最终的图纸和模型，而是参加学生能力的全面展现在全部过程中均有落实。

其一，在前期调研中，包括场地踏勘、村民访谈、问卷调查等，通过调研发现，交通变迁给村庄带来了许多改变，也引发了一些问题。①交通连通性增加导致的人口倒挂问题。从步行—马车时代到火车—电车时代，再到汽车时代、高速公路时代，交通时代的演变让人们与外界的连通性逐渐增加，这也导致了人口的流动不断加大，最终在外界与内部的推拉作用下，形成了乡村人口流失严重的现状。②运输方式的发展导致农业生产改变。从过去的人畜耕种变成了机械化耕种，再到自动化耕种，村民从“在土在乡”转型为“离土离乡”。③交通工具的普及所带来的交通拥堵问题。过去的乡村街巷空间是无法支撑目前行车和停车需求的，这就使得村内出现了行车困难、路边停车等一系列乱象。

其二，乡村问题的根源在于城乡之间的协同方式，故而要有区域视野。规划设计过程中，面向各类人群，共发放 500 余份问卷。统计显示，市民对乡村体验和文旅的需求非常高，并已有较为清晰的预期。于是，村落的发展定位须建立在市、区、镇、村多维度体系贯通的基础上。科创区位使得常乐村有机会成为科创工作者短期工作、生活的场所，可以成为各类人群度假休闲去处，以实现科创工作者愉悦身心、促进产出，村民解决就业、住民留守的双赢局面。

其三，在交通规划方面，重新梳理村内交通情况，力求道路的合理和通畅，增设停车场，尽量将外来车辆隔在村庄外。又针对不同人群规划人行流线，互不干扰又互相联系。在具体措施上，采取不同手法进行建筑改造和空间营造。针对村内院落空间缺失、建筑空间凌乱、出租比例大等问题，采用拆除乱建的手法归还公共空间，对闲置的空间进行功能置换，提高利用率。再对街巷空间进行整理，加设活动空间，以促进人群情感交流和灵感迸发。景观方面，依据村内本身就有的水面、树林和稻田景观，加设亲水空间、观景平台，并进行林间设计，满足人们娱乐休憩的需求。

此次联合毕业设计得到了多所院校和村落属地职能部门的支持，积极回应“通达”主题，基于城乡关系的梳理提出了生活方式、农业文化、城乡景观三重融合的更新策略。在规划设计推进过程中，学生的文献研究、田野调查、信息整合、设计表达等能力得到了充分锻炼，为后续研究实践拓展奠定了扎实的基础。

静待花开：2023 京内高校美丽乡村有机更新联合毕业设计

高璟，刘泽（北京工业大学 城乡规划系）

2017 年，中国正式提出乡村振兴战略。实际上，中国近代以来的乡村建设历史悠久，从晏阳初、梁漱溟等学者的有益探索到改革开放后推进的新农村建设、美丽乡村等村庄规划实践，党和国家无不把乡村发展放在重要位置。当然，中国不同地理环境下的各类村庄，其历史发展演变特征存在较大的区域差异，时至今日依然具有鲜明的地区特征。本次"京内高校美丽乡村有机更新联合毕业设计"的选题为"诗意地栖居"，旨在探讨北京郊区部分典型村落更新的规划与设计路径，总结大城市郊区村庄在城乡融合中的发展路径和解决方案。

北京近远郊村庄受地理区位、交通、历史文化、行政等因素影响，面临着不同的发展问题。但相比周边河北省村庄而言，北京近远郊村庄普遍具有基础设施条件较好、人居环境整治效果较好、产业发展机会较多等优势。本次在指导两位学生参与联合毕业设计时，分别选取了平谷区挂甲峪村和大庙峪村。基础设施条件较好、原有美丽乡村建设基础较好是两个村庄的鲜明特点，挂甲峪村还是典型的景区依托型旅游村。如何在现有基础上进行有效的有机更新？有机更新应重点关注哪些方面？以上问题引导了本次规划设计小组的规划实践活动。在此次联合毕业设计过程中，我们总结了以下几点经验供分享。

一、夯实调研基础

北京市村庄规划已经由"大写意"进入了"工笔画"阶段，除了提升村庄基础设施，重点是激活乡村产业和活力。在本次联合毕业设计过程中，规划小组深入村庄，分别进行了细致的访谈调查，更真实地了解了村民的日常生活状况、对村庄现状的满意程度、村庄产业发展情况等。以大庙峪村为例，规划小组共访谈了 12 户村民，获取了大量一手资料（表 1）。对这些资料的分析使得规划小组后续的设计成果更有说服力，在众多小组中得到了一致好评。"没有调查就没有发言权"，扎实调研获取充分的一手资料，永远是城乡规划设计的根本和基础。

表 1 大庙峪村入户访谈情况一览

内容	村民意见及建议	原因分析
道路交通	希望进城方便一些，通地铁	目前大庙峪村没有直达地铁，只有公交，到城里约 2 小时时间
	门前的路边停车，影响不好	缺少集中停车场，各自在家门前停车
公共服务设施	小卖部商品不全，缺少商业设施，买东西不方便	村民需求小，小卖部属于私家经营，能力有限
	公共活动广场利用率低	缺少活动设施，只有一些座椅
	看病不方便，需要去镇上	医务室还在建设中，只能治疗小型伤病
环境绿化	环境尚且可以，但没有特色	缺少植物种类规划，绿化植物没有成体系
	活动广场缺少绿化，过于单调	活动广场仅有水池，且水池过于老旧，目前处于废弃状态

续表

内容	村民意见及建议	原因分析
环境绿化	缺少景色，有山无水	没有特色景点，镇罗营石河长期处于干旱状态
特色资源	游客不熟悉村里豆腐宴，没有印象	豆腐宴招牌没有得到宣传，传播度不够
	村子旁边石河常年缺水	近年来气温变化导致石河长期缺水
	村子北部环山步道能吸引游客，但吸引程度有限	步道缺乏特色节点，只有在举行大型活动时才有游客前来

二、聚焦重点问题

在联合毕业设计中期检查等环节，发现部分学生的设计成果覆盖面很强，涉及村庄规划建设的方方面面，但重点解决的问题反而显得不那么突出。作为规划对象的村庄本身尺度并不大，未来发展中需要针对调查中出现的问题，通过规划途径突出重点地去解决，而不是规划设计一个“理想村庄”。对于这一点，多数指导教师予以认可。以北京工业大学规划小组为例，通过调研发现，两个村庄目前的主要问题是产业问题，挂甲峪村虽然有乡村旅游的基础，但根据旅游地生命周期理论，目前该村旅游发展进入瓶颈期；大庙峪村产业发展不温不火，特色性和吸引性不强。因此规划设计以产业发展作为重点解决对象，对村庄进行了深入的产业可行性分析。

三、跨专业共同推进

提供跨学科交流的机会和舞台是本次毕业设计的一大特点。城乡规划和环境艺术两个专业的学生共同参与了本次联合毕业设计。两个专业的学生展现出了不同的设计特点和思路，相互扬长补短，拓展了看待问题的视角。

本次联合毕业设计在六校教师和学生的共同参与下圆满完成，取得的成果和经验丰硕。作为指导教师，未来我们将继续为美丽乡村有机更新建言献策。洒下一粒种子，静待花开！

“稻香常乐·绿意人居”——北京市海淀区常乐村乡村规划教学思考

王雷（北方工业大学 规划与风景系）

近年来，乡村正在以不同于城市的方式快速发展，这一发展趋势推动着美丽乡村规划日趋成熟。美丽乡村规划的兴起为我们提供了重要机遇，以塑造更加健康、绿色和和谐的乡村社区，促进城乡之间的互动与共赢。同时这一发展趋势也激发了更多人对乡村的关注，为乡村地区带来了希望和机遇。

在推动乡村有机更新的过程中，建立起生态价值导向的理念和实践方案至关重要，正如习总书记 2020 年 3 月在浙江考察时所强调的：“希望乡亲们坚定走可持续发展之路，在保护好生态前提下，积极发展多种经营，把生态效益更好转化为经济效益、社会效益。”

本次规划设计旨在打造一个绿色、和谐、宜居的乡村环境，促进乡村可持续发展，实现城乡一体化发展战略。与此同时，探索在引入生态产品价值实现的理论下，如何在乡村有机更新设计中实现三生融合发展。

一、释题

本次规划设计应抓住北京在新一轮总体规划中提出的建设“疏朗有致的美丽乡村”这一项重要内容，实现现代化生活与传统文化相得益彰，城市服务与田园风光内外兼备，建设绿色低碳田园美、生态宜居村庄美、健康舒适生活美、和谐淳朴人文美的美丽乡村和幸福家园。

首先，需要了解我国乡村振兴战略、北京乡村振兴重点工作和上位规划相关内容；系统研究所选近郊村落所在区划的城市发展战略、资源环境的宏观层面因素，结合所选基地的实际发展定位，准确分析规划区域及周边资源要素。

其次，充分挖掘利用景观条件及各类资源禀赋，掌握大城市近郊村落有机更新设计要点，基于实际问题与现状情况，合理确定该地的发展定位与目标，组织好空间布局，做好各类建设项目分期建设过程中的功能衔接，以及探讨操作中的可行性，即通过科学的规划设计，针对基地提出有机更新设计对策。

最后，形成规范、准确的文本及图纸，让学生在此过程中能够更熟练地运用规划设计理论与技术，通过分析大城市近郊村落经济社会形态和物质空间特征，阐释生态资源、空间资源、文化资源等与乡村更新设计的具体关联，完成探索宜居、低碳、智慧未来乡村图景这一主题。

二、总体评价

与一般的乡村有机更新设计不同，本次设计引入了“生态产品价值实现”这一理念，将“满足乡民需求与意愿”置于首位，通过综合考虑村庄资源禀赋、经济社会发展和人居环境整治等要求，结合自身优势，分别针对空间、产业、生态三个方面提出发展策略，实现“打造城市基础设施、乡村特色景观一体化融合发展的新型化村庄”这一规划主旨。

规划方案切实关注乡村振兴背景下的产业融合发展、人居环境提升等，采用智慧农业等技术手段，对于常乐村的有机更新进行更为客观、科学的实际研判，从而提出有针对性的有机更新策略，并进一步探索生态产品价值实现机制及相关理论与大城市近郊乡村规划融合的可行性，以及基于此背景如何在大城市近郊村落实现三生融合发展。

三、设计背景

规划设计基地为常乐村，其位于北京市海淀区上庄镇。该地是距离市区较近的近郊村落，既有着一部分中心城市的资源，同时又保留着特色乡村景观；产业基础深厚，且紧邻中关村等科技产业园区；自然资源禀赋较好，村域范围内兼具“林、田、水”要素，同时又有西山作为远景铺垫，风景秀丽宜人，翠湖湿地公园、故宫北院等景点也位于基地周边；交通条件较差；人口倒挂现象严重，村民多为进城务工人员；产业结构低端，村集体产业主要以宅基地租赁为主。

基于此背景，我们对于常乐村有机更新设计进行了深入思考：如何将村庄内产业进行转型与提升？如何在较高的生态资源保护要求下，平衡生态保护与生态资源利用？

四、设计思路

通过对现状问题的深入研判，结合常乐村的优势与挑战，确定了规划定位与愿景：以京西稻为主产业，以生态产品价值实现为路径，发展集农业科创与实验、乡村文化旅行于一体的智慧农业示范村与休闲旅游生态村。通过实现生态产品价值，带动经济发展与产业融合，最终实现“稻香常乐 · 绿意人居”的主题。

五、设计亮点

本次规划设计的亮点在于“单元 + 介质 = 网络”。

整合周边可利用资源，构建五大单元组团，以绿色慢行游览路线为介质，串联形成完整的、以生态为核心的发展网络；形成水绿环抱、以生态文化为特色的“自然常乐”，五元统领、以生态保护为引擎的“休闲常乐”，联动发展、以生态转化为核心的“活力常乐”。由此达到打造“魅力常乐”这一规划设计目标。

六、指导心得

非常荣幸能够参与“京内高校美丽乡村更新联合毕业设计”活动，这是我首次参与，同时也是一次难得的经历。

在此次方案设计过程中，从一开始对于乡村问题的困惑，再到通过深入分析不断调整规划定位与设计策略，最后针对乡村面临的问题确立清晰的目标，完善方案，并立足现状，展望未来，直至呈现出丰富多样的设计成果，两位学生付出了很多努力，也取得了很大进步。

作为一种重要的规划类型，乡村规划将愈加得到重视。随着乡村规划实践的增多，其理念与方法将不断得到充实与完善。

祝愿“京内高校美丽乡村更新联合毕业设计”活动越办越好，期待来年再次相聚。

“足迹 · 交流 · 创新 · 共进”城乡规划专业联合毕业设计新探索

杨易晨，刘蕊，孟媛（北京城市学院 城乡规划系）

长期以来形成的自上而下的规划体系，使得一线规划设计师的工作任务与一线教师诠释国家课程与教学大纲的目标、内容有了分歧。在如今乡村振兴的大背景下，为落实“北京地区乡村有机更新设计实践研究与人才培养”，北京城市学院师生参加了“京内高校美丽乡村有机更新”联合毕业设计活动。本次活动由北京建筑大学承办，北京交通大学、北京工业大学、北方工业大学、北京城市学院、河南城建学院共同参与。

2023 年 2 月 26 日，北京城市学院城市建设学部城乡规划教研室杨易晨老师和 2019 级城乡规划专业本科学生李心怡参加了调研活动，调研团队先后来到了北京市平谷区黄松峪乡刁窝村和平谷区金海湖镇黄草洼村，采用现场走访、实地勘探和村干部访谈三种形式进行调查。在此次调研活动中，我们了解了村庄的发展历史、房屋建筑情况、村域产业发展现状、农民和村级集体经济收入、自然资源情况、村庄形态与整体格局、街巷空间、传统建筑、历史环境等。我们还与村委会、村民代表沟通，充分了解到村民的生活现状与真实诉求，并且总结分析了村域主导产业，产业发展的潜力，增加村民收入的有效途径，村域内国土资源综合整治情况，生态修复中存在的问题，历史文化和风景名胜的保留价值，可承载的合理的人口规模和农户数，村庄整治提升的情况，中心村和基层村的布点及规模情况，各基础设施的布局、完备程度，可利用状况和需要完善的内容等，真正地将自己的专业足迹落到了乡村。

对北京乡村问题的探讨与研究，让高校师生在走出书本之余，真正了解乡村、扎根乡村。我们试图通过对大城市边缘区乡村进行有机更新设计实践探索，并且针对乡村更新的在地性、地域性及可实施性路径展开研究，更全面地认识到这些村庄的基本信息、优点及不足，从而为联合毕业设计提供丰富的素材，为学生建立专业的交流平台。

从本科生培养层面，学生通过联合毕业设计梳理了专业知识，应用了数字化调研方法，规划考虑了区域与城乡的关系、历史文化、乡村经济等因素，完善了乡村规划内容，创新设计了村庄重要点位，锻炼了宏观—中观—微观多层次的规划设计能力。在本次联合毕业设计活动中，我校学生的毕业设计——“旅居山水 · 雄关之源——刁窝村有机更新设计”有效地提供了关于村庄规划建设的设计思路，具有一定的实践创新意义。通过这次联合毕业设计活动，我校教师的观念得到了更新，在形成新理念的前提下，更好地以理论指导实践，提高新村庄规划设计课程实施水平，师生共进。

我校城乡规划教研室已经初步形成了“政府—规划院—研究院所—教研室—教师—学生”的理论实践联合体系，组织开展了多项相关课改与课题研究，为学生从实践中了解规划、理解规划、参与规划开辟了新路径。

联合毕业设计教学花絮

刘蕊
于彤舟
荣玥芳

北京建筑大学
第三届京内高校美丽乡村有机更新设计联盟
联合毕业设计期末答辩会
北京建筑大学

北京建筑大学
第三届京内高校美丽乡村有机更新设计联盟
联合毕业设计期末答辩会

4.1总平面图

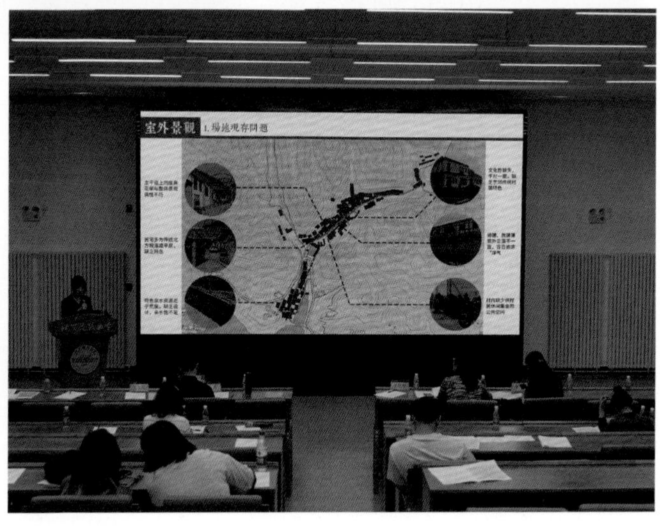
室外景观

2023年第三届京内高校美丽乡村有机更新设计联盟联合毕业设计
团结勤奋求实创新
学思想 强党性 重实践 建新功

数字电影
妇女之家
儿童之家
益民书屋

党群服务中心
黄松峪乡刁窝村
刁窝村社区

大庙峪村史陈列厅
慈孝堂

诗意栖居 下篇

2023

联合毕业设计学生作品

北京建筑大学

悟禪梵意

——文化赋能背景下的都市近郊村落有机更新设计

漫长而又短暂的五年大学生涯即将结束，匆匆时光里总有一些值得记忆与回味的时刻存在并深深烙印在脑海中。敲下这段文字时，所有记忆如潮海般涌来，脑海中回想着我们是怎样每天坐在电脑前苦心钻研图纸作品，是怎样让思维跳跃到灵感的边界，又是怎样在这个过程中坚持自己，在坚持中打破困境。

介绍：张颖异，惠灵顿维多利亚大学博士，北京建筑大学副教授，硕士生导师。北京海外高层次人才，北京建筑大学双塔计划优秀主讲教师计划入选者。新西兰数字建筑研究实验中心专家，新西兰女建筑师协会会员，中国自然资源部海岛研究中心专家。长期从事数字化城乡规划与设计研究，发表SCI/SSCI论文20余篇，出版专著3部，成果被美国计算机协会、美国电气电子工程师学会、美国国家图书馆、澳大利亚和新西兰建筑科学学会等转载。

感言：本次联合毕业设计以“诗意地栖居”为主题，随着毕业设计的落幕，学生们本科学习时光也划上了“诗意”的句号。很欣慰看见你们的成长，希望城乡规划专业教会了你们与自然和谐，与生活相融，与诗意常伴。即将踏上新的征途，祝愿你们继续怀揣理想，不忘初心，奔赴山海，不负热爱！

金雨晴

首先，感谢张颖异老师在这次毕业设计中对我们细耐心、专业的指导，张颖异老师在方案设计和软件应用中给予我们很大的帮助，我们才能顺利完成本次毕业设计。其次，感谢在软件技术上给予我们帮助的吕蒙学长和秦梦楠学姐，他们在这次毕业设计中给我们提供了大量的无私帮助。最后，感谢一直与我同甘共苦的吴梦迪、李迪凡同学，尽管在设计过程中遇到了许多挫折，但在我们共同的努力下终将其一一化解了。

吴梦迪

感谢此次毕业设计的指导教师张颖异老师，与老师初相识是在大二建筑设计课程中，在毕业设计中相遇倍感荣幸。老师每次对于我们的想法都给予充分的肯定、鼓励和理解，是大学几年为数不多采用鼓励式教学的老师，由衷地敬佩老师在专业上的能力和成就。祝愿老师工作顺利、家庭美满！感谢此次毕业设计的队友，感谢她们一直以来的包容和理解。回想大学五年与宁杨弘威同学一起经历的难忘时光，拥有如此珍贵的友谊不易，我会一直把想念留在心中。

李迪凡

首先要感谢张颖异老师对我们所有图纸和论文的指导与建议，老师上课时平易近人的教学态度也让我们倍感温暖，由衷感谢老师的指导和帮助。其次要感谢在一起生活、学习五年的队友金雨晴、吴梦迪，一起做毕业设计的日子里，多亏了她们，平凡、枯燥的日常间隙才能充满欢声笑语。很庆幸遇到了许多良师益友，他们在学习上、生活上给予了我无私的帮助和热心的照顾。感恩之情难以用语言表达，谨以最朴实的话语致以最崇高的敬意。

设计说明

本规划遵循平谷区分区规划和金海湖镇近期建设规划，坚持可持续发展战略，注重自然环境价值和正处于萌芽阶段的特色产业的经济效益，同时对未来特色农业的可持续效益进行研究规划，保证经济、社会和环境协同发展，做到三者效益统一。保证村庄发展与自然演化的平衡，创造舒适宜居的生态环境，确保社会经济发展不影响自然生态的保持与支撑能力，实现人与自然相结合，建设以居住功能为主，禅修、疗愈等功能兼备的多功能村。

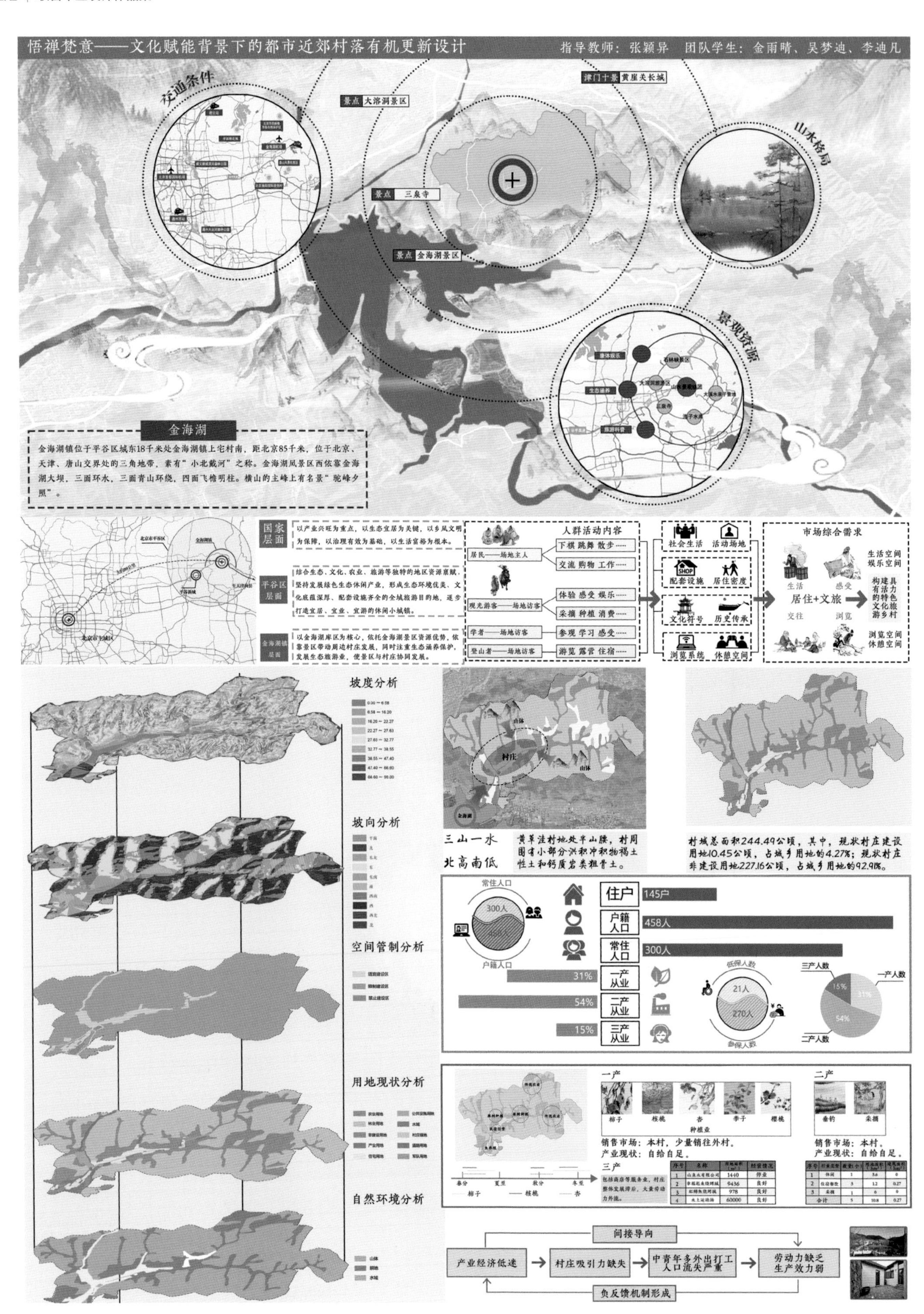
悟禅梵意——文化赋能背景下的都市近郊村落有机更新设计
指导教师：张颖异 团队学生：金雨晴、吴梦迪、李迪凡
交通条件
景点 大溶洞景区
津门十景 黄崖关长城
景点 三泉寺
景点 金海湖景区
山水格局
景观资源
金海湖
金海湖镇位于平谷区城东18千米处金海湖镇上宅村南，距北京85千米，位于北京、天津、唐山交界处的三角地带，素有"小北戴河"之称。金海湖风景区西依靠金海湖大坝，三面环水，三面青山环绕，四面飞檐明柱。横山的主峰上有名景"驼峰夕照"。
国家层面
以产业兴旺为重点，以生态宜居为关键，以乡风文明为保障，以治理有效为基础，以生活富裕为根本。
平谷区层面
结合生态、文化、农业、旅游等独特的地区资源禀赋，坚持发展绿色生态休闲产业，形成生态环境优美、文化底蕴深厚、配套设施齐全的全域旅游目的地，逐步打造宜居、宜业、宜游的休闲小城镇。
金海湖镇层面
以金海湖库区为核心，依托金海湖景区资源优势，依靠景区带动周边村庄发展，同时注重生态涵养保护，发展生态旅游业，使景区与村庄协同发展。
人群活动内容
居民——场地主人
下棋 跳舞 散步……
交流 购物 工作……
观光游客——场地访客
体验 感受 娱乐……
采摘 种植 消费……
学者——场地访客
参观 学习 感受……
登山者——场地访客
游览 露营 住宿……
社会生活
活动场地
配套设施
居住密度
文化符号
历史传承
浏览系统
休憩空间
市场综合需求
生活空间 娱乐空间
生活
感受
居住+文旅
交往
浏览
构建具有活力的特色文化旅游乡村
浏览空间 休憩空间
坡度分析
坡向分析
空间管制分析
用地现状分析
自然环境分析
山体
村庄
金海湖
三山一水
北高南低
黄草洼村地处半山腰，村周围有小部分洪积冲积物褐土性土和钙质岩类粗骨土。
村域总面积244.49公顷，其中，现状村庄建设用地10.45公顷，占城乡用地的4.27%；现状村庄非建设用地227.16公顷，占城乡用地的92.91%。
常住人口
300人
458人
户籍人口
住户 145户
户籍人口 458人
常住人口 300人
31% 一产从业
54% 二产从业
15% 三产从业
低保人数
21人
270人
参保人数
三产人数
一产人数
15%
31%
54%
二产人数
一产
柿子 核桃 杏 李子 樱桃
种植业
销售市场：本村，少量销往外村。
产业现状：自给自足。
二产
垂钓 采摘
销售市场：本村。
产业现状：自给自足。
三产
包括商店等服务业，村庄整体发展滞后，大量有待力升级。
春分 夏至 秋分 冬至
柿子 核桃 杏
间接导向
产业经济低迷
村庄吸引力缺失
中青年多外出打工 人口流失严重
劳动力缺乏 生产效力弱
负反馈机制形成

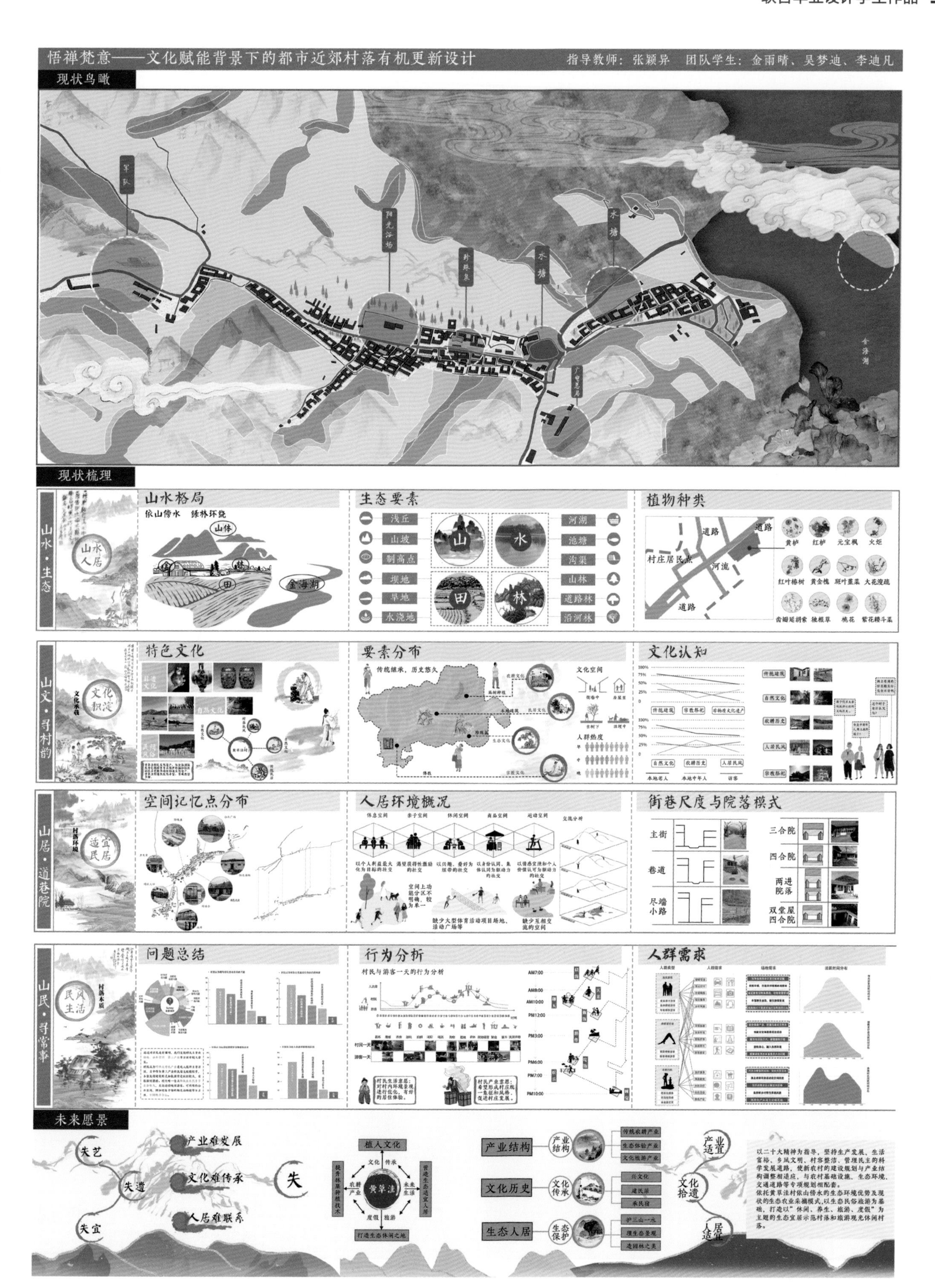

悟禅梵意——文化赋能背景下的都市近郊村落有机更新设计
指导教师：张颖异　团队学生：金雨晴、吴梦迪、李迪凡
现状鸟瞰
现状梳理
山水·生态
山水格局
依山傍水　绿林环绕
生态要素
浅丘
山坡
制高点
坝地
旱地
水浇地
河湖
池塘
沟渠
山林
道路林
沿河林
植物种类
山文·寻村韵
特色文化
要素分布
文化认知
山居·道巷院
空间记忆点分布
人居环境概况
街巷尺度与院落模式
主街
巷道
尽端小路
三合院
四合院
两进院落
双堂屋四合院
山民·寻常事
问题总结
行为分析
村民与游客一天的行为分析
人群需求
未来愿景
失艺
失遗
失宜
产业难发展
文化难传承
人居难联系
植入文化
黄草洼
打造生态休闲之地
产业结构
文化历史
生态人居
产业适宜
文化拾遗
人居适宜
以二十大精神为指导，坚持生产发展、生活富裕、乡风文明、村容整洁、管理民主的科学发展道路，使新农村的建设规划与产业结构调整相适应，与农村基础设施、生态环境、交通道路等专项规划相配套。
依托黄草洼村依山傍水的生态环境优势及现状的生态农业采摘模式，以生态民俗旅游为基础，打造以"休闲、养生、旅游、度假"为主题的生态宜居示范村落和旅游观光休闲村落。

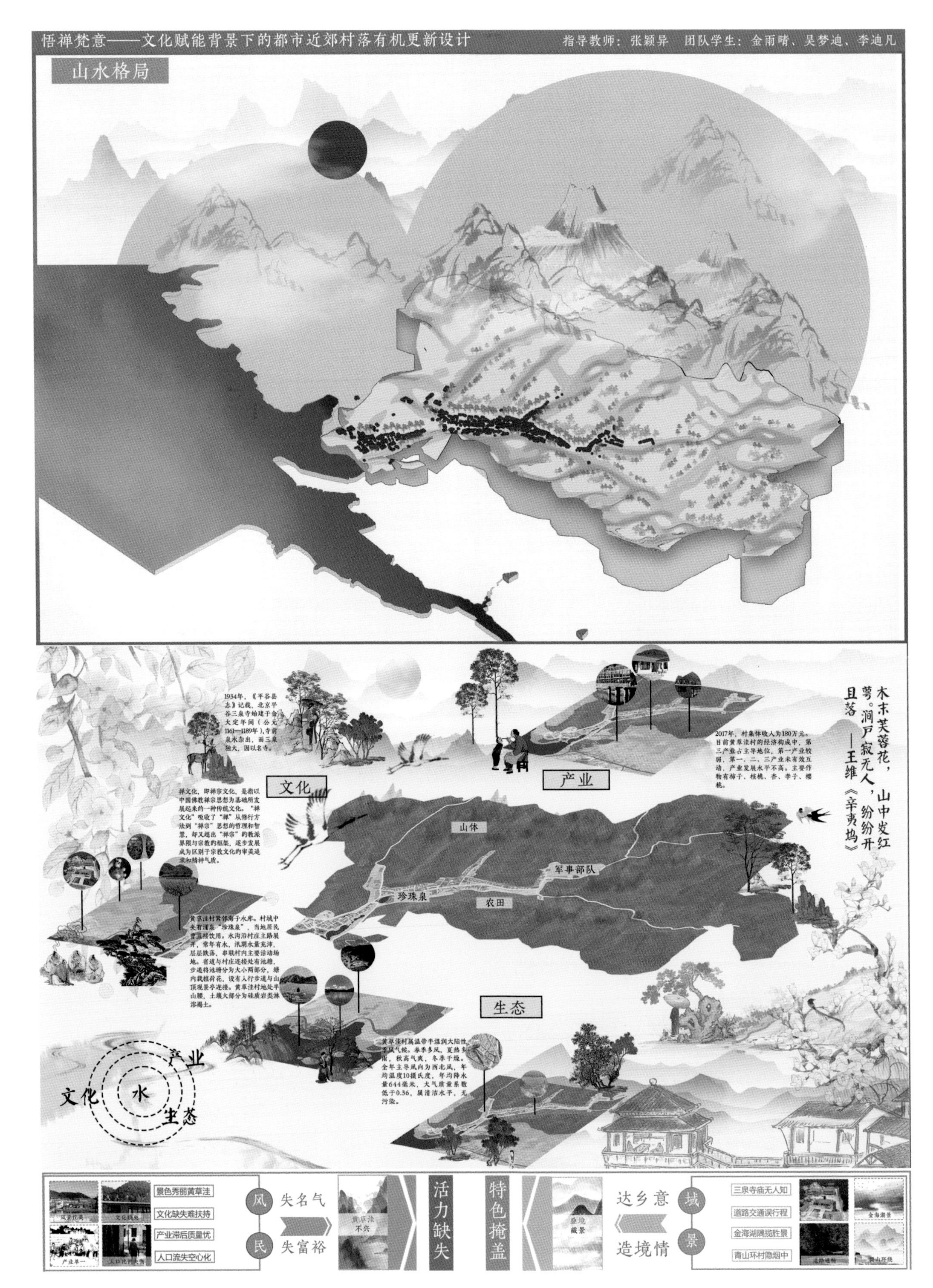

悟禅梵意——文化赋能背景下的都市近郊村落有机更新设计
指导教师：张颖异　团队学生：金雨晴、吴梦迪、李迪凡
山水格局
1934年，《平谷县志》记载，北京平谷三泉寺始建于金大定年间（公元1161—1189年），寺前泉水杂出，而三泉独大，因以名寺。
禅文化，即禅宗文化，是指以中国佛教禅宗思想为基础所发展起来的一种传统文化。“禅文化”吸收了“禅”从修行方法到“禅宗”思想的哲理和智慧，却又超出“禅宗”的教派界限与宗教的框架，逐步发展成为区别于宗教文化的审美追求和精神气质。
文化
产业
2017年，村集体收入为180万元。目前黄草洼村的经济构成中，第三产业占主导地位，第一产业较弱，第一、二、三产业未有效互动，产业发展水平不高。主要作物有柿子、核桃、杏、李子、樱桃。
木末芙蓉花，山中发红萼。涧户寂无人，纷纷开且落
——王维《辛夷坞》
山体
军事部队
珍珠泉
农田
黄草洼村紧邻海子水库。村域中央有涌泉“珍珠泉”，当地居民曾直接饮用。水沟沿村庄主路展开，常年有水，汛期水量充沛，层层跌落，串联村内主要活动场地。省道与村庄连接处有池塘，步道将池塘分为大小两部分，塘内栽植荷花，设有人行步道与山顶观景亭连接。黄草洼村地处半山腰，土壤大部分为硅质岩类淋溶褐土。
生态
黄草洼村属温带半湿润大陆性季风气候。春季多风，夏热多雨，秋高气爽，冬季干燥。全年主导风向为西北风，年均温度10摄氏度，年均降水量644毫米，大气质量系数低于0.36，属清洁水平，无污染。
产业
文化
水
生态
景色秀丽黄草洼
文化缺失难扶持
产业滞后质量忧
人口流失空心化
风
民
失名气
失富裕
活力缺失
特色掩盖
达乡意
造境情
域
景
三泉寺庙无人知
道路交通误行程
金海湖隅揽胜景
青山环村隐烟中

悟禅梵意——文化赋能背景下的都市近郊村落有机更新设计　指导教师：张颖异　团队学生：金雨晴、吴梦迪、李迪凡

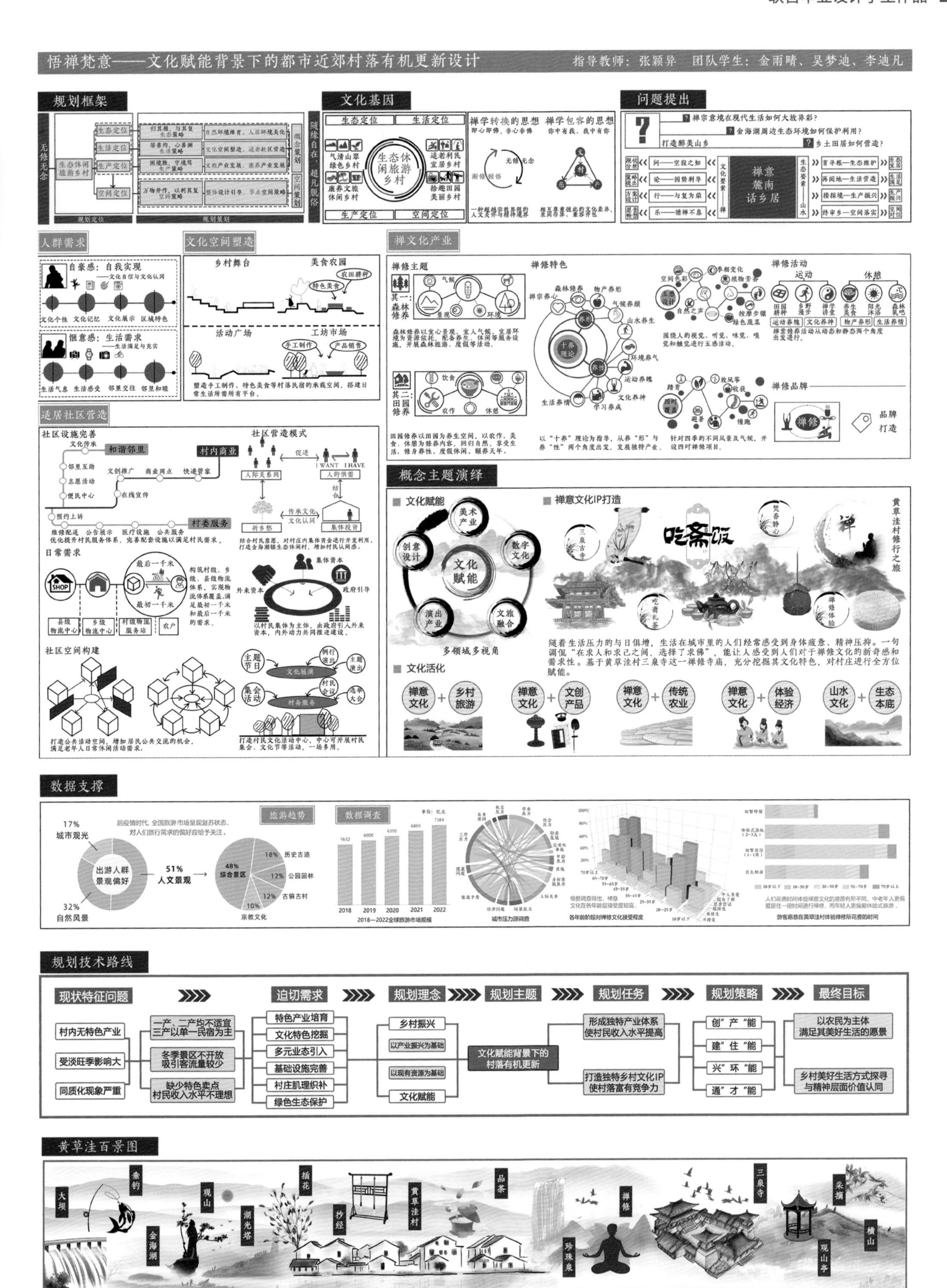

悟禅梵意——文化赋能背景下的都市近郊村落有机更新设计

指导教师：张颖异　团队学生：金雨晴、吴梦迪、李迪凡

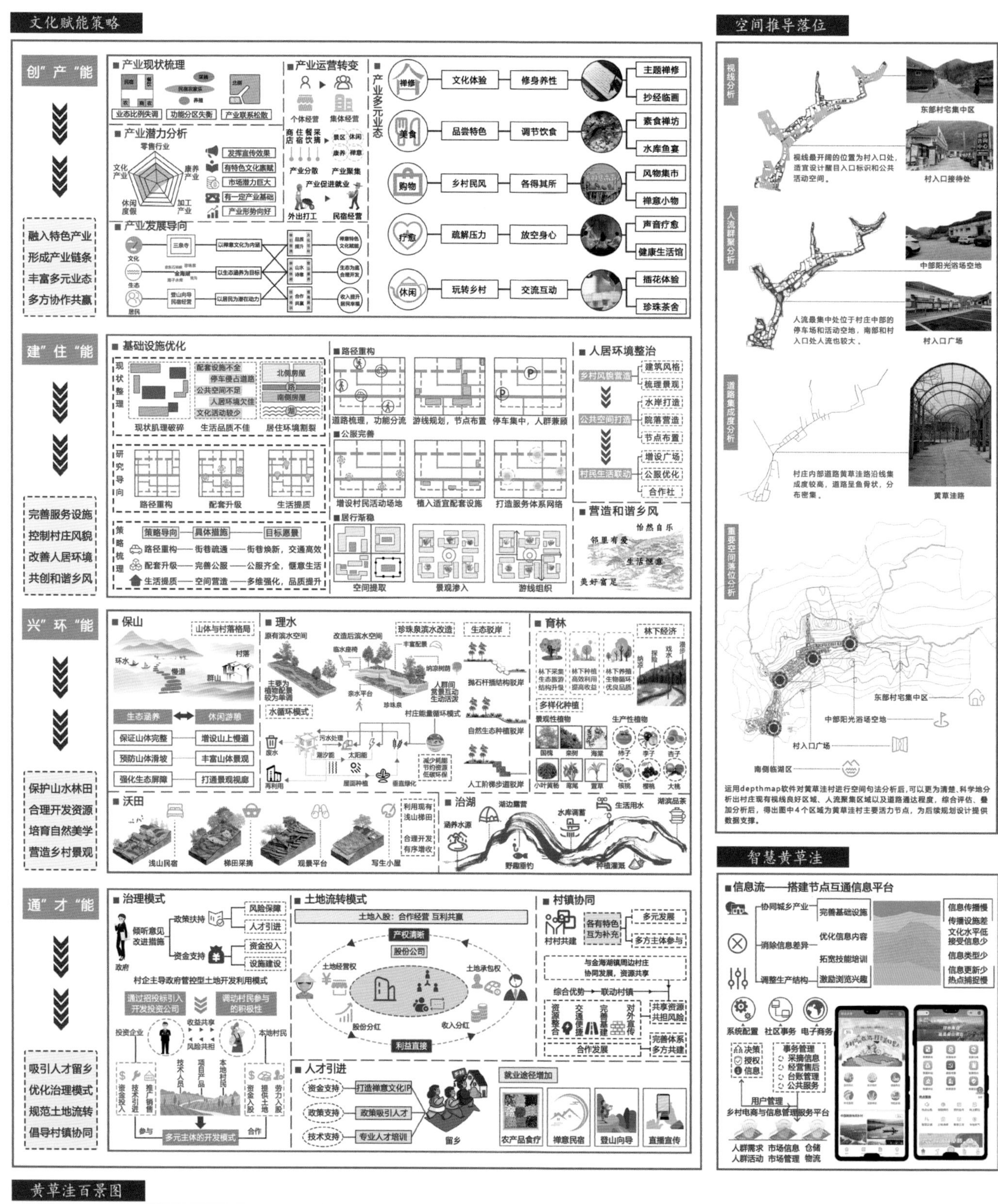

黄草洼百景图

悟禅梵意——文化赋能背景下的都市近郊村落有机更新设计
指导教师：张颖异　团队学生：金雨晴、吴梦迪、李迪凡
总平面图
N
0　50　100　200　400m
图例
村庄入口
停车场
游客中心
村委会
文化走廊
茶道表演
茶道体验
徒步集散中心
村民住宅
景观绿地
村民广场
图书馆
花园
民宿
养生调理馆
艺术疗愈馆
写生教室
声音疗愈馆
冥想室
游客服务中心
抄经馆
景观绿化
水库
主题民宿
停车场
梯田
慢行步道
设计说明
规划依托于乡村振兴的背景，努力开拓乡村内在的活力。当今社会人们心理压力日益增大，人们越来越关注心理健康问题，寻求舒缓身心、缓解焦虑的场地是打工人的日常。因此，我们借助村庄西南侧三泉寺引入“禅”的概念，将村庄分为三部分，既为外来游客提供心理疏导项目，也为村民完善当前设施，树立村庄标志形象。

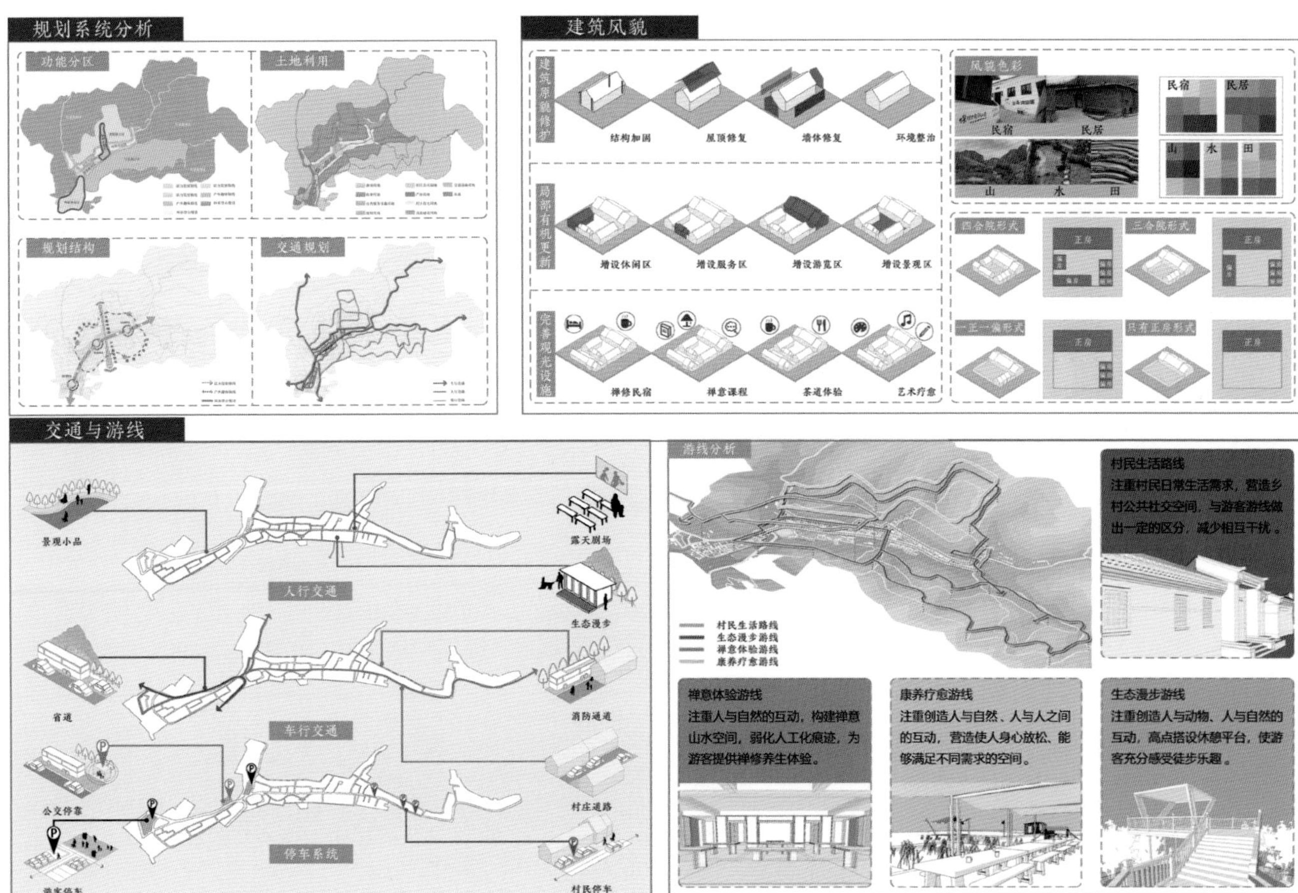
规划系统分析
功能分区
土地利用
规划结构
交通规划
建筑风貌
建筑风貌修护
结构加固
屋顶修复
墙体修复
环境整治
局部有机更新
增设休闲区
增设服务区
增设游览区
增设景观区
完善观光设施
禅修民宿
禅意课程
茶道体验
艺术疗愈
风貌色彩
民宿
民居
山
水
田
四合院形式
正房
三合院形式
正房
一正一偏形式
正房
只有正房形式
正房
交通与游线
景观小品
露天剧场
人行交通
生态漫步
省道
车行交通
消防通道
公交停靠
村庄道路
停车系统
游客停车
村民停车
游线分析
村民生活路线
生态漫步游线
禅意体验游线
康养疗愈游线
村民生活路线
注重村民日常生活需求，营造乡村公共社交空间，与游客游线做出一定的区分，减少相互干扰。
禅意体验游线
注重人与自然的互动，构建禅意山水空间，弱化人工化痕迹，为游客提供禅修养生体验。
康养疗愈游线
注重创造人与自然、人与人之间的互动，营造使人身心放松、能够满足不同需求的空间。
生态漫步游线
注重创造人与动物、人与自然的互动，高点搭设休憩平台，使游客充分感受徒步乐趣。

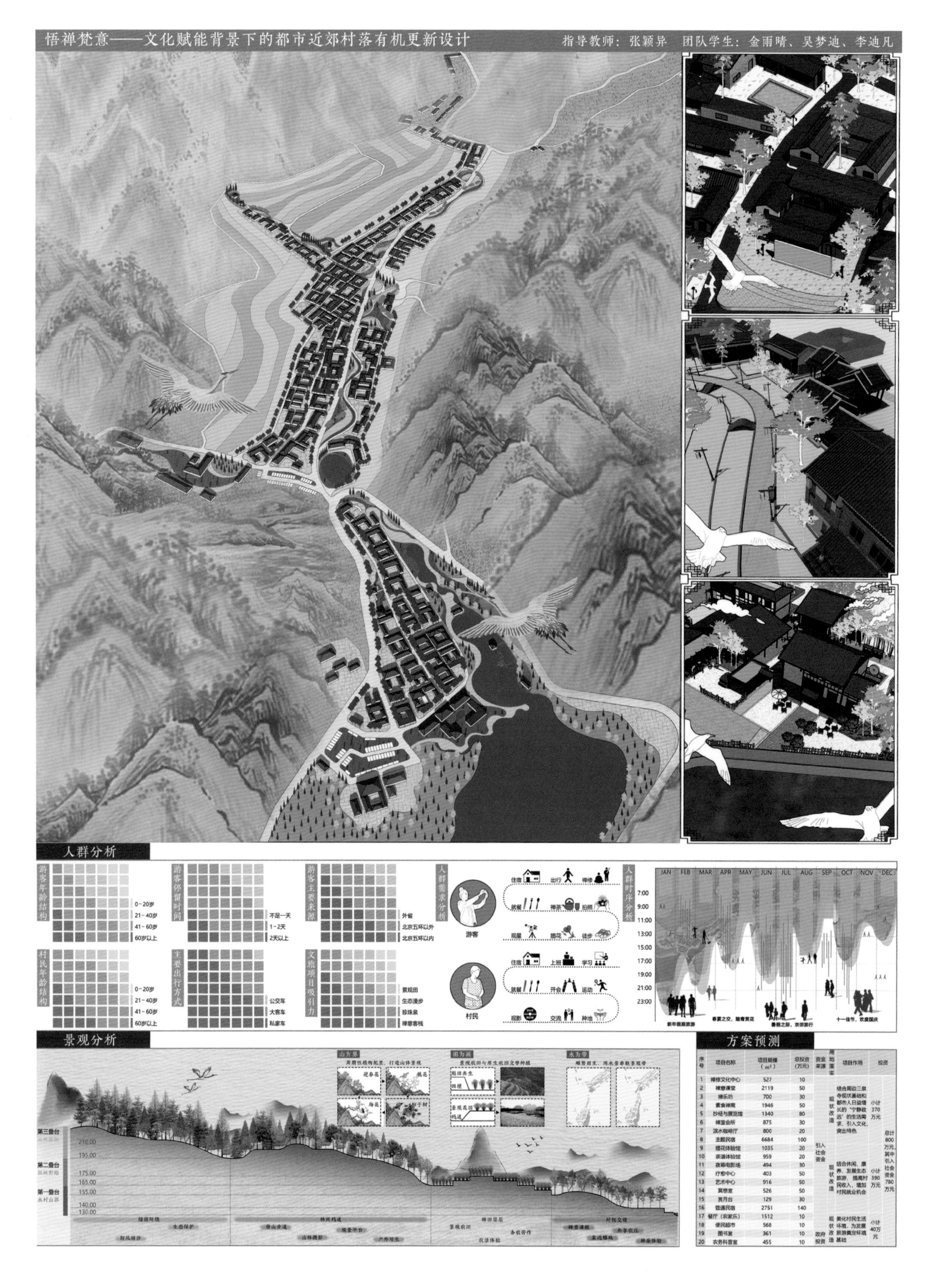

方案预测

序号	项目名称	项目规模（m²）	总投资（万元）	资金来源	用地落实	项目作用	投资	
1	禅修文化中心	527	10	引入社会资金	现状改造	结合周边三泉寺现状基础和都市人日益增长的"宁静致远"的生活需求，引入文化，突出特色	小计370万元	总计800万元，其中引入社会资金780万元
2	禅意课堂	2119	50					
3	禅乐坊	700	30					
4	素食禅斋	1946	50					
5	抄经与展览馆	1340	80					
6	禅室会所	875	30					
7	滨水咖啡厅	800	20					
8	主题民宿	6684	100		现状改造	结合休闲、康养，发展生态旅游，提高村民收入，增加村民就业机会	小计390万元	
9	插花体验馆	1035	20					
10	茶道体验馆	959	20					
11	夜幕电影场	494	30					
12	疗愈中心	403	50					
13	艺术中心	916	50					
14	冥想室	526	50					
15	赏月台	129	30					
16	普通民宿	2751	140					
17	餐厅（农家乐）	1512	10	政府投资	现状改造	美化村民生活环境，为发展旅游奠定环境基础	小计40万元	
18	便民超市	568	10					
19	图书室	361	10					
20	农务科普室	455	10					

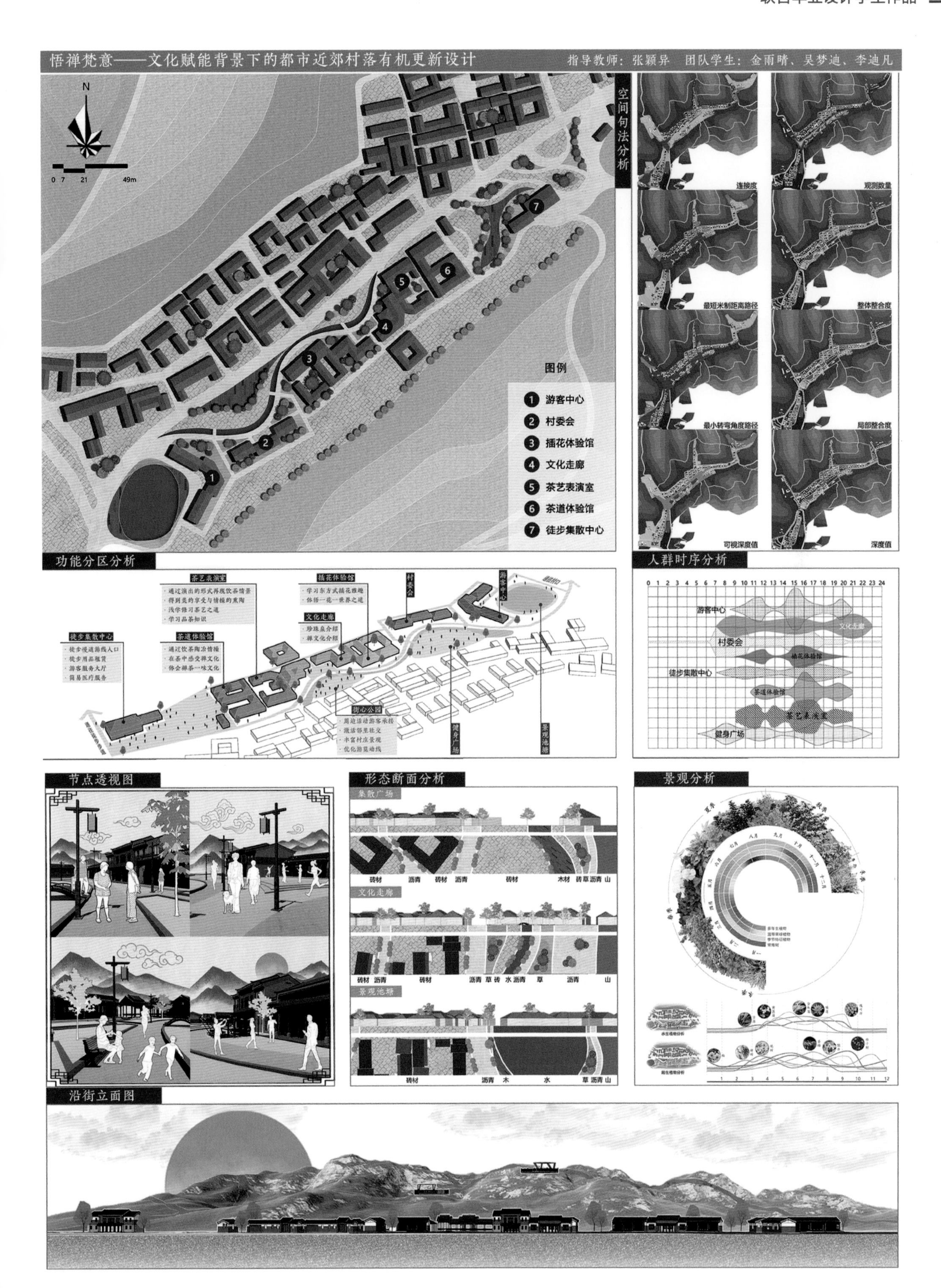
悟禅梵意——文化赋能背景下的都市近郊村落有机更新设计
指导教师：张颖异　团队学生：金雨晴、吴梦迪、李迪凡
空间句法分析
连接度
观测数量
最短米制距离路径
整体整合度
最小转弯角度路径
局部整合度
可视深度值
深度值
图例
1 游客中心
2 村委会
3 插花体验馆
4 文化走廊
5 茶艺表演室
6 茶道体验馆
7 徒步集散中心
功能分区分析
人群时序分析
节点透视图
形态断面分析
集散广场
文化走廊
景观池塘
砖材
沥青
木材
草
水
山
景观分析
沿街立面图

悟禅梵意——文化赋能背景下的都市近郊村落有机更新设计

指导教师：张颖异 团队学生：金雨晴、吴梦迪、李迪凡

生活禅节点

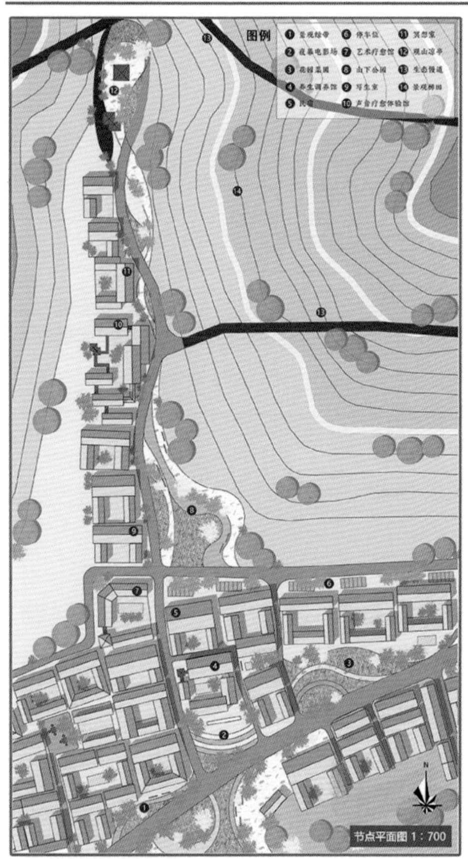

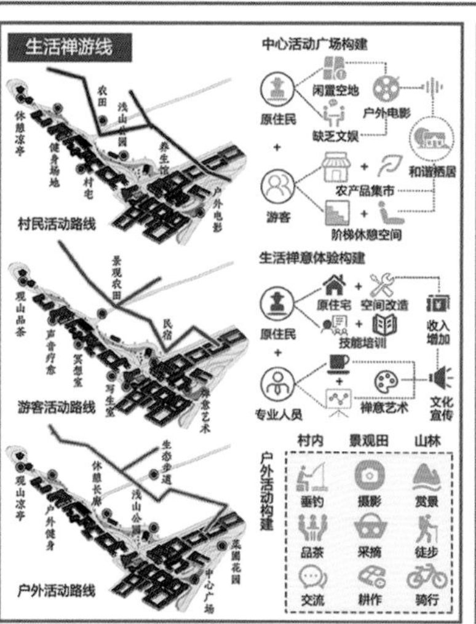

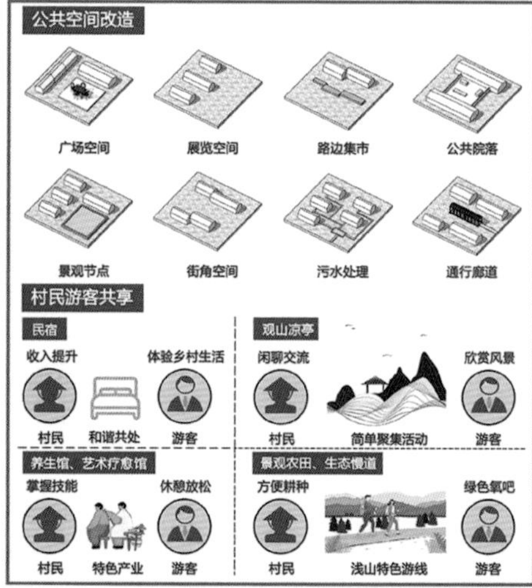

村民生活节点

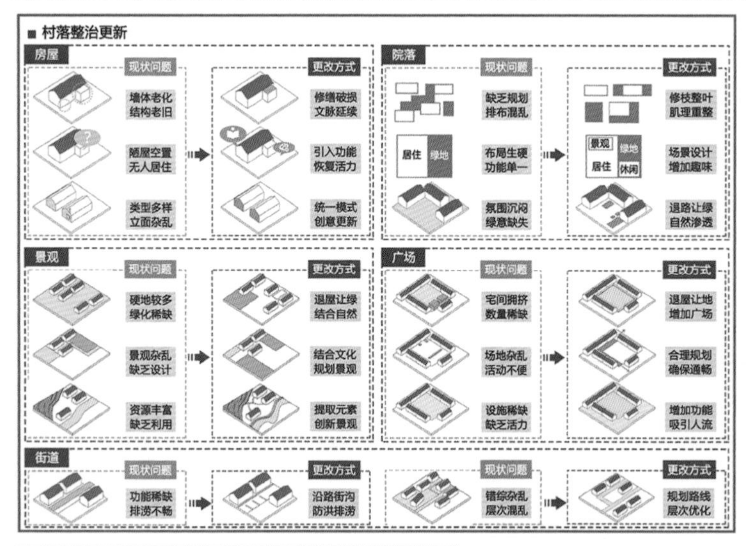

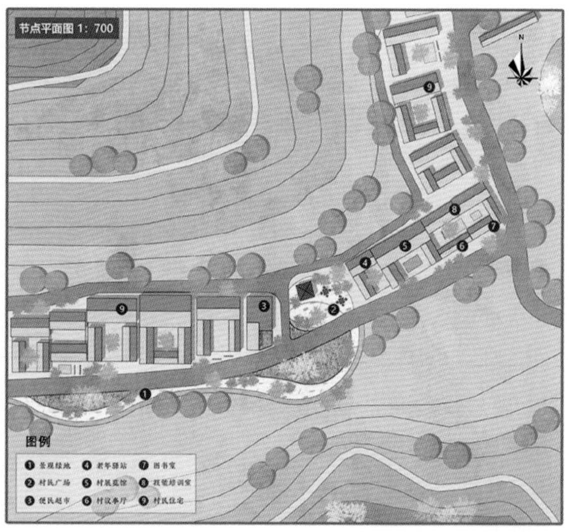

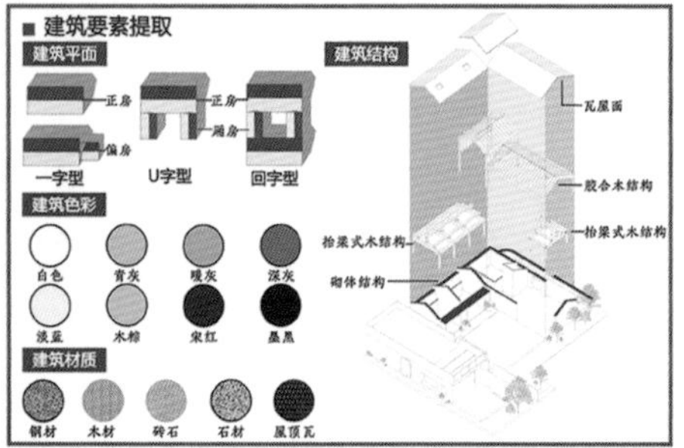

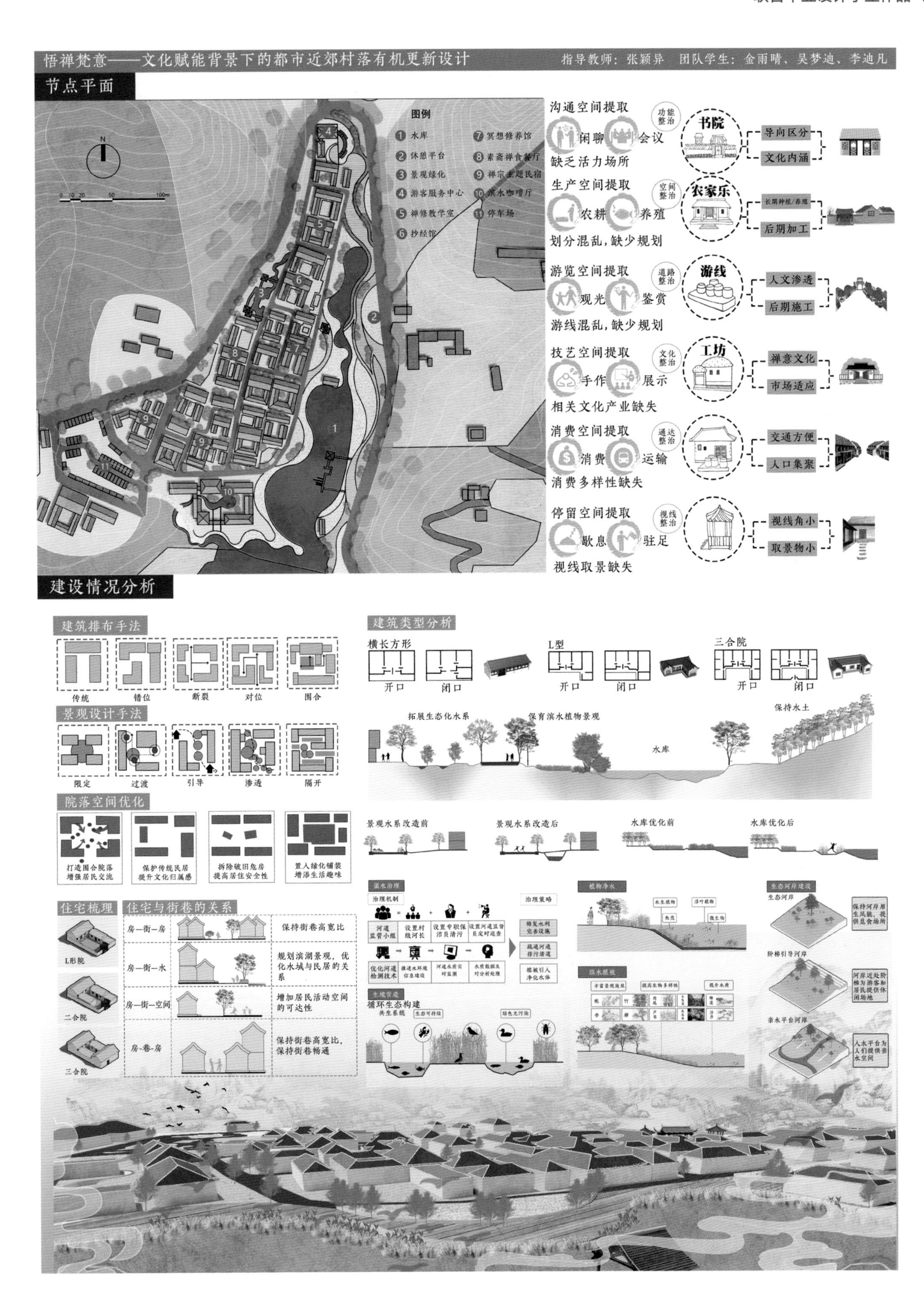

悟禅梵意——文化赋能背景下的都市近郊村落有机更新设计
指导教师：张颖异　团队学生：金雨晴、吴梦迪、李迪凡
节点平面
图例
1 水库
2 休憩平台
3 景观绿化
4 游客服务中心
5 禅修教学室
6 抄经馆
7 冥想修养馆
8 素斋禅食餐厅
9 禅宗主题民宿
10 滨水咖啡厅
11 停车场
沟通空间提取
闲聊
会议
缺乏活力场所
功能整治
书院
导向区分
文化内涵
生产空间提取
农耕
养殖
划分混乱，缺少规划
空间整治
农家乐
后期加工
游览空间提取
观光
鉴赏
游线混乱，缺少规划
道路整治
游线
人文渗透
后期施工
技艺空间提取
手作
展示
相关文化产业缺失
文化整治
工坊
禅意文化
市场适应
消费空间提取
消费
运输
消费多样性缺失
通达整治
交通方便
人口集聚
停留空间提取
歇息
驻足
视线取景缺失
视线整治
视线角小
取景物小
建设情况分析
建筑排布手法
传统
错位
断裂
对位
围合
景观设计手法
限定
过渡
引导
渗透
隔开
院落空间优化
打造围合院落 增强居民交流
保护传统民居 提升文化归属感
拆除破旧危房 提高居住安全性
置入绿化铺装 增添生活趣味
建筑类型分析
横长方形
开口
闭口
L型
开口
闭口
三合院
开口
闭口
拓展生态化水系
保育滨水植物景观
保持水土
水库
景观水系改造前
景观水系改造后
水库优化前
水库优化后
住宅梳理
L形院
二合院
三合院
住宅与街巷的关系
房—街—房
保持街巷高宽比
房—街—水
规划滨湖景观，优化水域与民居的关系
房—街—空间
增加居民活动空间的可达性
房-巷-房
保持街巷高宽比，保持街巷畅通
渠水治理
治理机制
治理策略
河道监管小组
设置村级河长
设置专职保洁员清污
设置河道监督员定时巡查
修复水利完善设施
疏通河道排污清道
优化河道检测技术
植被引入净化水体
生境营造
循环生态构建
共生系统
生态可持续
绿色无污染
植物净水
水生植物
浮叶植物
鱼类
微生物
纳水植被
丰富景观效果
提高生物多样性
提升水质
生态河岸建设
生态河岸
保持河岸原生风貌，提供良食场所
阶梯引导河岸
河岸近处阶梯为游客和居民提供休闲场地
亲水平台河岸
人水平台为人们提供亲水空间

清溪穿青山，山林疗人心 ——未来健康乡村场景下的都市近郊乡村有机更新设计

张颖异

很高兴能和同学们共同完成毕业设计，参与你们的青春，见证你们的蜕变和成长。难忘课堂上的欢声笑语，难忘评图时的专注眼神，更欣慰的是同学们能用脚步丈量乡村的每一寸土地，用纸笔为乡村更新添加诗意的注脚。回想起来，这些经历让我们更加珍惜彼此，珍惜在北京建筑大学共同度过的时光。海阔凭鱼跃，天高任鸟飞。校园以外的世界是你们大展身手的舞台，人民的城市与乡村值得你们用一生去求解。期待同学们在未来的征途上创造更多可能！

陈卓

在我即将离开校园之际，我想表达一下自己对这个专业的毕业感悟和对相关人员的深深感谢之情。首先，我深刻地感悟到城乡规划专业的广阔与深邃，其需要综合运用空间规划、社会学、环境科学、经济学等多个学科的知识来解决城乡发展的问题。这让我明白了专业的复杂性和广度，也激发了我对城乡规划的热爱和追求。其次，我要衷心感谢我的老师们，他们在我的学业和研究上给予了无私的指导和支持。他们不仅传授了我专业知识和研究方法，还激发了我的思维和创新能力。他们的教诲和悉心培养为我奠定了坚实的专业基础，让我能够胸怀远大的理想，并为之奋斗。

宁杨弘威

五年城乡规划专业的学习充实地填满了大学时光，独特的专业特征让我的大学生活丰富却也单一。丰富在于广阔的知识体系、灵活的知识应用，以及需要不断学习与自我审问。单一在于五年里大部分时光我都沉浸在课业之中。无论如何，这些构成了我独一无二的大学生活。毕业设计接近尾声，它是大学生活的终止符，也将是未来一生美好回忆的亮点。在这个过程中有苦有累，甚至曾经想要放弃，但最终坚持下来。看到作品的满足感无法复制，我将铭记一生。

任鱼跃

还记得大学里与同学们第一次见面的样子，还记得开学时的军训，还记得大学里第一节课，转眼大学五年时光已如白驹过隙般流逝。临近毕业，心中不由生出许多感悟。在毕业设计期间，突然发现设计于我而言是很珍贵的一件事。以前总希望不再接触设计，曾经嫌弃时间过得太慢，可是转眼间五年时间就这样过去了，心中甚为不舍。

这五年中，我最大的收获就是遇到了可亲可敬的各位老师，以及互帮互助的同学们，这让我们在大学生活中过得缤纷多彩。在此我要感谢指导我们毕业设计的张颖异老师，以及我们这个携手努力的毕业设计小组的另外两位成员——宁杨弘威、陈卓。

设计说明

村庄发展定位：结合当地现有的农产品采摘体验，打造果酒文化；因地制宜，结合地势和金海湖景观，打造运动文化(根据地势的不同，分为浅山运动和极限运动)；辅以配套设施(游客服务、攀岩服务、淡水门户服务、运动主题功能商业)；风貌统一；预估游客人车流淡旺季规模、方案的旅游承载力，考虑需要投资的大致种类和金额、盈利期等经济相关问题。
产业发展规划：充分利用现状条件，依托黄草洼村和金海湖景区旅游资源，挖掘自身特色资源优势，结合生态林业种植业建设，发展观光、休闲采摘；积极促进休闲康养旅游发展，从而带动商业、餐饮、住宿、交通等旅游相关行业的发展，使之成为村庄的支柱产业，创造就业机会，增加村民收入。
中心广场设计说明（任鱼跃）：我们注重以人为本和景观塑造，提供休闲服务及生活服务，将院内打通并且串联使流线变得合适。
居民广场设计说明（陈卓）：我们的设计理念是拥有一个活动丰富、老少皆宜的区域，可以供村民交流互动，使他们身心健康，目标是舒适宜人和具有可持续性。
滨水活动中心设计说明（宁杨弘威）：我们给这部分的定位是活力区域，拥有商业功能、娱乐功能和服务功能，同时注重配套设施的完善和与金海湖景观的视线连通。
村庄运营模式：采用共同缔造的方式，希望村集体、全体村民和企业等相关利益主体共同参与、上下协调进行规划建设。核心就是引导村民积极、主动参与规划建设，增强村庄发展的内生动力。

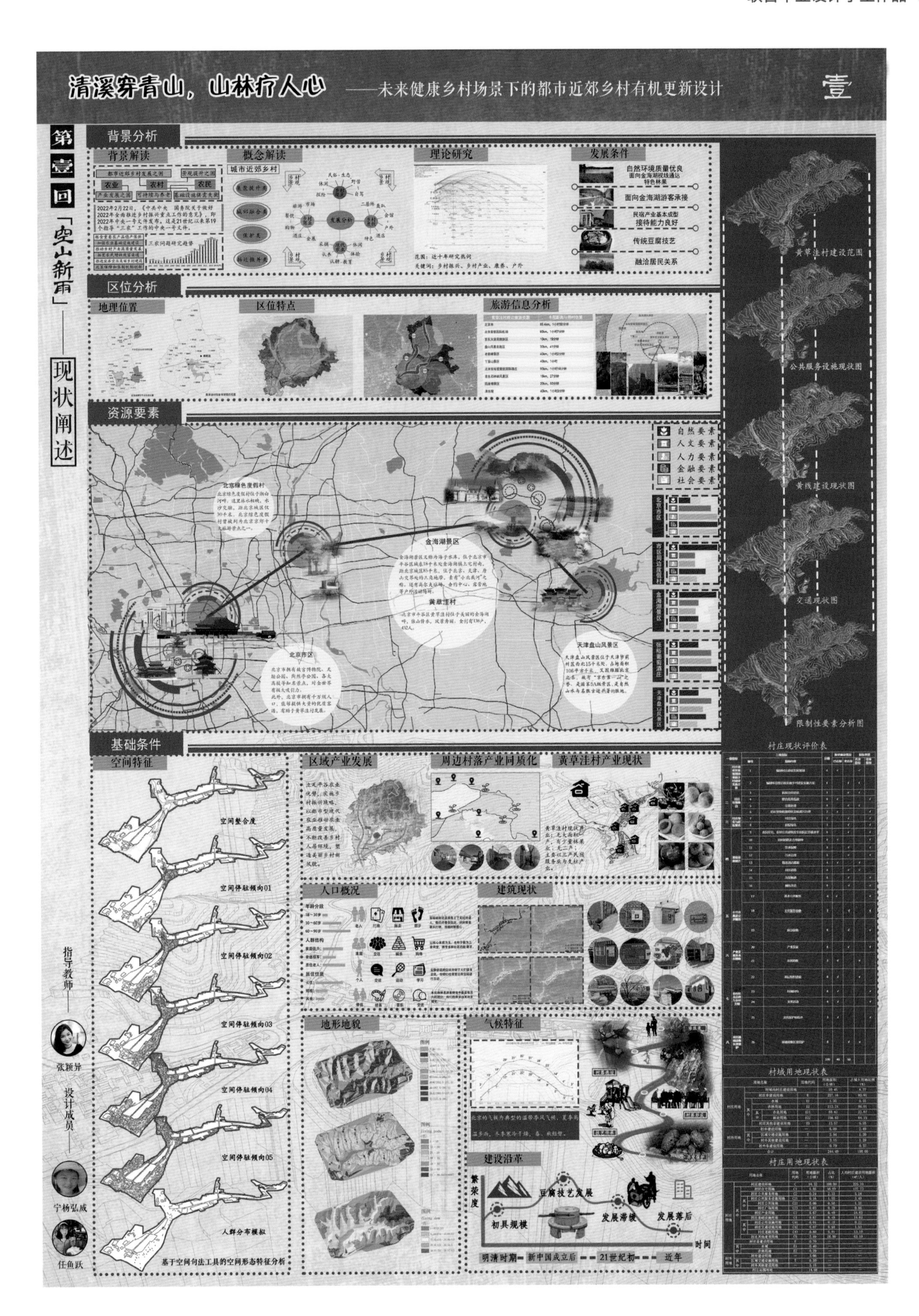

清溪穿青山，山林疗人心
——未来健康乡村场景下的都市近郊乡村有机更新设计
壹
第壹回「空山新雨」——现状阐述
背景分析
背景解读
概念解读
理论研究
发展条件
自然环境质量优良
面向金海湖游客承接
民宿产业基本成型 接待能力良好
传统豆腐技艺
融洽居民关系
区位分析
地理位置
区位特点
旅游信息分析
资源要素
自然要素
人文要素
人力要素
金融要素
社会要素
北京绿色度假村
金海湖景区
黄草洼村
北京市区
天津盘山风景区
基础条件
空间特征
空间整合度
空间停驻倾向01
空间停驻倾向02
空间停驻倾向03
空间停驻倾向04
空间停驻倾向05
人群分布模拟
基于空间句法工具的空间形态特征分析
区域产业发展
周边村落产业同质化
黄草洼村产业现状
人口概况
建筑现状
地形地貌
气候特征
建设沿革
繁荣度
初具规模
豆腐技艺发展
发展滞缓
发展落后
时间
明清时期
新中国成立后
21世纪初
近年
黄草洼村建设范围图
公共服务设施现状图
黄线建设现状图
交通现状图
限制性要素分析图
村庄现状评价表
村域用地现状表
村庄用地现状表
指导教师
张颖异
设计成员
宁杨弘威
任鱼跃

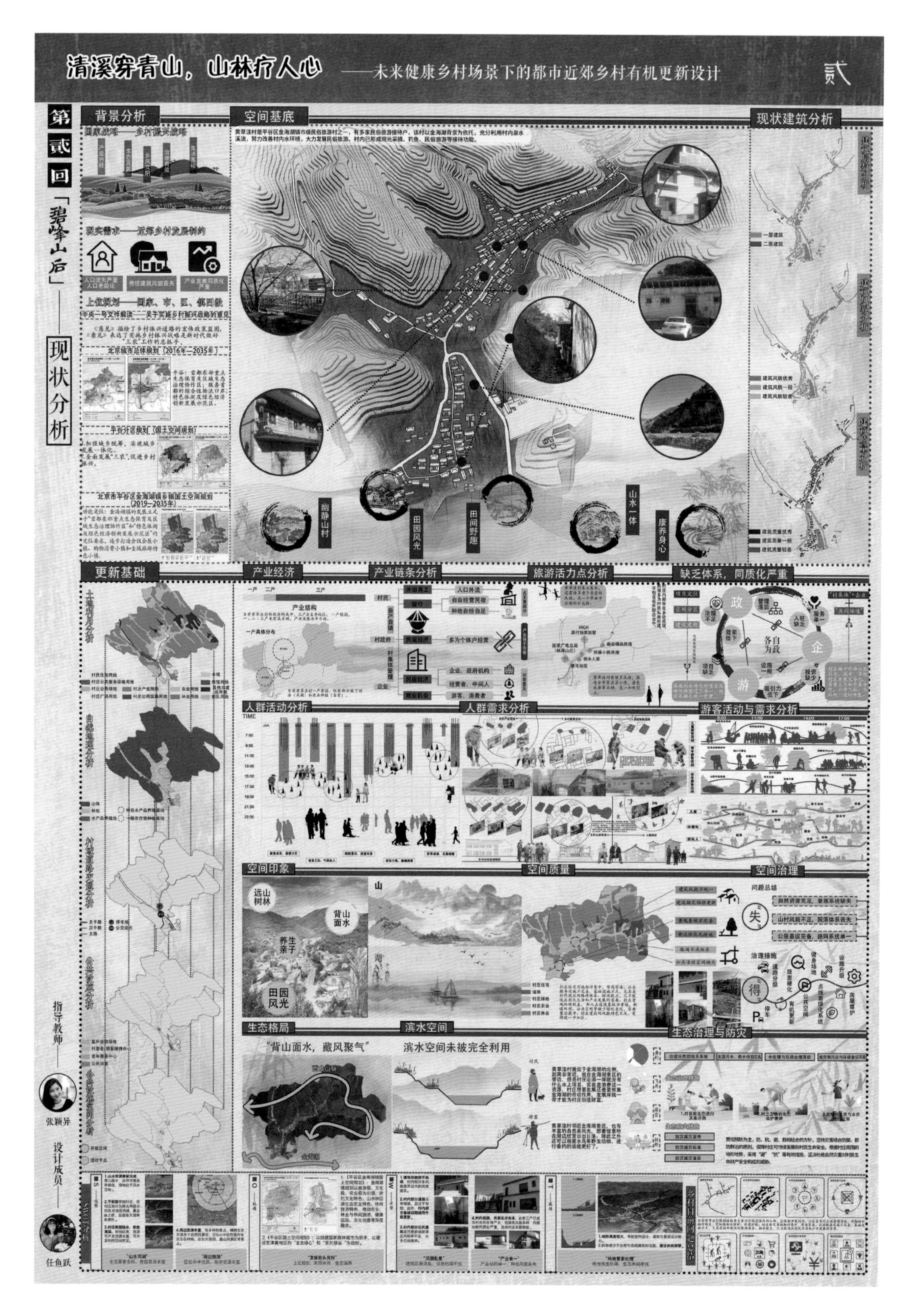

清溪穿青山，山林疗人心
——未来健康乡村场景下的都市近郊乡村有机更新设计
贰
第贰回
「碧峰山居」
现状分析
背景分析
空间基底
现状建筑分析
更新基础
产业经济
产业链条分析
旅游活力点分析
缺乏体系，同质化严重
人群活动分析
人群需求分析
游客活动与需求分析
空间印象
空间质量
空间治理
生态格局
滨水空间
生态治理与防灾
"背山面水，藏风聚气"
滨水空间未被利用
幽静山村
田园风光
田间野趣
山水一体
康养身心
远山树林
背山面水
养生亲子
田园风光
指导教师
张颖异
设计成员
任鱼跃

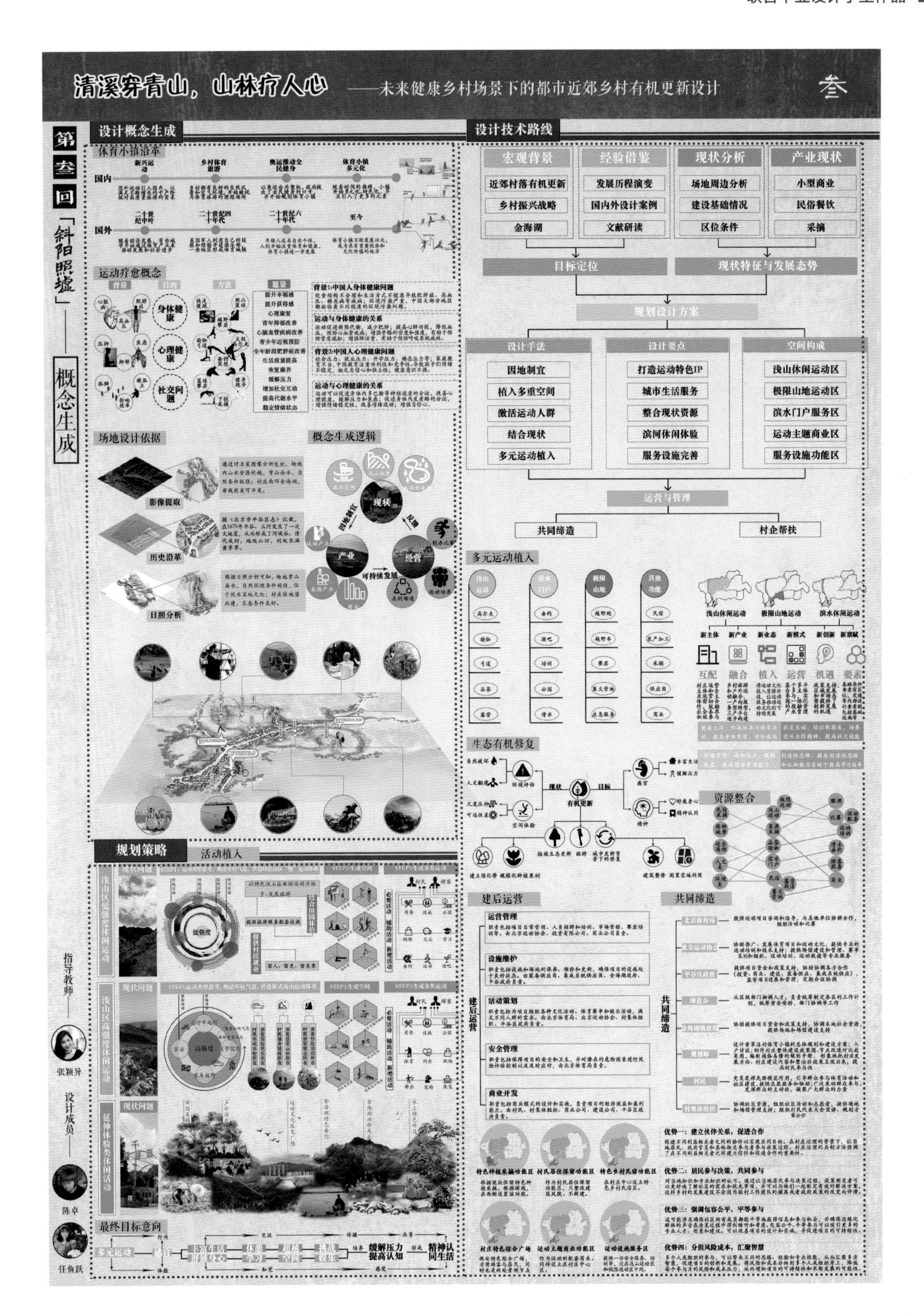

清溪穿青山，山林疗人心
——未来健康乡村场景下的都市近郊乡村有机更新设计
叁
第叁回
「斜阳照墟」——概念生成
设计概念生成
体育小镇沿革
运动疗愈概念
场地设计依据
影像提取
历史沿革
日照分析
概念生成逻辑
规划策略
活动植入
最终目标意向
设计技术路线
宏观背景
近郊村落有机更新
乡村振兴战略
金海湖
经验借鉴
发展历程演变
国内外设计案例
文献研读
现状分析
场地周边分析
建设基础情况
区位条件
产业现状
小型商业
民俗餐饮
采摘
目标定位
现状特征与发展态势
规划设计方案
设计手法
因地制宜
植入多重空间
激活运动人群
结合现状
多元运动植入
设计要点
打造运动特色IP
城市生活服务
整合现状资源
滨河休闲体验
服务设施完善
空间构成
浅山休闲运动区
极限山地运动区
滨水门户服务区
运动主题商业区
服务设施功能区
运营与管理
共同缔造
村企帮扶
多元运动植入
生态有机修复
资源整合
建后运营
运营管理
设施维护
活动策划
安全管理
商业开发
共同缔造
指导教师
张颖异
设计成员
陈卓
任鱼跃

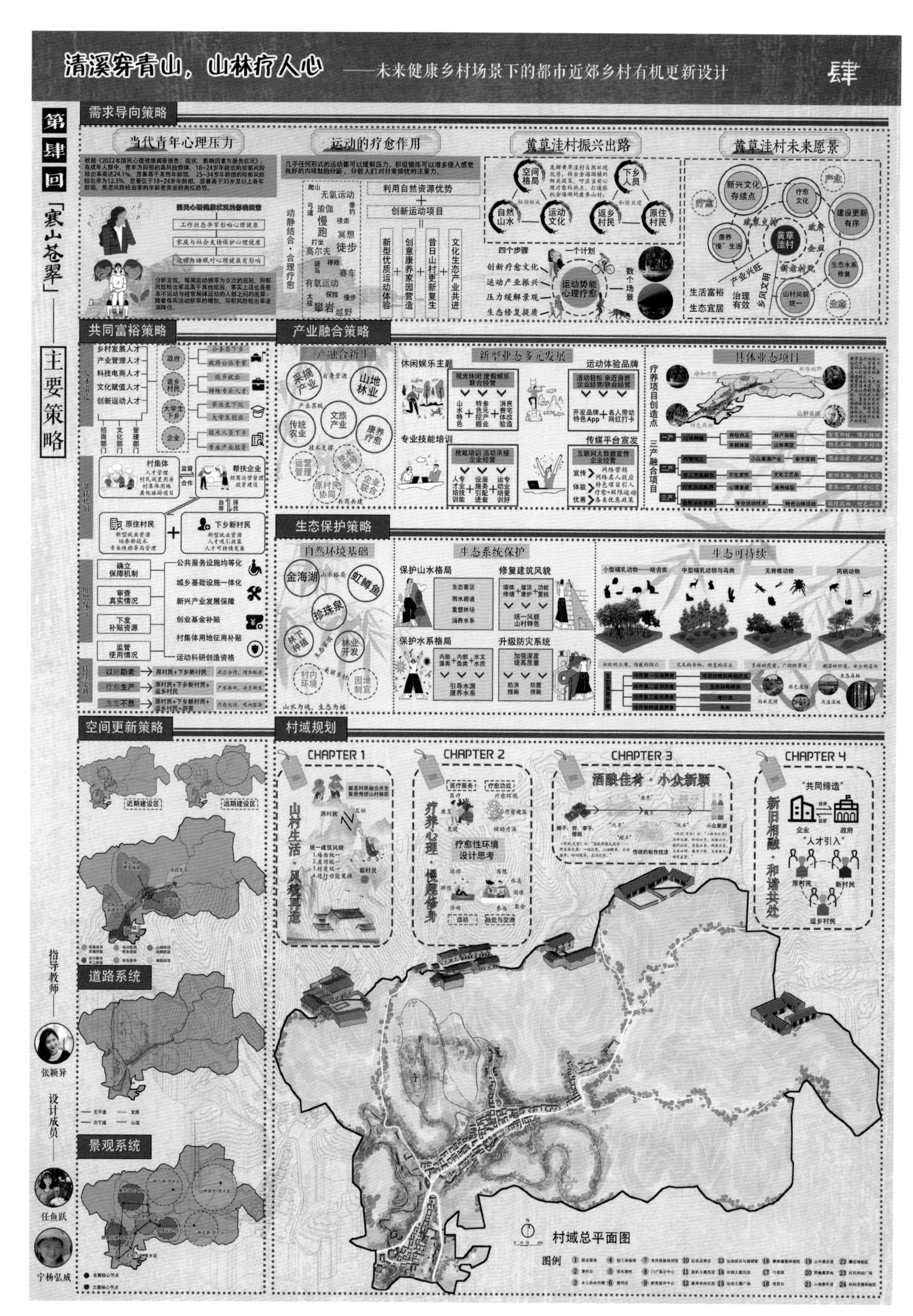

清溪穿青山，山林疗人心
——未来健康乡村场景下的都市近郊乡村有机更新设计
肆
第肆回
「寒山苍翠」——主要策略
需求导向策略
当代青年心理压力
运动的疗愈作用
黄草洼村振兴出路
黄草洼村未来愿景
共同富裕策略
产业融合策略
三产融合新生
新型业态多元发展
具体业态项目
生态保护策略
自然环境基础
生态系统保护
生态可持续
空间更新策略
村域规划
CHAPTER 1
山村生活·风貌再造
CHAPTER 2
疗养心理·慢跑修身
CHAPTER 3
酒酿佳肴·小众新颖
CHAPTER 4
新旧相融·和谐共处
道路系统
景观系统
村域总平面图
图例
指导教师
张颖异
设计成员
任鱼跃
宁杨弘威

清溪穿青山，山林疗人心
——未来健康乡村场景下的都市近郊乡村有机更新设计
伍
第伍回「临风听蝉」——总平面图设计
村庄总平面图
0 100 200m
图例
1 滨水服务
2 垂钓台
3 水上活动内塘
4 加工体验馆
5 滨水酒吧
6 便利店
7 室内技能培训馆
8 门户展示中心
9 游客接待中心
10 纪念品商店
11 轰趴主题民宿
12 康养休闲民宿
13 运动培训与器材室
14 田园主题民宿
15 运动主题广场
16 静林瑜伽体验馆
17 弓道部
18 观星台
19 山中漫步道
20 野趣露营地
21 山地赛车道
22 攀岩体验区
23 村民活动广场
24 休闲采摘体验区
多元更新要素联动
休闲
娱乐
运动
技能
培训
多元联动
经营类型
经营方式
特定客群
基本功能
建设模式
健康度假
休闲运动
健康居住
健康养老
特色度假
旅游观光
网红经济支撑更新
休闲采摘
生态民宿
林下经济
慢行生态
观景步道
个体经营
集体经营
产业分散
景区
休闲
食宿
购物
外出打工
生态农业
家庭手工
店铺售卖
App
VR
大数据
信息技术
短视频
新媒体
二维码
平台合作
建筑空间整理
村庄剖面图
生态保护空间
瑜伽静心
采摘体验
垂钓娱乐
认知空间
亲子活动
交流活动
指导教师
张颖异
设计成员
宁杨弘威

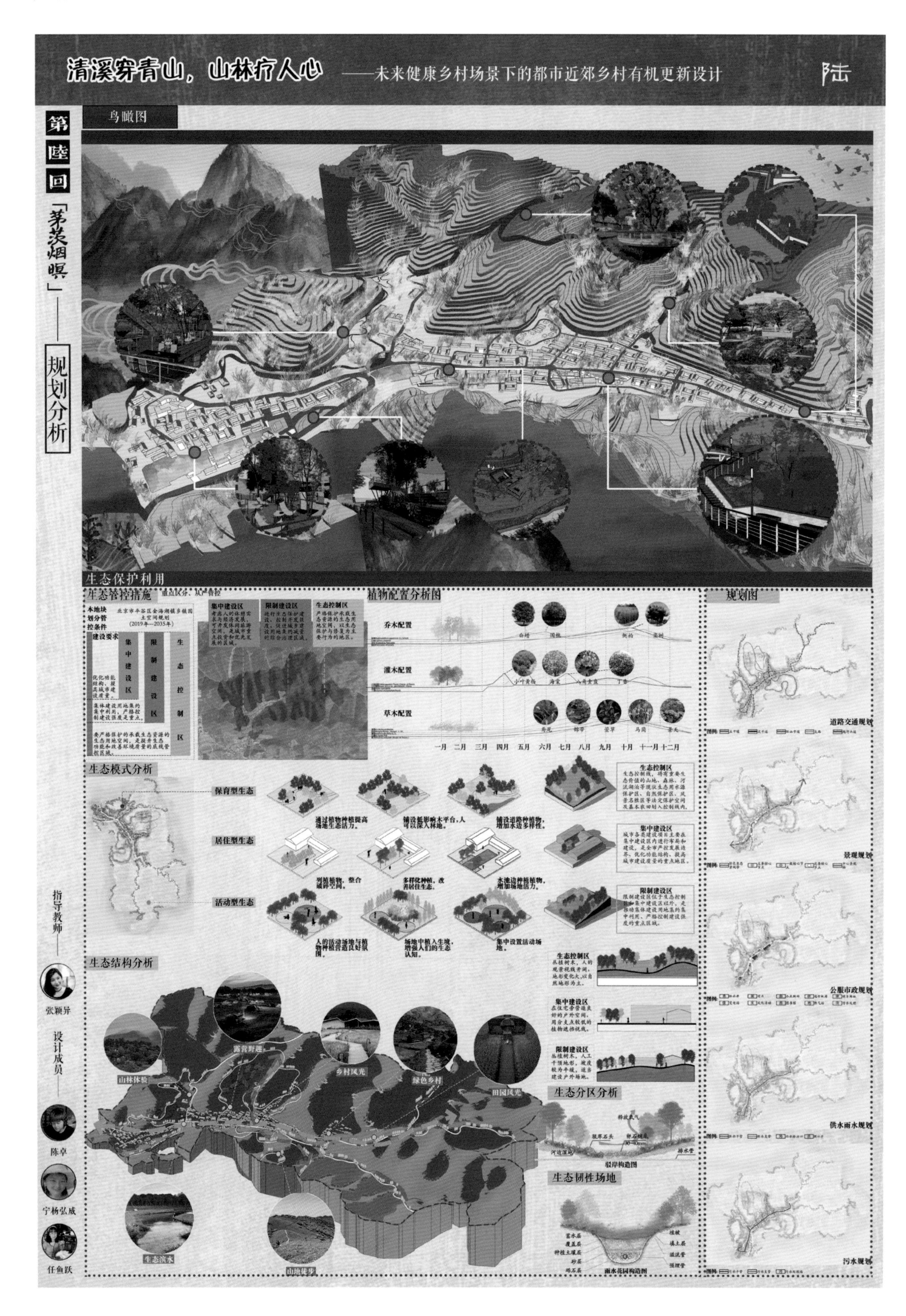
清溪穿青山，山林疗人心
——未来健康乡村场景下的都市近郊乡村有机更新设计
陆
第陆回
「茅茨烟暝」——规划分析
鸟瞰图
生态保护利用
生态管控措施
植物配置分析图
乔木配置
灌木配置
草木配置
一月 二月 三月 四月 五月 六月 七月 八月 九月 十月 十一月 十二月
规划图
道路交通规划
景观规划
公服市政规划
供水雨水规划
污水规划
生态模式分析
保育型生态
居住型生态
活动型生态
生态控制区
集中建设区
限制建设区
生态结构分析
山林体验
露营野趣
乡村风光
绿色乡村
田园风光
生态滨水
山地徒步
生态分区分析
驳岸构造图
生态韧性场地
雨水花园构造图
指导教师
张颖异
设计成员
陈卓
宁杨弘威
任鱼跃

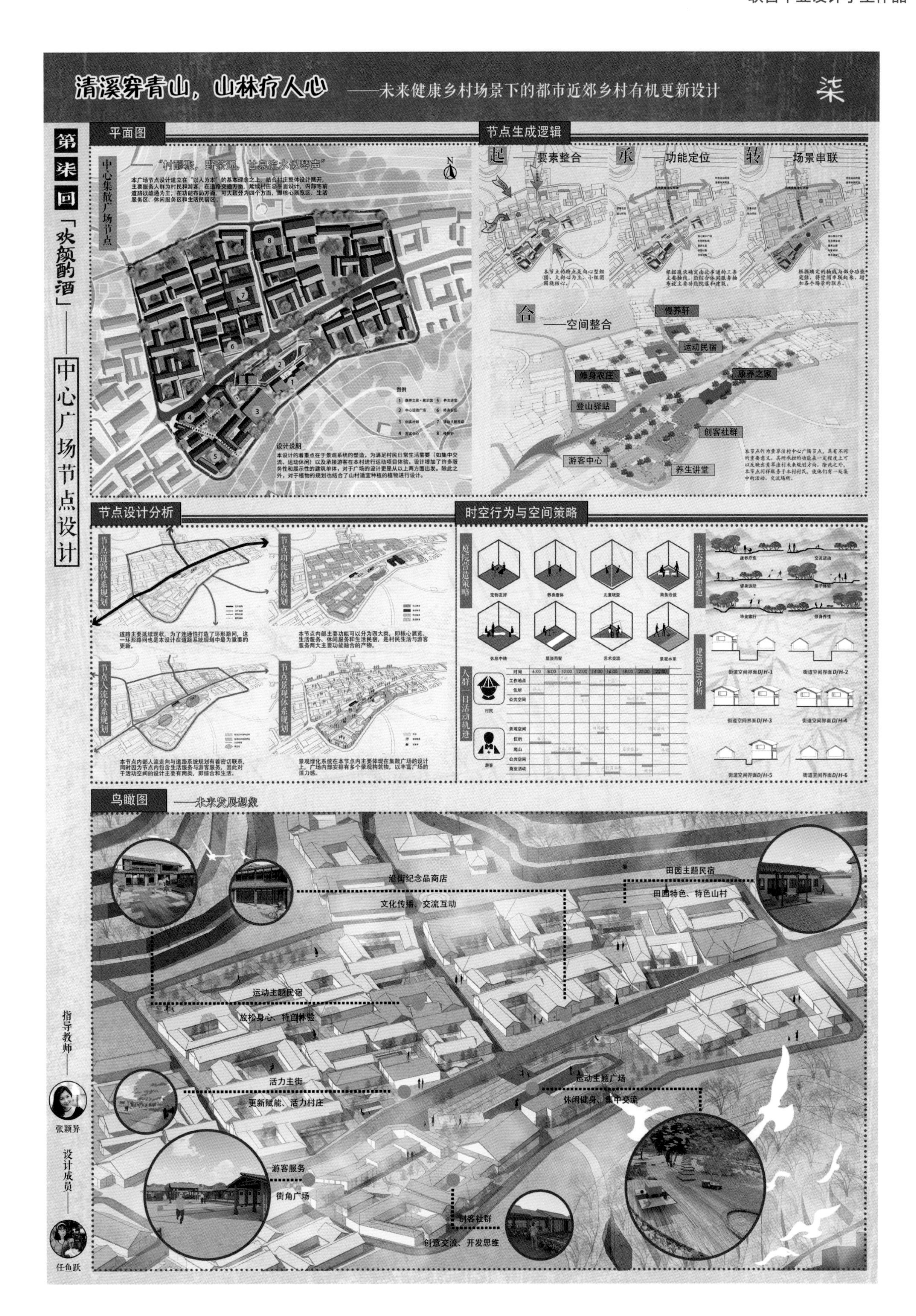
清溪穿青山，山林疗人心
——未来健康乡村场景下的都市近郊乡村有机更新设计
柒
第柒回
「欢颜酌酒」——中心广场节点设计
平面图
节点生成逻辑
起 要素整合
承 功能定位
转 场景串联
合 空间整合
慢养轩
运动民宿
修身农庄
康养之家
登山驿站
创客社群
游客中心
养生讲堂
节点设计分析
时空行为与空间策略
鸟瞰图
——未来发展想象
沿街纪念品商店
文化传播、交流互动
田园主题民宿
田园特色、特色山村
运动主题民宿
放松身心、特色体验
活力主街
更新赋能、活力村庄
运动主题广场
休闲健身、集中交流
游客服务
街角广场
创客社群
创意交流、开发思维
指导教师
张颖异
设计成员
任鱼跃

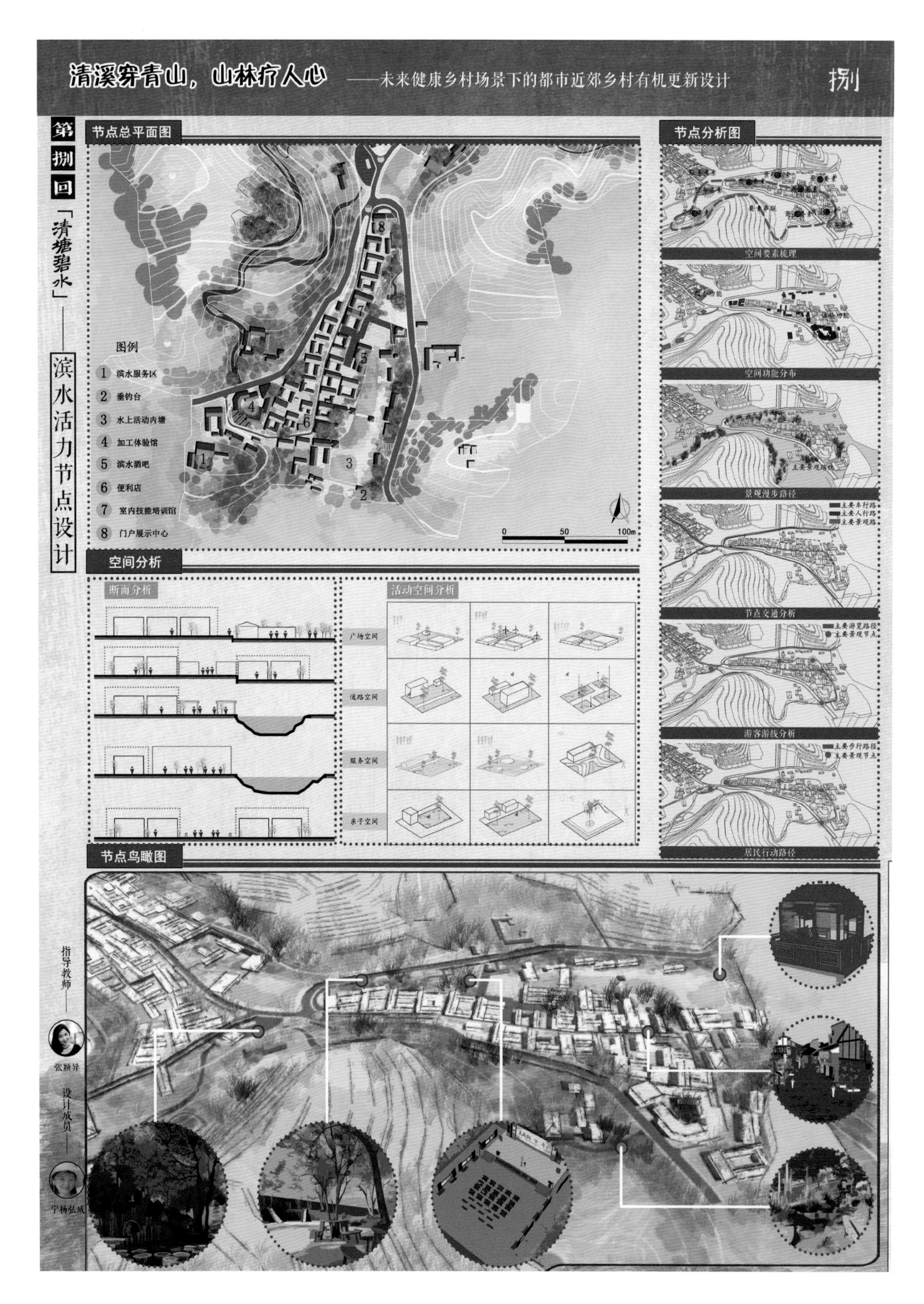
清溪穿青山，山林疗人心
——未来健康乡村场景下的都市近郊乡村有机更新设计
捌
第捌回
「清塘碧水」——滨水活力节点设计
节点总平面图
图例
1 滨水服务区
2 垂钓台
3 水上活动内塘
4 加工体验馆
5 滨水酒吧
6 便利店
7 室内技能培训馆
8 门户展示中心
0 50 100m
节点分析图
空间要素梳理
空间功能分布
景观漫步路径
主要景观路线
节点交通分析
主要车行路
主要人行路
主要景观路
游客游线分析
主要游览路径
主要景观节点
居民行动路径
主要步行路径
主要景观节点
空间分析
断面分析
活动空间分析
广场空间
道路空间
服务空间
亲子空间
节点鸟瞰图
指导教师
张颖异
设计成员
宁杨弘威

清溪穿青山，山林疗人心
——未来健康乡村场景下的都市近郊乡村有机更新设计
玖
第玖回
「静谷明峦」
村民广场节点设计
节点平面图
节点剖切图
休憩聊天
儿童游乐
老年休闲
篮球、羽毛球区
乒乓球区
图例
村民活动广场
绿地
村民住宅
节点设计分析
分区流线规划
绿地景观规划
人群分析
场景应用
年轻人
老年人
儿童
篮球
滑板
羽毛球
乒乓球
约会
锻炼
散步
交流
阅读
静思
滑板车
轮滑
跑步
挖沙
玩具
鸟瞰图
建筑风貌
面向老年人的休憩区
休憩、交流
社交、玩耍
面向儿童的活动区
篮球
羽毛球
面向年轻人的运动区
乒乓球
场地人物行为
各类人群角色体验
儿童
青年
老年
指导教师
张颖异
设计成员
陈卓

山水逸墅

金海湖畔游，京东水村居

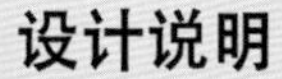

设计说明

黄草洼村作为北京近郊最早一批的旅游村落，本身有良好的旅游资源，但是数十载过去，曾经的高品质民宿旅游资源现今已经难以为继，现在市面上已经有了品质更好的民宿旅游乡村，黄草洼村亟待升级。本设计意图依托黄草洼村山、水、林、田、湖的生态农业特色和休闲旅游特色，推动农林业与休闲旅游的深度融合，把生态优势转化为村庄发展优势，打造高端民宿旅游乡村。

指导教师

桑秋

博士，副教授，国家注册城乡规划师。

职业经历

2014/6至今，北京建筑大学，建筑与城市规划学院，副教授；

2008/7—2014/3，北京清华同衡规划设计研究院总规所，主创设计师；

2003/7—2005/8，辽宁省规划设计研究院区域所，设计师。

小组成员

郝天啸

非常开心以一个乡村有机更新设计作为大学阶段的收尾，感谢桑老师对我大学阶段的帮助。

王瀚笙

乡村有机更新作为现在规划学科一大重点，值得我们认真思考。

吴禧霖

感谢两位小组同学在毕业设计阶段对我的帮助，感谢老师对我们的栽培。

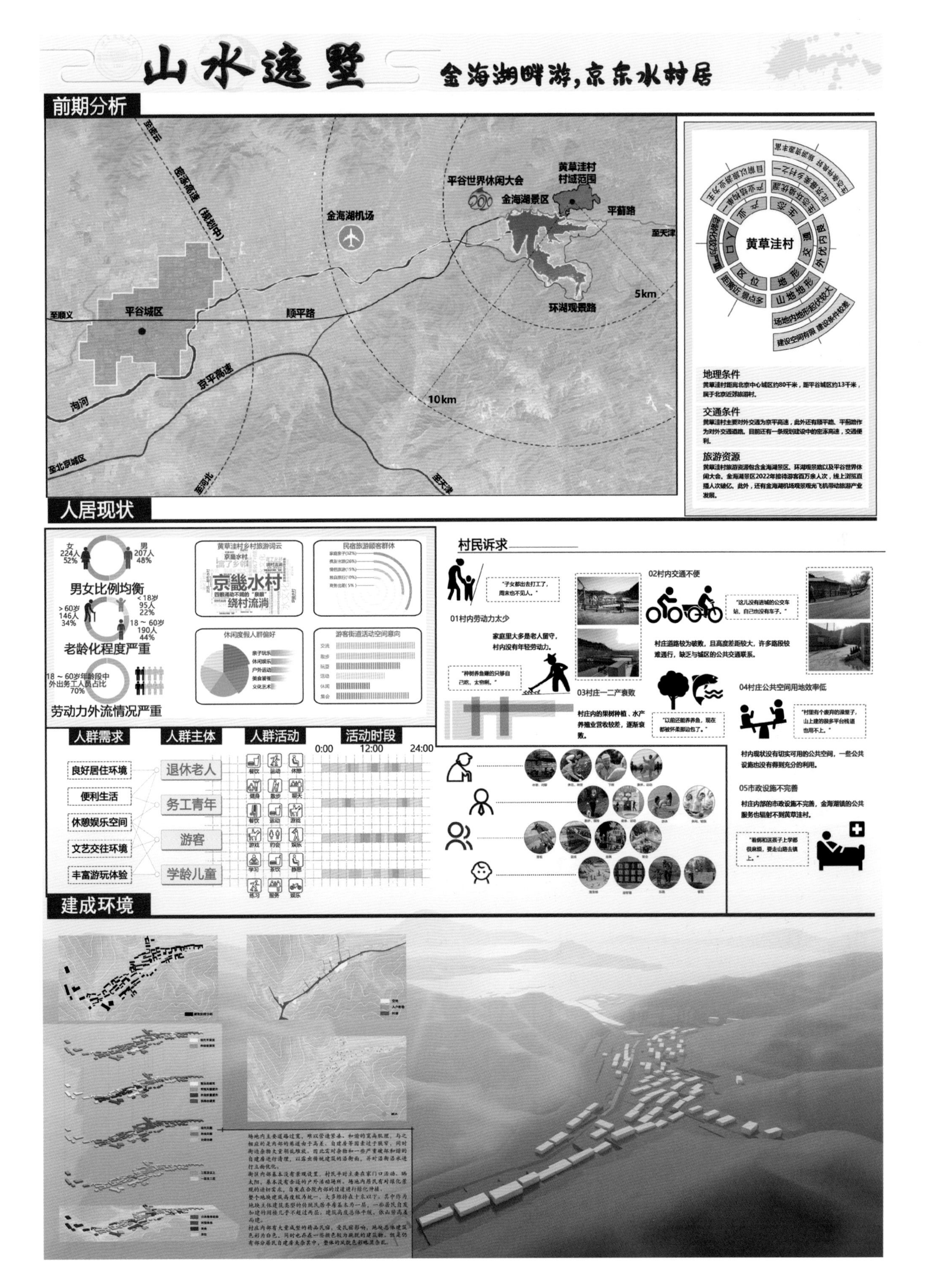

山水逸墅
金海湖畔游，京东水村居
前期分析
平谷世界休闲大会
金海湖机场
黄草洼村村域范围
金海湖景区
平蓟路
至天津
平谷城区
顺平路
至顺义
5km
环湖观景路
京平高速
海河
10km
至北京城区
至天津
黄草洼村
地理条件
黄草洼村距离北京中心城区约80千米，距平谷城区约13千米，属于北京近郊旅游村。
交通条件
黄草洼村主要对外交通为京平高速，此外还有顺平路、平蓟路作为对外交通道路。目前还有一条规划建设中的密涿高速，交通便利。
旅游资源
黄草洼村旅游资源包含金海湖景区、环湖观景路以及平谷世界休闲大会。金海湖景区2022年接待游客百万余人次，线上浏览直播人次破亿。此外，还有金海湖机场观光飞机带动旅游产业发展。
人居现状
男女比例均衡
老龄化程度严重
劳动力外流情况严重
京畿水村
绕村流淌
村民诉求
01村内劳动力太少
家庭里大多是老人留守，村内没有年轻劳动力。
02村内交通不便
村庄道路较为破败，且高度差距较大，许多路段较难通行，缺乏与城区的公共交通联系。
03村庄一二产衰败
村庄内的果树种植、水产养殖业营收较差，逐渐衰败。
04村庄公共空间用地效率低
村内现状没有切实可用的公共空间，一些公共设施也没有得到充分的利用。
05市政设施不完善
村庄内部的市政设施不完善，金海湖镇的公共服务也辐射不到黄草洼村。
人群需求
人群主体
人群活动
活动时段
0:00
12:00
24:00
良好居住环境
便利生活
休憩娱乐空间
文艺交往环境
丰富游玩体验
退休老人
务工青年
游客
学龄儿童
建成环境

山水逸墅

金海湖畔游，京东水村居

山水三煅——文脉三分，三区演进

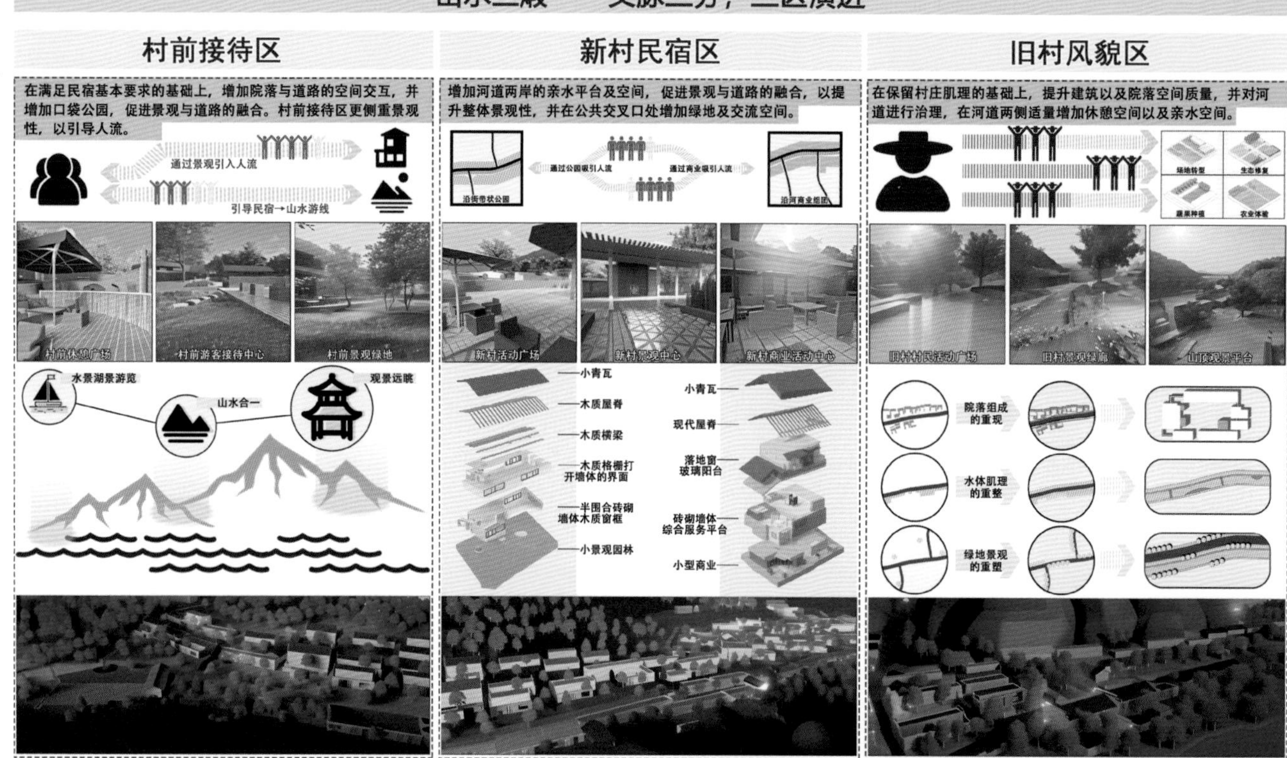

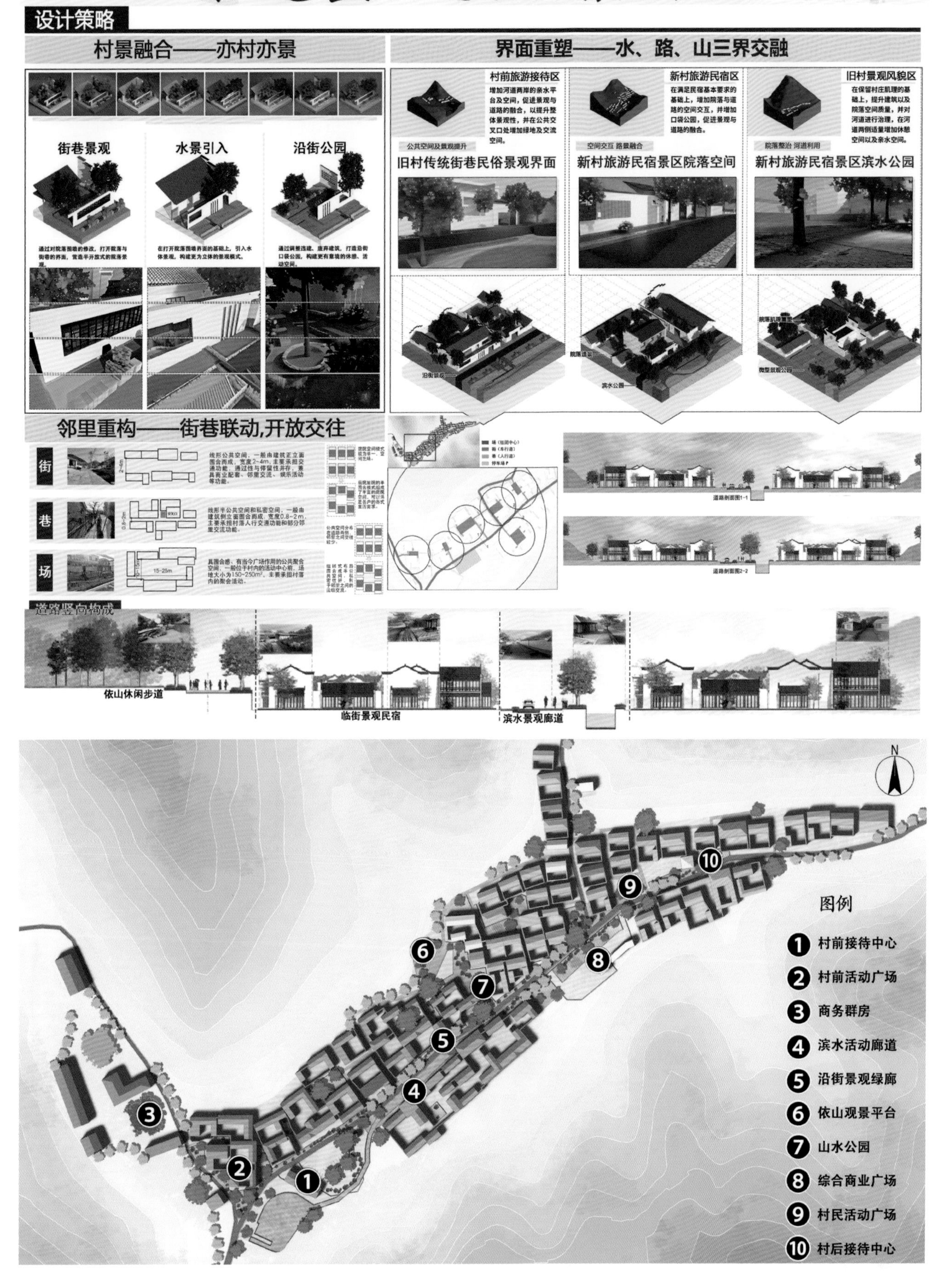
山水逸墅
金海湖畔游，京东水村居
设计策略
村景融合——亦村亦景
界面重塑——水、路、山三界交融
街巷景观
水景引入
沿街公园
村前旅游接待区
新村旅游民宿区
旧村景观风貌区
旧村传统街巷民俗景观界面
新村旅游民宿景区院落空间
新村旅游民宿景区滨水公园
邻里重构——街巷联动，开放交往
街
巷
场
道路竖向构成
依山休闲步道
临街景观民宿
滨水景观廊道
图例
1 村前接待中心
2 村前活动广场
3 商务群房
4 滨水活动廊道
5 沿街景观绿廊
6 依山观景平台
7 山水公园
8 综合商业广场
9 村民活动广场
10 村后接待中心

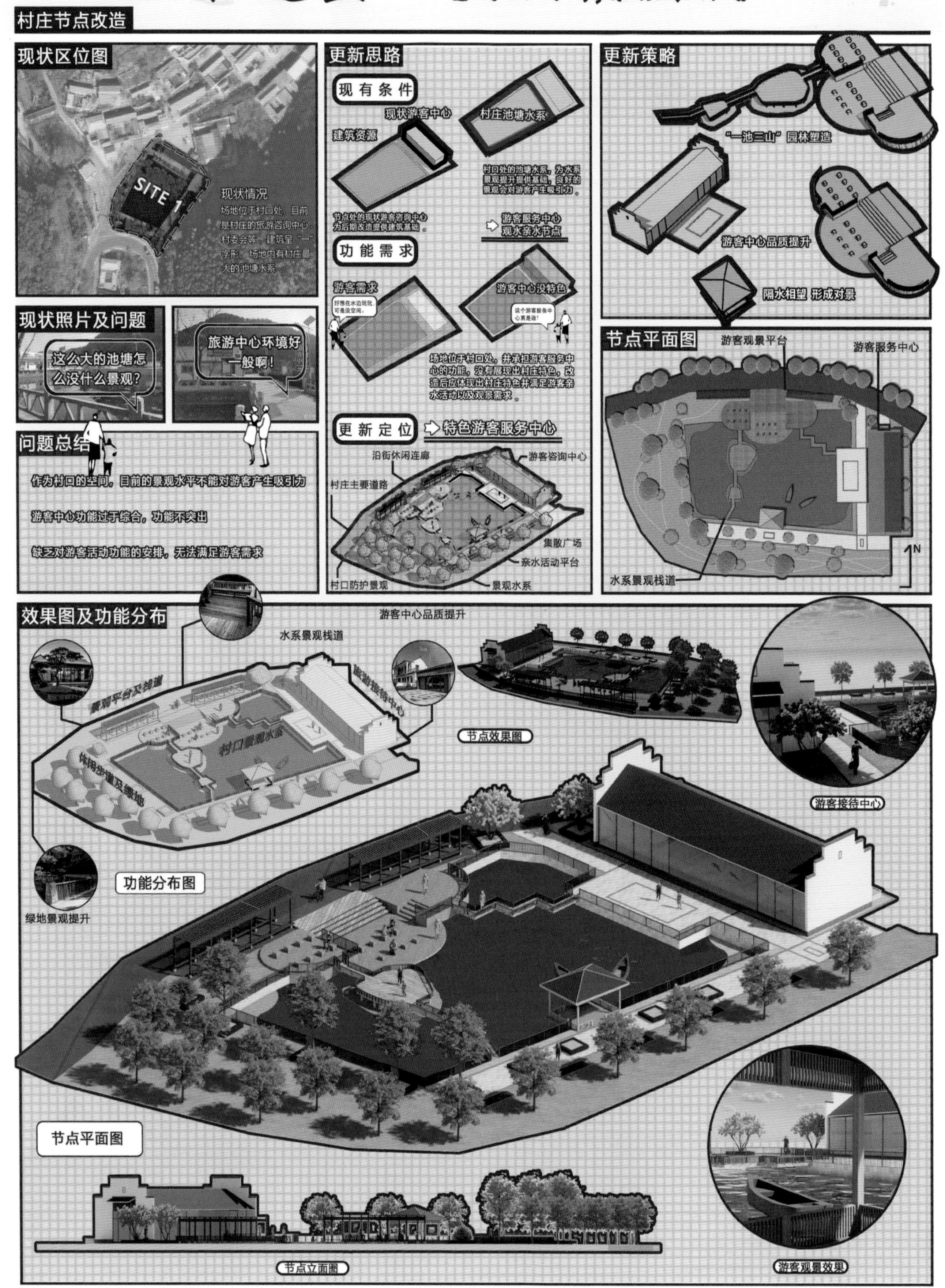
山水逸墅
金海湖畔游，京东水村居
村庄节点改造
现状区位图
SITE 1
现状情况
场地位于村口处，目前是村庄的旅游咨询中心、村委会等，建筑呈"一"字形，场地内有村庄最大的池塘水系
更新思路
现有条件
现状游客中心
村庄池塘水系
建筑资源
村口处的池塘水系，为水系景观提升提供基础，良好的景观会对游客产生吸引力。
节点处的现状游客咨询中心为后期改造提供建筑基础。
游客服务中心
观水亲水节点
功能需求
游客需求
游客中心没特色
场地位于村口处，并承担游客服务中心的功能，没有展现出村庄特色，改造后应体现出村庄特色并满足游客亲水活动以及观景需求。
更新定位
特色游客服务中心
沿街休闲连廊
游客咨询中心
村庄主要道路
集散广场
亲水活动平台
村口防护景观
景观水系
更新策略
"一池三山"园林塑造
游客中心品质提升
隔水相望 形成对景
现状照片及问题
这么大的池塘怎么没什么景观？
旅游中心环境好一般啊！
问题总结
作为村口的空间，目前的景观水平不能对游客产生吸引力
游客中心功能过于综合，功能不突出
缺乏对游客活动功能的安排，无法满足游客需求
节点平面图
游客观景平台
游客服务中心
水系景观栈道
N
效果图及功能分布
游客中心品质提升
水系景观栈道
景观平台及栈道
旅游接待中心
村口景观水系
休闲步道及绿地
节点效果图
游客接待中心
功能分布图
绿地景观提升
节点平面图
节点立面图
游客观景效果

山水逸墅

金海湖畔游，京东水村居

村庄节点改造

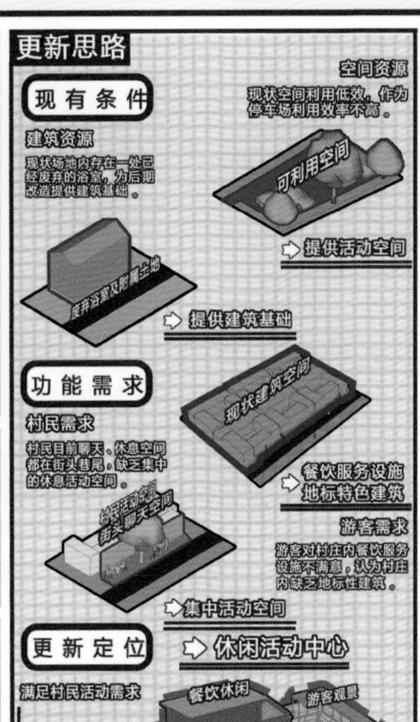

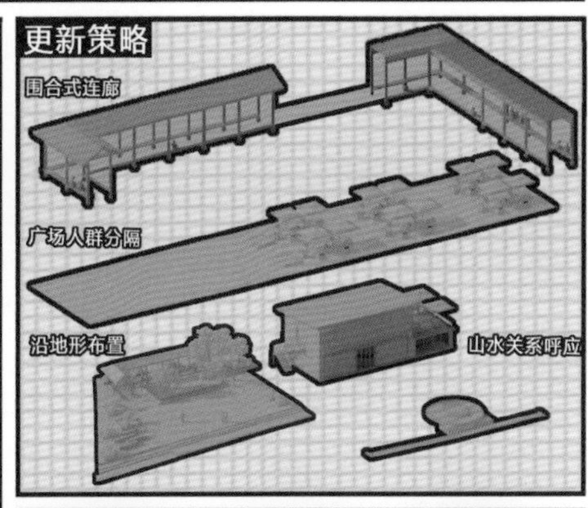

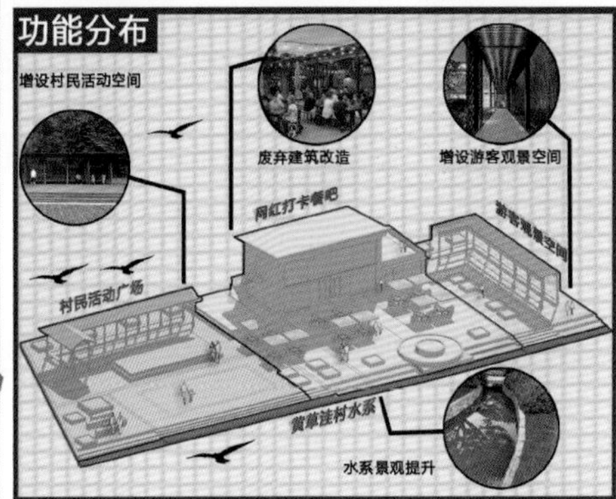

问题总结

1. 村庄内部设施更新不及时

2. 村中空余可建设空间未利用

3. 未满足游客人群的需求

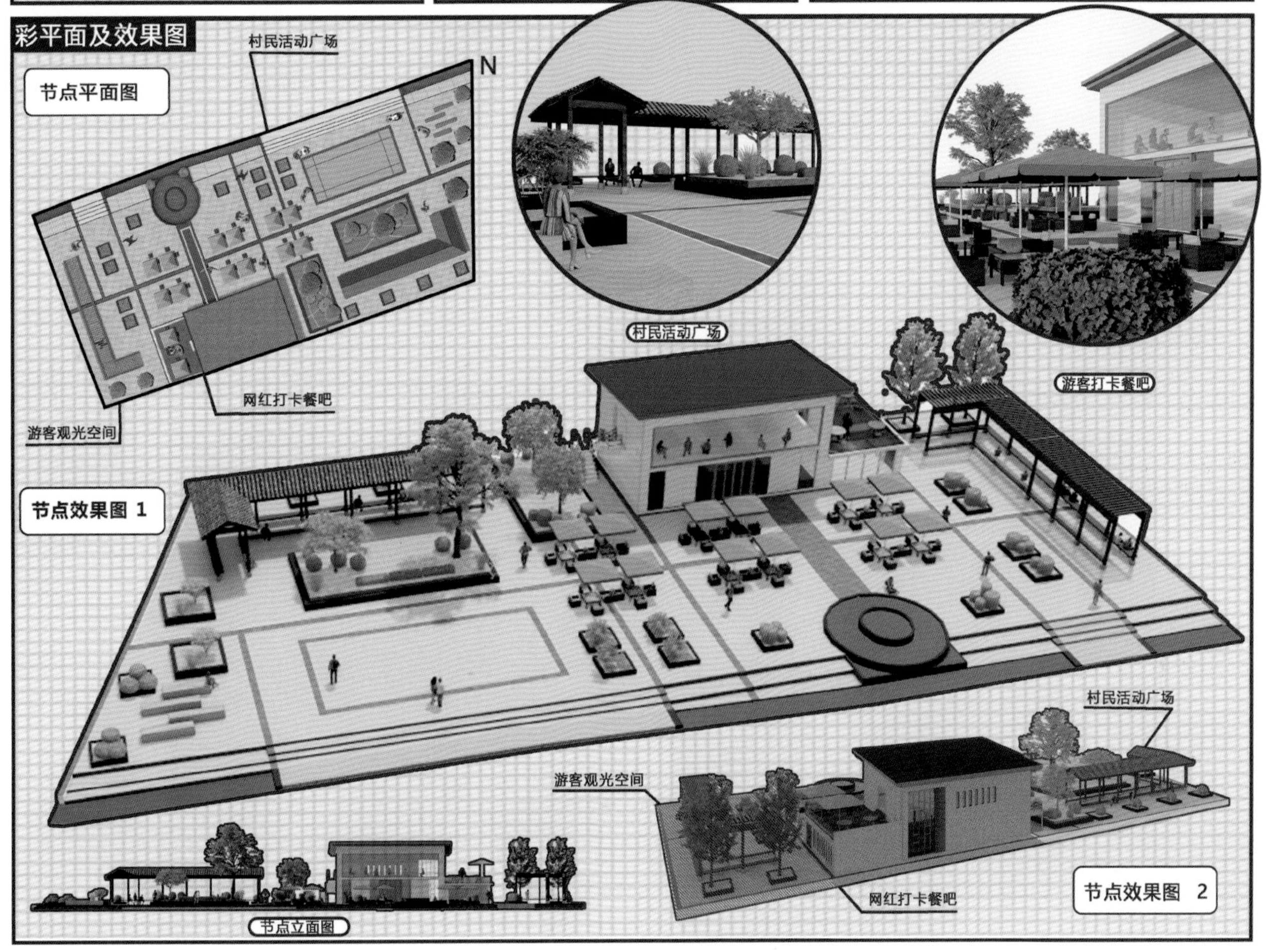

村庄节点改造

现状区位图

广场建造思路

沿地形建造—连廊串联节点—结合山水

节点平面图

山地分析图

山地节点效果图

绿野稻香 常乐未央

——水田林交响、村景园融合的梦幻桃花源和诗意栖息地

桑秋 北京建筑大学副教授、国家注册城乡规划师

又是一年毕业季，在这个特殊的时刻，不免回忆起与学生一起度过的时光，感触颇多。最想对你们说四句话：一是体会专业，规划设计专业的整体性、战略性远胜其他专业，如能与建筑专业、景观专业的特色性结合，则无往而不利；二是学会思考，现状与目标、城市与乡村、规划与设计、建筑与空间，各有其逻辑与套路，唯有鞭辟入里、融会贯通，才能有所得；三是知晓变化，理论与方法是理想化、纯粹化的知识，与现实世界的纷繁复杂有着相当距离，唯有将书本知识活学活用，通晓权变，才能真正地将理论与实际联系，才能真正地以真理来改变世界；四是保持镇静，世界纷繁、干扰不断、内卷不止，唯有精神镇静、目光长远、宠辱不惊，才能让自己的人生、事业长盛而不衰。

在这个毕业季，我衷心祝福你们前程似锦，未来无限。愿你们永远保持对知识的渴望、对生活的热情、对世界的好奇。愿你们勇敢地追求梦想，无畏地面对挑战，永远保持对未来的信心和希望。

史方舟

随着毕业设计接近尾声，我的本科生涯也已悄然进入倒计时。曾以为难熬的五年，现下看来却如白驹过隙。通过五年的专业学习以及设计院的实习经历，我更加热爱城乡规划这个专业，它的综合性、战略性、整体性，也逐渐成为我认识世界、探索世界的一种方式。这五年里老师们认真负责的教导，使我收获了丰富的专业知识；朋友们的陪伴和鼓励，使我苦中作乐，不断向前。

回想来路，纵有万般不舍，也要勇敢地迈向人生的新旅程。“追风赶月莫停留，平芜尽处是春山”，愿我们的前路光明灿烂。

王晓格

平野尽绿稻花香，让常乐长乐未央。至此，为期半年的毕业设计正式落下帷幕。同样落下帷幕的是我在北京建筑大学的学习生涯，是收获颇丰的五年，是在建筑与规划学院留下姓名的五年，是所有任课老师都尽可能倾囊相授的五年，是和每位同学都友好相处的五年，是成功结交了许多好友的五年，是伴着不同设计课题逐渐提升的五年，是初来乍到独自摸索不断成长的五年。感恩一切。

金明顺

有时我向老板抱怨今天的咖啡豆烘焙得太过，有时我把一包速溶咖啡视为下午的救命稻草，这并不冲突。

设计说明

常乐村位于北京市海淀区上庄镇，是距离中心城区最近的保留村之一。常乐村生态条件优越，景观资源丰富，并且邻近有多种旅游休闲要素，外部优势显著，具有打造生态田园休闲功能的良好基础。但受限于村庄交通不畅、产业不振、空间无序的问题，其缺乏发展的内源动力。故而为寻求村庄高质量发展，我们提出了交通深通、产业活化、生态多元发展、科技全覆盖的四大策略，并以“水田林交响、村景园融合的梦幻桃花源、诗意栖息地”为设计定位，以优越的生态基地为依托，以智慧稻田为特色，以科技、文化为助力，打造集特色文创、科创、研学、康养和农业体验、休闲娱乐、民俗体验等功能于一体，一、三产融合发展的智慧田园综合体。

绿野稻香 常乐未央
——水田林交响、村景园融合的梦幻桃花源和诗意栖息地

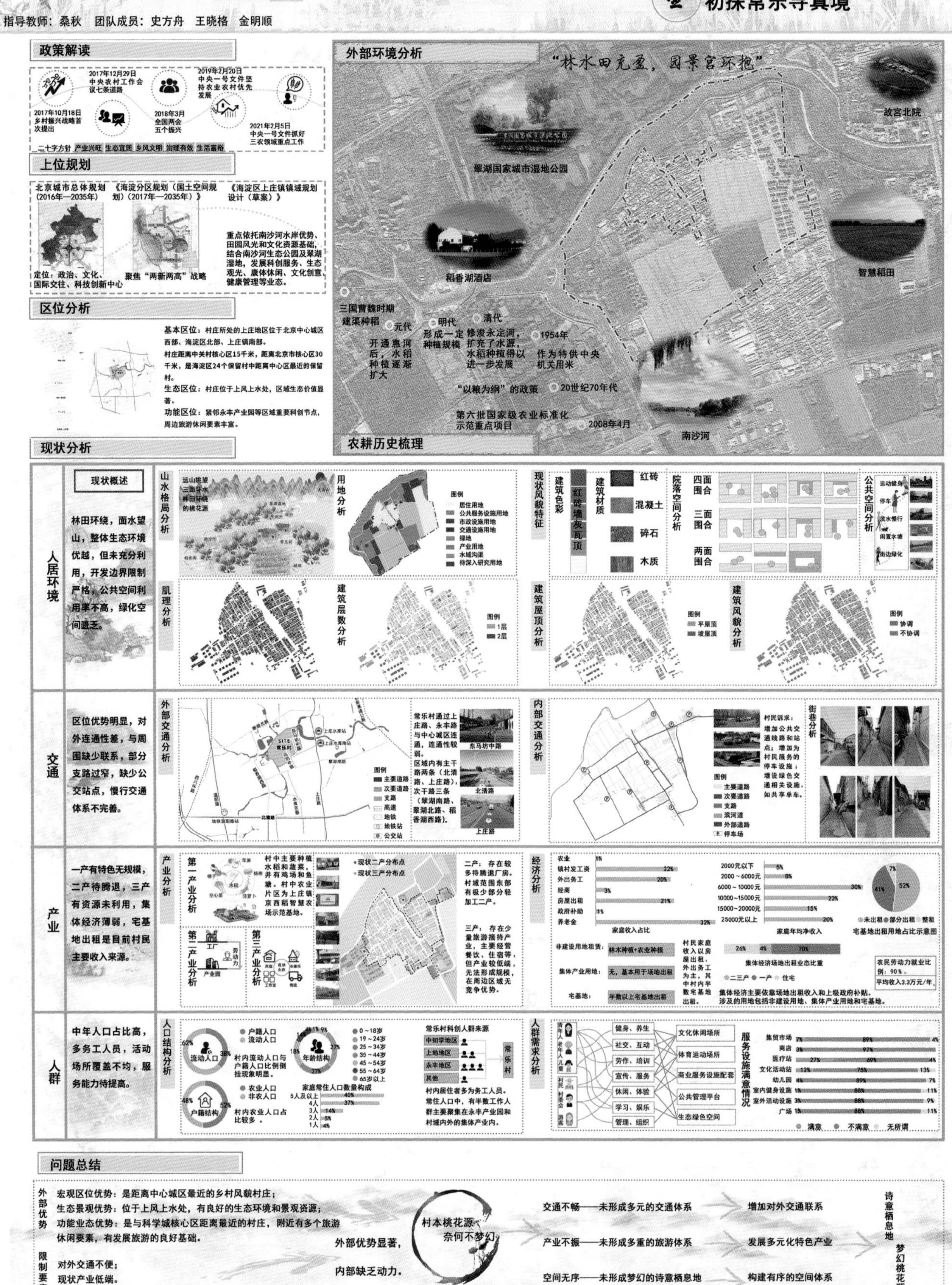
壹 初探常乐寻真境
指导教师：桑秋 团队成员：史方舟 王晓格 金明顺
政策解读
2017年10月18日 乡村振兴战略首次提出
2017年12月29日 中央农村工作会议七条道路
2018年3月 全国两会 五个振兴
2019年2月20日 中央一号文件坚持农业农村优先发展
2021年2月5日 中央一号文件抓好三农领域重点工作
二十字方针 产业兴旺 生态宜居 乡风文明 治理有效 生活富裕
上位规划
北京城市总体规划（2016年—2035年）
《海淀分区规划（国土空间规划）（2017年—2035年）》
《海淀区上庄镇镇域规划设计（草案）》
定位：政治、文化、国际交往、科技创新中心
聚焦"两新两高"战略
重点依托南沙河水岸优势、田园风光和文化资源基础，结合南沙河生态公园及翠湖湿地，发展科创服务、生态观光、康体休闲、文化创意、健康管理等业态。
区位分析
基本区位：村庄所处的上庄地区位于北京中心城区西部、海淀区北部、上庄镇南部。
村庄距离中关村核心区15千米，距离北京市核心区30千米，是海淀区24个保留村中距离中心区最近的保留村。
生态区位：村庄位于上风上水处，区域生态价值显著。
功能区位：紧邻永丰产业园等区域重要科创节点，周边旅游休闲要素丰富。
外部环境分析
"林水田充盈，园景宫环抱"
翠湖国家城市湿地公园
故宫北院
稻香湖酒店
智慧稻田
南沙河
农耕历史梳理
三国曹魏时期 建渠种稻
元代 开通惠河后，水稻种植逐渐扩大
明代 形成一定种植规模
清代 修浚永定河，扩充了水源，水稻种植得以进一步发展
1954年 作为特供中央机关用米
"以粮为纲"的政策 20世纪70年代
第六批国家级农业标准化示范重点项目 2008年4月
现状分析
现状概述
人居环境
林田环绕，面水望山，整体生态环境优越，但未充分利用，开发边界限制严格，公共空间利用率不高，绿化空间匮乏。
山水格局分析
用地分析
居住用地 公共服务设施用地 市政设施用地 交通设施用地 绿地 产业用地 水域沟渠 待深入研究用地
现状风貌特征
建筑色彩 红砖墙 灰瓦顶
建筑材质 红砖 混凝土 碎石 木质
院落空间分析 四面围合 三面围合 两面围合
公共空间分析 运动健身 停车 流水慢行 闲置水塘 街边绿化
肌理分析
建筑层数分析 1层 2层
建筑屋顶分析 平屋顶 坡屋顶
建筑风貌分析 协调 不协调
交通
区位优势明显，对外连通性差，与周围缺少联系，部分支路过窄，缺少公交站点，慢行交通体系不完善。
外部交通分析
常乐村通过上庄路、永丰路与中心城区连通，连通性较弱。区域内有主干路两条（北清路、上庄路），次干路三条（翠湖南路、翠湖北路、稻香湖西路）。
东马坊中路 北清路 上庄路
图例 主要道路 次要道路 支路 高速 地铁 地铁站 公交站
内部交通分析
村民诉求：增加公共交通线路和站点；增加为村民服务的停车设施；增加绿色交通相关设施，如共享单车。
图例 主要道路 次要道路 支路 滨河道 外部道路 停车场
街巷分析
产业
一产有特色无规模，二产待腾退，三产有资源未利用，集体经济薄弱，宅基地出租是目前村民主要收入来源。
产业分析
第一产业分析 村中主要种植水稻和蔬菜，并有鸡场和鱼塘。村中农业片区为上庄镇京西稻智慧农场示范基地。
第二产业分析 工厂 产业园 劳动力
第三产业分析
二产：存在较多待腾退厂房。村域范围东部有极少部分轻加工二产。
三产：存在少量旅游接待产业，主要经营餐饮、住宿等，但产业较低端，无法形成规模，无法与周边区域形成竞争优势。
现状二产分布点 现状三产分布点
经济分析
家庭收入占比 农业 镇村发工资 外出务工 经商 房屋出租 政府补助 养老金
家庭年均净收入
宅基地出租用地占比示意图 未出租 部分出租 整租
非建设用地租赁：林木种植+农业种植
集体产业用地：无，基本用于场地出租
宅基地：半数以上宅基地出租
村民家庭收入以房屋出租、外出务工为主，其中村内半数宅基地出租。
集体经济场地出租业态比重 二三产 一产 住宅
集体经济主要依靠场地出租收入和上级政府补贴，涉及的用地包括非建设用地、集体产业用地和宅基地。
农民劳动力就业比例：90%。平均收入3.3万元/年。
人群
中年人口占比高，多务工人员，活动场所覆盖不均，服务能力待提高。
人口结构分析
流动人口 户籍人口 村内流动人口与户籍人口比例倒挂现象明显。
年龄结构 0~18岁 19~24岁 25~34岁 35~44岁 45~54岁 55~64岁 65岁以上
户籍结构 农业人口 非农人口 村内农业人口占比较多。
家庭常住人口数量构成
常乐村科创人群来源 中知学地区 上地地区 永丰地区 其他
村内居住者多为务工人员。常住人口中，有半数工作人群主要聚集在永丰产业园和村域内外的集体产业内。
人群需求分析
健身、养生 社交、互动 劳作、培训 宣传、服务 休闲、体验 学习、娱乐 管理、组织
文化休闲场所 体育运动场所 商业服务设施配套 公共管理平台 生态绿色空间
服务设施满意情况
集贸市场 商店 医疗站 文化活动站 幼儿园 室内健身设施 室外活动设施 广场
满意 不满意 无所谓
问题总结
外部优势
宏观区位优势：是距离中心城区最近的乡村风貌村庄；
生态景观优势：位于上风上水处，有良好的生态环境和景观资源；
功能业态优势：是与科学城核心区距离最近的村庄，附近有多个旅游休闲要素，有发展旅游的良好基础。
限制要素
对外交通不便；
现状产业低端。
外部优势显著，内部缺乏动力。
村本桃花源 奈何不梦幻
交通不畅——未形成多元的交通体系 → 增加对外交通联系
产业不振——未形成多重的旅游体系 → 发展多元化特色产业
空间无序——未形成梦幻的诗意栖息地 → 构建有序的空间体系
诗意栖息地 梦幻桃花源

绿野稻香 常乐未央

——水田林交响、村景园融合的梦幻桃花源和诗意栖息地

贰 解栖溯源忽入梦

指导教师：桑秋　团队成员：史方舟　王晓格　金明顺

规划框架

现状主要问题梳理：对外交通联系不畅；内部道路有待修正；现状自身产业低端；村庄集体经济薄弱；开发边界限制严格；内部绿化空间匮乏

规划手段：生态旅游；科技旅游；研学教育；智慧乡村；文科创

功能定位：以科技为墨，以文化为砚，乡村慢生活体验为线，绘自然画卷

规划策略：交通 通达；产业 赋活；生态 多元；科技 全覆盖；人才；模式；空间；政策

设计定位：梦幻桃花源；诗意栖息地

规划理念：村 景 园；水 林 田；产 人 居；多元发展，多阶段协调

诗意提取：人栖居于天地自然，与自然同生同息。人虽劳苦，但不绿碌；人虽辛苦，但不盲目。人充满劳绩，但还诗意地栖居于这块大地之上。

诗意的本质——依然追求美好

生态资源之宝贵；诗意润源之纯粹；山水诗意之美 奶梦构筑

梦幻桃花源；绿野稻香，常乐未央；诗意栖息地

社会发展之迅速；科技进步之飞快；现代未来之境 瞬息变幻

交通深通策略

交通不便；缺乏联系；交通堵塞；咫尺天涯

深通近郊乡村通往城市的最后五百米

交通采取深通策略，以改善交通堵塞点，加强景园联系，改变城乡交通咫尺间天涯远的窘况。

交通规划理念：绿色低碳；以人为本

交通发展理念：通达；慢游；生态

新路径：增设对外联系道路；打造丰富多样的游览线路。

新设施：完善公共交通体系；完善慢行交通体系；完善配套旅游服务设施；增加智慧交通设施。

新方式：增设航运线路；增设人行桥梁。

生态多元发展策略

水林田生态交互关系：资源利用；IP特色；水库旅游；稻田观光；乡村度假；文化挖掘；休闲娱乐；林间野趣；产业联合；水；生态；林；田

生态多元发展案例

南湖水世界：以水库区良好的生态环境为基础，打造乡村休闲、生态观光、生活体验为主的乡村休闲度假区。

绿野仙踪：以自然景观为特色，童话元素为主题，结合游乐设施，集游览、娱乐、益智等功能于一体。

稻香泉村：凭借水系、泉眼、稻田等资源，大力发展生态旅游与特色产业，打造"稻香泉村"等旅游品牌。

科技全覆盖

智慧乡村建设手段

智慧乡村 — 环境监管：不文明行为；外来人、车；基础设施维护管理

服务管理：物业系统；道路交通；建筑；农田；游览；实时路况；停车情况；慢行系统；太阳能光伏板；综合云管理平台；智慧农机管理平台；导览系统

产业活化策略

直观发展：农业创新；林业创新　自身特色：京西稻 水林田　引申发展：文化创意；创意研学；科技创新

类型	体系塑造
科技创新	构建全龄型乡村科技旅游体系
文化创意	构建乡村特色文创旅游体系
创意研学	构建乡村青少年研学教育体系
农业创新	构建农旅融合农业创新体系
林业创新	构建林间趣味生态创新体系

科创　依托"4V"理论打造全龄型乡村科技旅游体系

Variation 变化性；Versatility 多功能性；Value 价值性；Vibration 共鸣

科学技术要素；生态人文要素；科技旅游；科技教育：机器人研学教育基地、无人机试飞场地；科学底蕴：科技创新研发、赤交水稻实验田；科技旅游：线上智慧稻田、AR+旅游体验；青少年；科创人才；普通游客

文创　以叙事形式构建乡村文创旅游体系

乡村文境展现：历史典故；文物遗存；文化传承；青苗廊；五感互动展馆；文化仪式；生活场景；民俗活动；京西稻；稻米艺术节；原始手作；生活技艺；生产方式；农耕、酿酒；稻米画、风筝工坊

研学　构建乡村青少年研学教育体系

了解稻米文化，进行稻米主题艺术创作

深挖乡村历史，进而开设文创体验馆

针对智慧稻田用具，培养初步科技兴趣

根植智慧稻田，发展科教研学体验馆

农创　构建乡村农旅融合农业创新体系

乡村文化引领特色产业带动；去除均质化突出特色化；打造核心特色产业体系；种植；采摘；农创体系；收割；艺术创造；加工

林创　构建乡村林间趣味生态创新体系

生态景观重点塑造：原创性；本土化；特色旅游；超前性；特色化；长期性；乡村景观发展方向

自然水域；待开发用地；农业空间；文化空间；未利用地

村域道路交通规划图

村域总平面图

村域功能分区规划图

村域用地功能规划图

村域空间结构规划图

绿野稻香 常乐未央
——水田林交响、村景园融合的梦幻桃花源和诗意栖息地
叁 点点流萤织清梦
指导教师：桑秋 团队成员：史方舟 王晓格 金明顺
生态 多韵律协奏
水源保护
合理垂钓
生态景观
树木成林
林间游戏
树种交繁
智能耕作
田间活动
七彩稻田
以水为脉
对常乐村水岸进行重塑，打造连通性更强、公共性更高、生态性更优的南沙河水岸。
交通 多元一体化
架桥
航运
修路
常乐村
公园
北院
城市
乡村
通过架桥、航运、修路等多重手段，打造常乐村梦幻一体化交通。
整理村庄内不同级别道路风貌，进行不同程度的拓宽改造。
以田为卷
线上农场
智慧稻田
一对一
线上认领
品类选择
远程控制
实时监控
定期现场研学
无人机播种
自动灌溉
土质水源监测
实时监控
专人定期监管
无人驾驶耕作
以林为缀
空间 多层次协调
现状
规划
街巷
院落
民居
现状街巷存在乱堆乱放现象，导致街巷道路通畅性较差。
清除违建建筑及街道杂物，对街巷道路进行疏通。
现状传统院落中存在私自重建不符合传统风貌的建筑。
对破败建筑进行修缮重建，整理院落围合关系。
部分建筑肌理不协调，空间尺度略受差。
还原民居格局，合并受损严重的民居建筑。
产业 多方向发展
科创研学
智慧农场
科研培育
科技创新
手工艺品
乡村旅游
特色水林田
文化创意
文创展馆
特色挖掘
资源整合
三产融合
提质增效
特色化
科技化
生态化
打造集特色文创、研学教育、乡村旅游于一体，一、二、三产业融合，协调发展的智慧田园综合体。
建筑重建策略
建筑改造策略
院落更新策略
风貌整治
村庄建筑
街巷空间
闲置空间
协调风貌
清理杂物
见缝插绿
现状肌理
规划肌理
村庄现状肌理呈鱼骨状，多数居住建筑呈围合状。
根据功能定位，对风貌不协调、质量较差的建筑进行更新改造，在延续原有空间肌理的基础上进行规划。
土地利用现状
土地利用规划
村庄用地开发边界限制严格。建设红线内大多为居住用地，产业用地分散在红线之外，一定程度上限制了村庄发展。故而调整建设红线，增加产业用地占比，补充公共服务设施用地，推动村庄发展。
设计说明
常乐村位于北京市海淀区上庄镇，是距离中心城区最近的保留村。常乐村生态条件优越，景观资源丰富，并且邻近有多种旅游休闲要素，外部优势显著，具有打造生态田园休闲功能的良好基础。但受限于村庄交通不畅、产业不振、空间无序的问题，其缺乏发展的内源动力。
故而为寻求村庄高质量发展，我们提出了交通深通、产业活化、生态多元发展、科技全覆盖的四大策略。并以“水田林交响、村景园融合的梦幻桃花源和诗意栖息地”为设计定位，以优越的生态基地为依托，以智慧稻田为特色，以科技、文化为助力，打造集特色文创、科创、研学、康养和农业体验、休闲娱乐、民俗体验等功能于一体的，一、三产融合发展的智慧田园综合体。
图例
1 入村牌坊
2 村委会
3 游客接待中心
4 生态停车场
5 乐民广场
6 语荷广场
7 悦荷亭
8 常乐疗养院
9 康养公园
10 常乐公园
11 科创办公基地
12 研学基地
13 滨河民宿
14 常乐书屋
15 便民商店
16 慢咖啡吧
17 文创工坊
18 叶脉公园
19 品质民宿
20 稻香餐厅
21 稻米博物馆
22 入口雕塑
23 入村牌坊
N
0 10 20 40m
总平面图
功能布局规划图
交通体系规划图
景观体系规划图

绿野稻香 常乐未央

——水田林交响、村景园融合的梦幻桃花源和诗意栖息地

肆 桃源梦绘胜境生

指导教师：桑秋 团队成员：史方舟 王晓格 金明顺

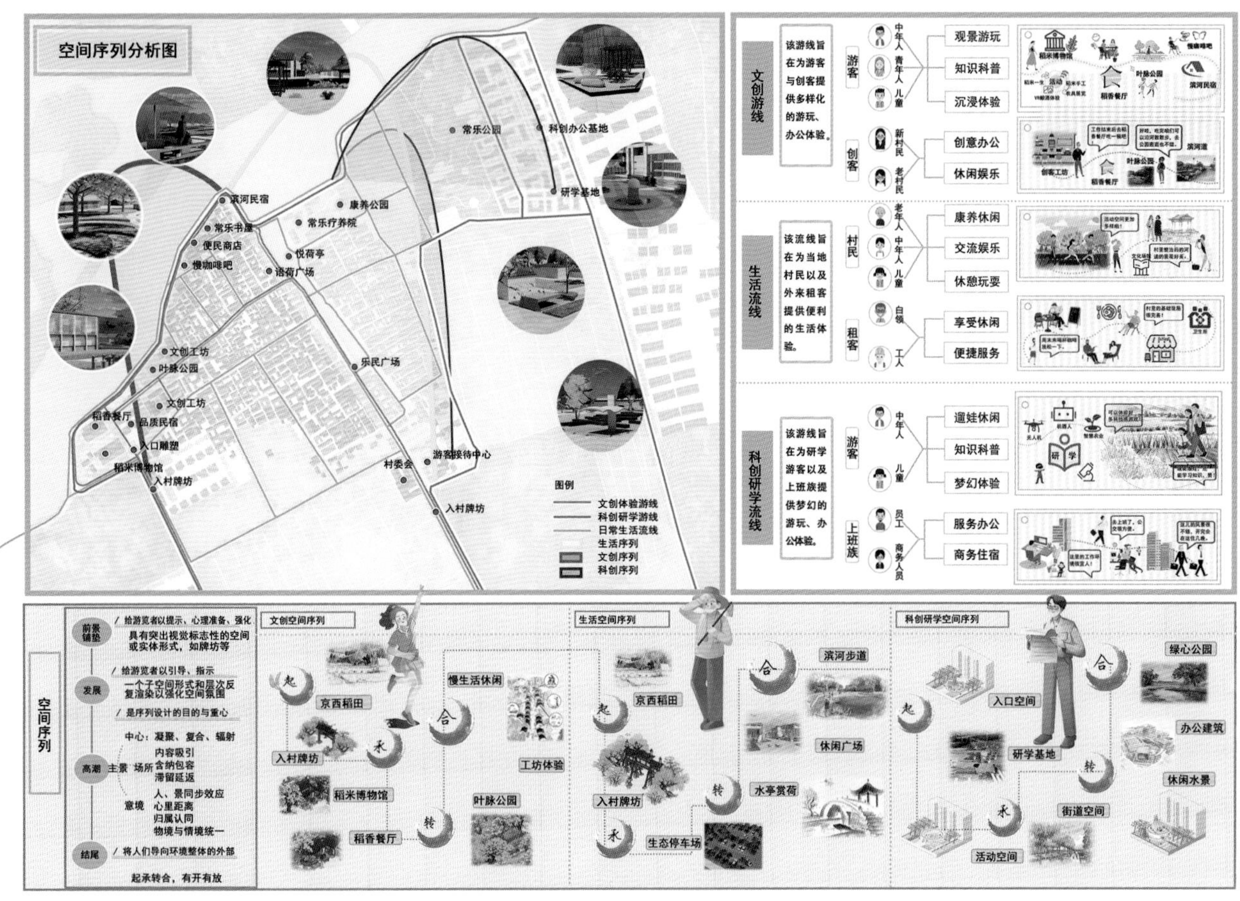

绿野稻香 常乐未央

——水田林交响、村景园融合的梦幻桃花源和诗意栖息地

伍 生梦境如梦似幻

指导教师：桑秋　团队成员：史方舟　王晓格　金明顺

现状资源	叙事情景塑造		项目策划
故宫北院非遗传承 青苗庙	乡村文境	文物遗存 历史典故 文化传承	文创工坊 联名故宫文创IP
农耕文化 丰收公祭	乡村生境	生活场景 文化仪式 民俗活动	耕种体验 文化书吧 稻田艺术展
农事劳动 酿酒 稻田林地	乡村技境	原始劳动 生产方式	稻文化博物馆 秸秆编制 酿酒体验

功能分区分析图

休闲绿地区
文创工作区
品质民宿区
稻文化体验区
图例
稻文化体验区
品质民宿区
文创工作区
休闲绿地区

绿化景观分析

图例
主要节点
次要节点
主要轴线
次要轴线
景观渗透

空间结构分析

图例
主要节点
次要节点
主要轴线
次要轴线

绿野稻香 常乐未央

——水田林交响、村景园融合的梦幻桃花源和诗意栖息地

陆 生幻境如幻似梦

指导教师：桑秋　团队成员：史方舟　王晓格　金明顺

设计说明

该片区原为村域范围内部分低端二产工厂，西邻大片林地，东接西山龙胤住宅区，北邻南沙河，南望京西稻，景观资源优越。现改造为科创片区，为村庄可持续发展提供源动力。

对片区内建筑风貌进行整体调整，共分科研和研学两个主要片区，并设置附属公园，二者相协调，打造北京市近郊乡村内向型产业园区。

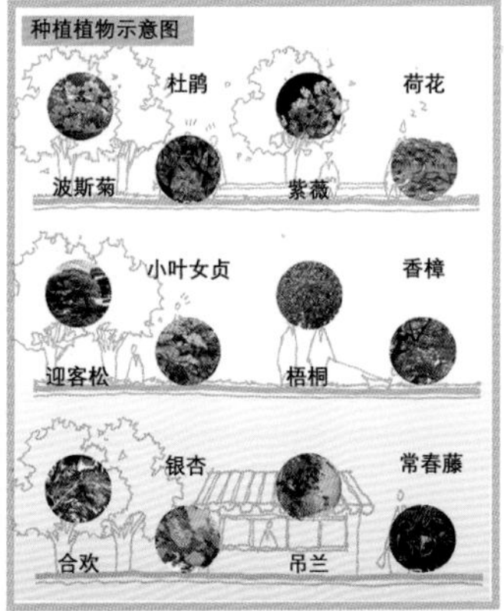

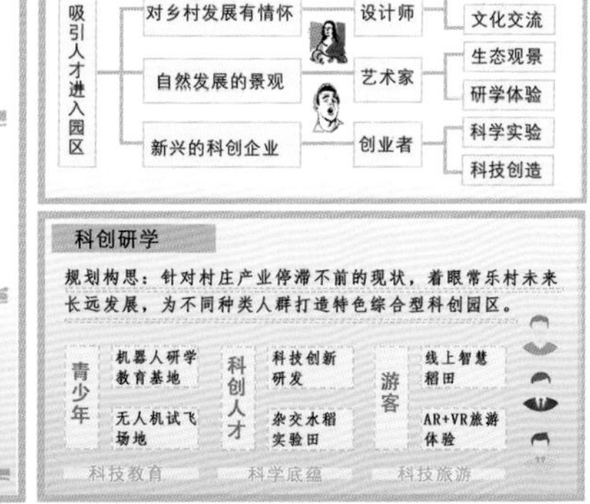

科创研学

规划构思：针对村庄产业停滞不前的现状，着眼常乐村未来长远发展，为不同种类人群打造特色综合型科创园区。

青少年	科创人才	游客
机器人研学教育基地	科技创新研发	线上智慧稻田
无人机试飞场地	杂交水稻实验田	AR+VR旅游体验
科技教育	科学底蕴	科技旅游

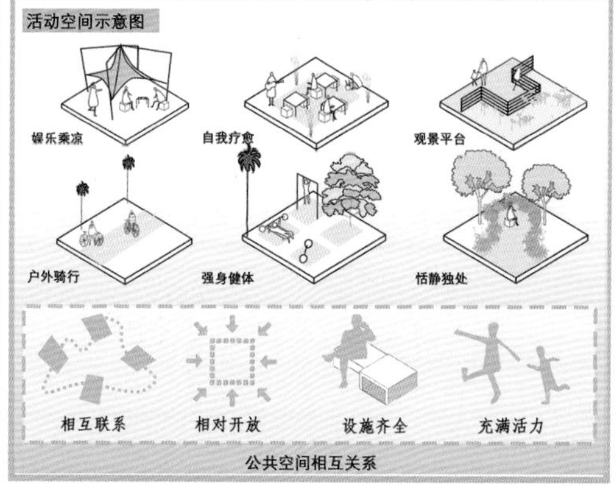

院系介绍

北京建筑大学建筑与城市规划学院的设计学专业聚焦室内设计及理论、传统技艺与现代设计、文化遗产阐释与展示三大特色；积极与校内人居环境学科群（建筑学、城乡规划学、风景园林学）交叉与互补，始终坚持传统文化的承衍与创新；秉持“服务北京，辐射全国”的理念，聚焦首都乃至京津冀地区文化遗产与人文环境特色。近年，设计学专业尤其关注首都三大文化带中传统村落及乡村环境的整体设计，培养学生从规划、建筑、景观到室内等多视角思考解决乡村环境有机更新的时代课题。

教师感言

韩风：2023 年是我第二次带领北京建筑大学设计学专业的毕业生参加联合毕业设计。与多所院校城乡规划专业的师生进行交流与学习，极大地提高了我系学生的综合设计能力，拓展了她们观察、分析和解决问题的视角，体现了跨院校、跨专业参加联合毕业设计的价值。在去年我组学生斩获校级优秀本科毕业设计之后，今年屈雯畅同学又荣获设计学专业唯一的校级优秀本科毕业设计，体现了我们参加本课题的意义和成效。我会继续保持初心，满怀热情地持续参与“美丽乡村”的联合毕业设计活动，培养出更多适应首都发展需要的设计学专业人才。

屈雯畅

北京建筑大学环境设计专业 2019 级学生

首先，作为环境设计专业的大学生，参与此次跨专业的美丽乡村设计课题的学习和实践，让我重新认识到北京传统村落的潜力和价值，深刻认识到传统村落具有独特的文化、资源和环境优势，可以成为经济发展、旅游休闲和文化传承的重要载体。

其次，乡村设计课题的实践让我深入了解了乡村设计的实际操作和问题。在实践中，我们需要考虑乡村的地理环境、文化特点、经济发展状况和居民需求等多方面的因素，进行全面、系统的规划设计。

总之，参与此次联合毕业设计活动是一次难得的机会，让我深刻认识到乡村振兴的重要性和设计对于乡村振兴的支持作用，也在跨专业领域学习到新的知识。

山里·驿站——北京刁窝村环境设计有机更新
往来驿里 趣连古村
01设计愿景
针对刁窝村存在的特色缺失、公共空间欠缺、基础设施不完善等乡村普遍问题，希望运用本土材料，结合村民和游客需求，以历史要素保护、文化传承、功能提升带动乡村振兴。
乡村振兴的在地探索
希望通过公共空间的秩序恢复和长城历史肌理的延续，化解现存问题，重塑乡土文化记忆，走乡村文化兴盛之路，为村民和游客打造更好的环境体验，激活刁窝村的新活力。
传统村落
有机更新
将传统村落有机更新
环境改造融入乡村
北京乡村乡土气息
自然生态环境
传统建筑风貌
02设计立面图
公共服务建筑
公共服务广场

山里·驿站——北京刁窝村环境设计有机更新

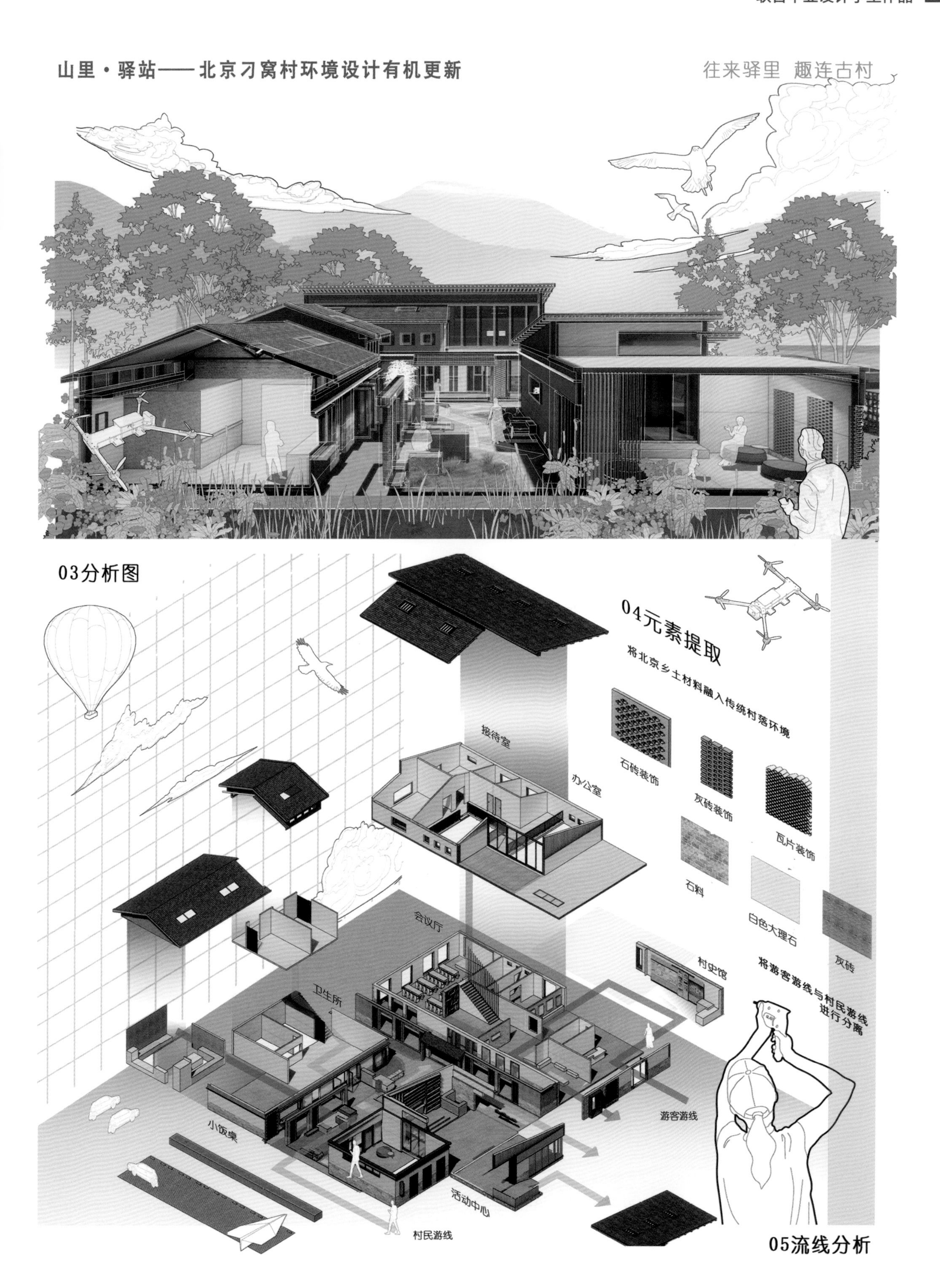

徐莘圯

北京建筑大学环境设计专业 2019 级学生

在这次联合毕业设计中，我深刻地认识到了传统文化的重要性以及环境更新改造对于传统村落的重要影响。

在现代化进程中，许多传统村落因为历史底蕴深厚、文化底蕴丰富而备受关注。然而，由于缺乏规划和管理，这些传统村落逐渐失去了自己独特的风貌和文化内涵。因此，环境更新改造是必须进行的工作，以保护和传承传统文化，促进乡村振兴。

在毕业设计过程中，我对于黄草洼村的阳光浴场区域进行了更新改造，以继续建设旅游为主的村落为出发点，以保障游客与村民的基本活动功能充足为基础，深入挖掘村落文脉内涵，将数字化技术融入村落中。旨在通过科学合理的规划和设计，打造一个舒适、美丽、具有亲和力的乡村环境。

毕业设计的实践让我更深刻地认识到环境设计的重要性。设计不仅仅是对外观进行美化，更需要考虑空间功能、生态保护、社会文化等综合要素。毕业设计带给我深刻的体验并对我的未来发展产生了极大影响，我将坚持不懈地努力，为实现城乡和谐发展作出更大的贡献。

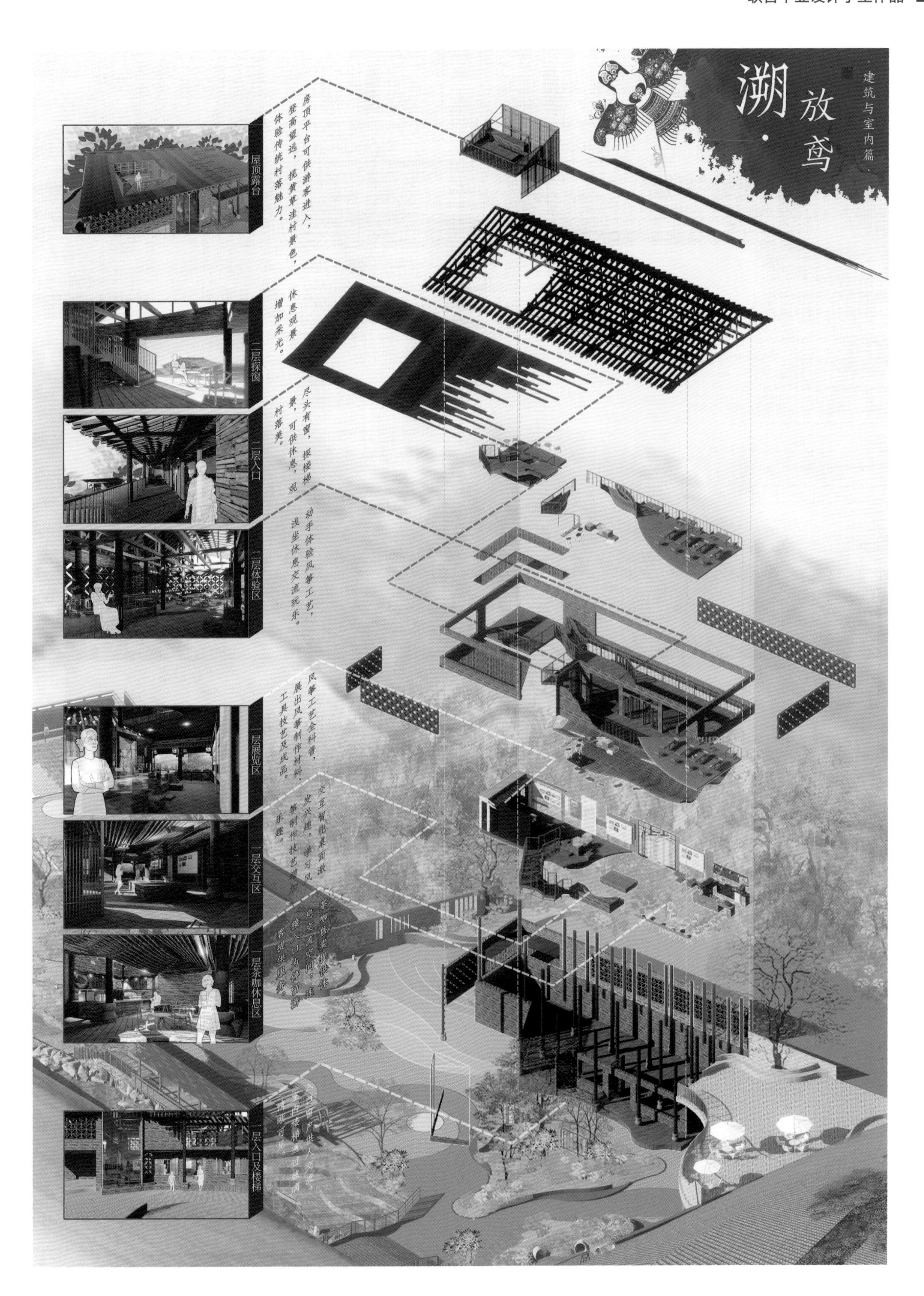
溯·放鸢
建筑与室内篇
屋顶露台
房顶平台可供游客进入，登高望远，揽黄草洼村景色，体验传统村落魅力。
二层探窗
休息观景增加采光。
二层入口
尽头有窗，探楼梯景，可供休息，观村落美。
二层体验区
动手体验风筝工艺，浅坐休息交流玩乐。
一层展览区
风筝工艺全科普，展出风筝制作材料、工具技艺及成品。
一层交互区
交互智能桌面激发兴趣，学习风筝制作技艺增加乐趣。
一层茶咖休息区
茶咖售卖提供休息交流空间，连接入口为停留游客提供服务。
一层入口及楼梯
入口窗户供人交流，室内楼梯透过玻璃清晰可见。

溯·放鸢
·景观篇·
停车场
原场地具有停车功能，仍选择原场地规划停车场，满足村落停车需求。
开放空间
场地设置为机动性较强的开放空间，可供村民或游客举办、参与活动。
亲水平台
原有场地邻近水系，但亲水性较差，在此设置亲水平台，使人亲近水源。
景观亭
设置亲水阶梯，使人可在此玩水、戏水，也可坐在阶梯上休息、交流。
亲水景观亭
亭子主要用作风筝体验的室外空间，同时也可以作为休息场所。
房顶形态与建筑房顶相呼应，在此亭内可观水休憩，别有风味。
公共卫生间
将公共卫生间设置在其原有位置，仅对其外观及室内装饰进行更新。
露台
可由建筑室内二层进入露台，同时向上连接登山路。
儿童活动区
将场地原有儿童活动区域改造，使儿童可以更自由地在此玩耍。
首页推荐
扫描村内二维码进入黄草洼村小程序，从首页可见基本功能、风筝体验预约、民宿住宿联络等。
由此也可见村内精彩瞬间，通过右下角“+”也可发布在村内的有趣时刻。
体验预约
风筝体验
可提前预约风筝制作体验等活动，填写时间及部分基本信息后准时到达参与活动即可。
场地介绍
亲水景观亭
工艺科普
风筝制作工艺
在村内行走可被传感器捕捉具体位置，在本设计场地主要建筑内亦然。随着走动，小程序将自动播放所在位置的介绍或可选附近场地进行介绍。随着在室内行走，小程序将自动播放风筝制作工艺、工具科普，智慧展览。
留下我们的黄草洼记忆！

赵梦蕾

北京建筑大学环境设计专业 2019 级学生

本人性格热情开朗，待人友好，为人诚实、谦虚，善于与人沟通；工作勤奋，认真负责，能吃苦耐劳，尽职尽责，有耐心。也许我没什么值得推荐的荣誉，但是我有一颗简单的心，做好了应对困难的准备。总的来说，大学四年我觉得并没有荒废，虽然没有什么太大的成就，但自己问心无愧，一步一步地走过来了，所以并没有什么后悔的。感谢大学四年给了我足够的时间想明白一些问题，感谢在这期间学会了不少知识，懂得了不少事情。

一"脉"相承

——黄草洼村滨水公共空间提升改造

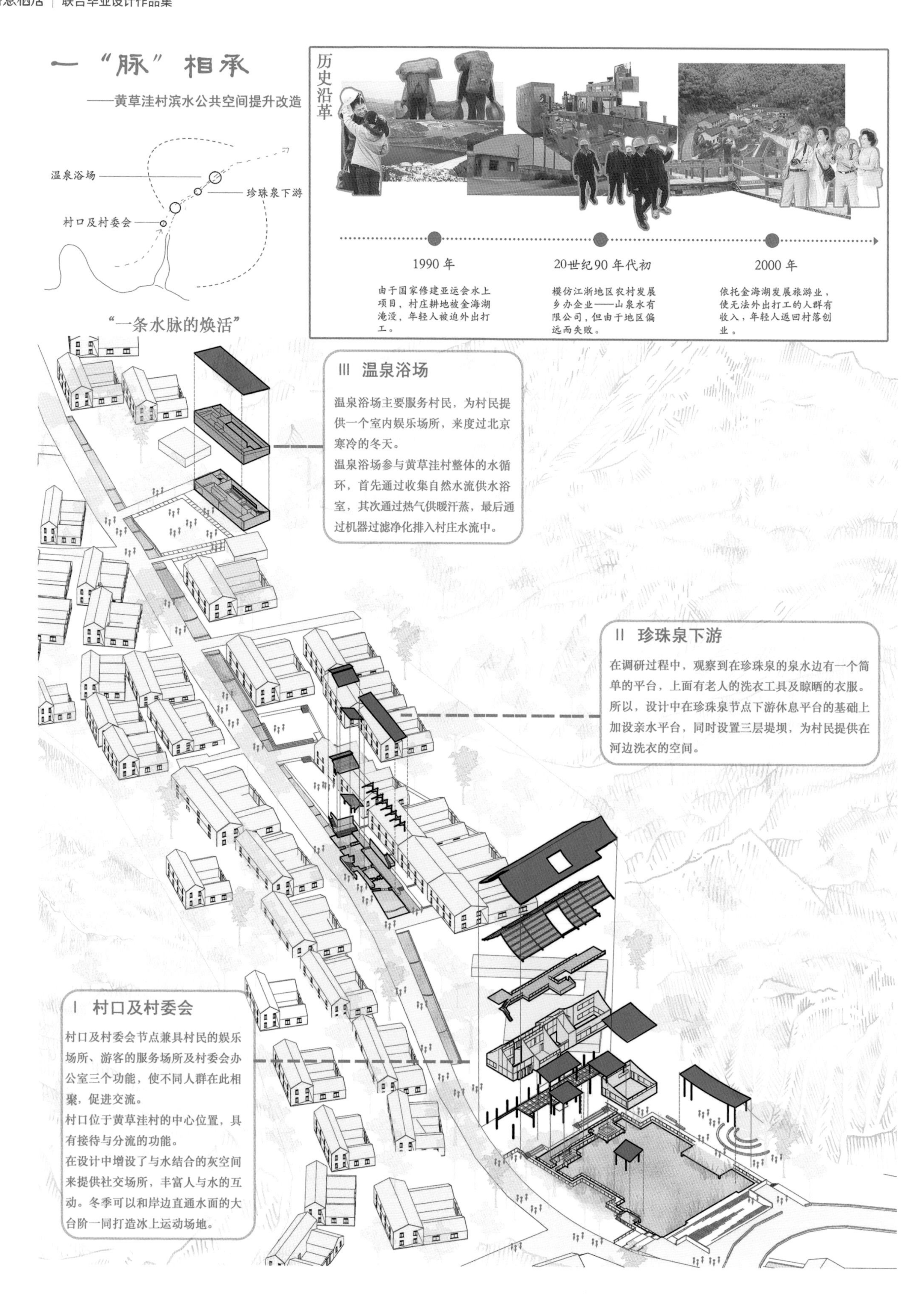

一"脉"相承
——黄草洼村滨水公共空间提升改造

村口及村委会

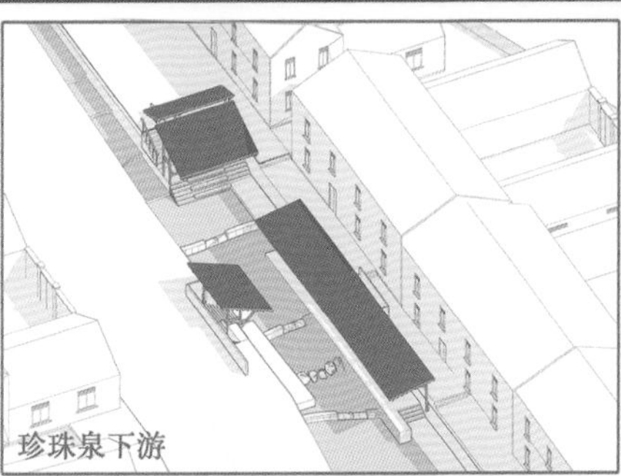
珍珠泉下游

温泉浴场

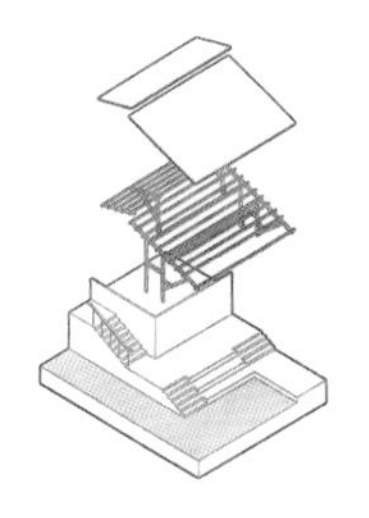

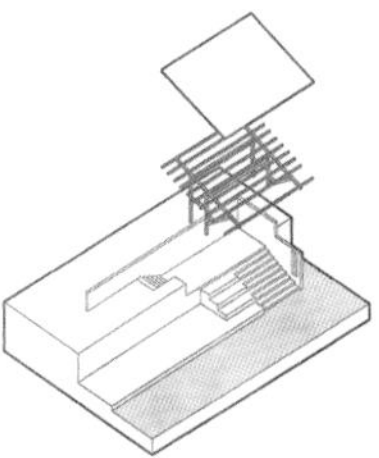

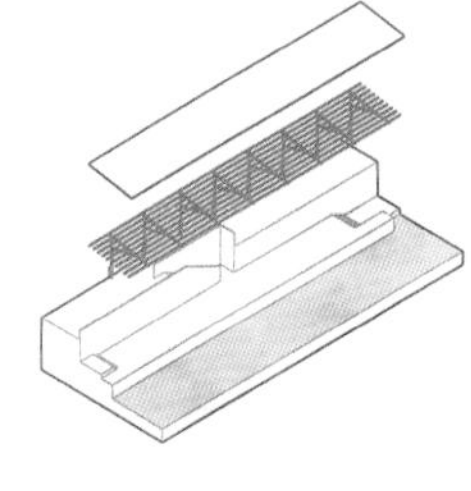

谭欢容

北京建筑大学环境设计专业 2019 级学生

在毕业设计开始之前，我对它对有着近乎完美的想象，想让它成为一个诠释我整个大学学习生涯的作品。但是当毕业设计真正结束后，我才发现它和想象中有着许多差距。我在之前的学习过程中没有办法突破的、不太好的学习习惯，在毕业设计的过程中充分暴露出来，这些习惯导致了我的设计成果与设计深度都没能达到我所设想的水平。

但总而言之，一切的过程都是经历，一切的经历都是珍宝，我也交上了这份答卷。感谢韩风老师的指导，感谢课题组老师们的辛苦，也感谢同学们对我的督促与鼓励，让我得以在完成毕业设计之后，还能对自己的未来有着进一步的展望。

·重溯·

黄草洼村游客服务中心及周边景观设计

田靓

北京建筑大学环境设计专业 2019 级学生

本次跨专业联合毕业设计给我最深的感受是，我真切地体会到了不同专业对于同一课题不同的关注点。在这次毕业设计中，我从城乡规划专业的老师和同学身上学到了许多扎实的知识和技能，这让我能用更加概括、更大的视角去审视设计项目。毕业设计作为本科四年学习的重点，我做得不够优秀，但这个遗憾给我的未来更大的动力。感谢韩风老师在毕业设计中以及四年学习中对我的指导。未来的路上我会继续保持初心和热爱，在设计的路上走下去。心有明月昭昭，千里赴迢遥。

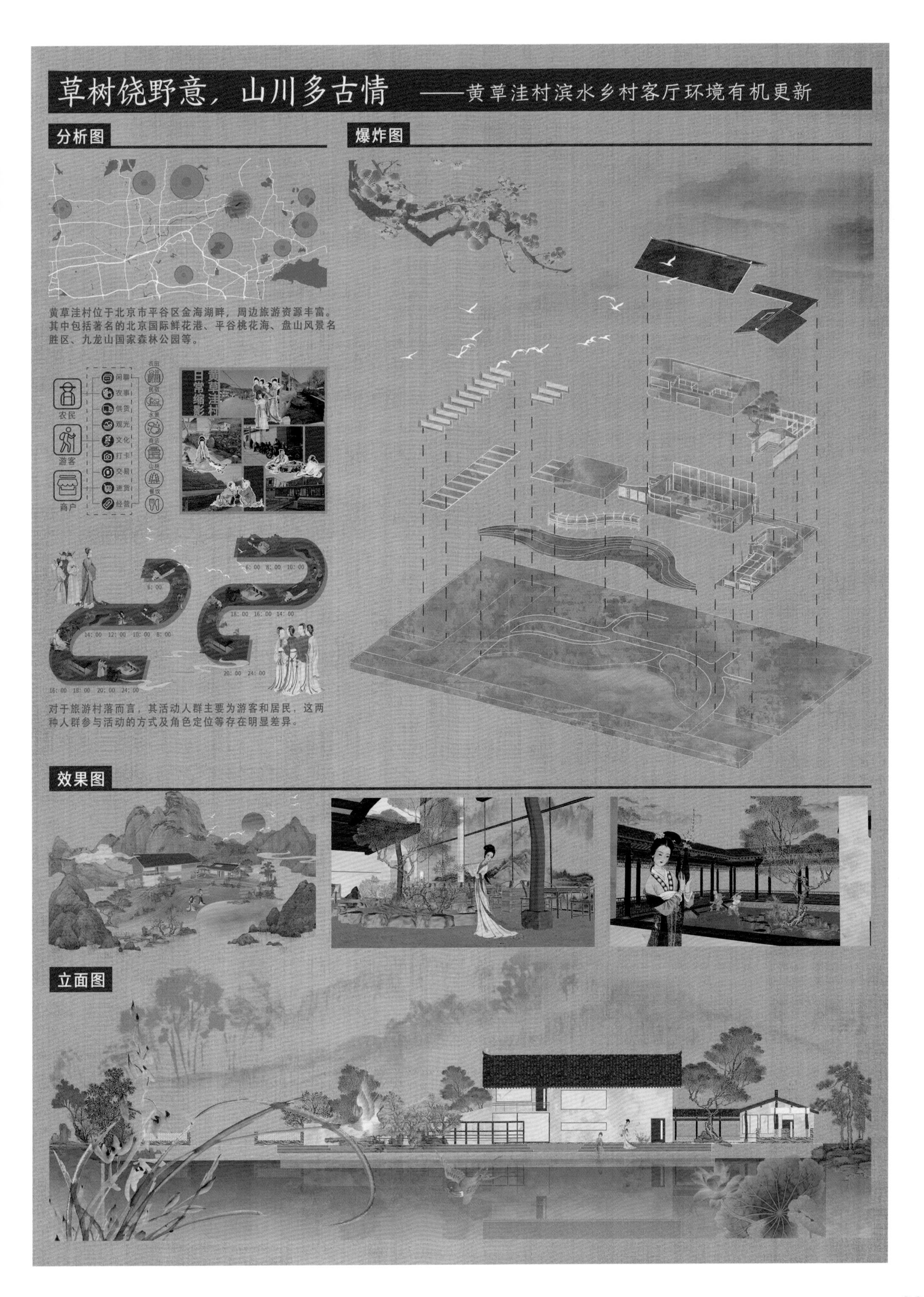

草树饶野意，山川多古情 ——黄草洼村滨水乡村客厅环境有机更新
分析图
爆炸图
黄草洼村位于北京市平谷区金海湖畔，周边旅游资源丰富。其中包括著名的北京国际鲜花港、平谷桃花海、盘山风景名胜区、九龙山国家森林公园等。
农民
游客
商户
闲聊
农事
供货
观光
文化
打卡
交易
进货
经营
黄草洼村日常缩影
6: 00
8: 00
10: 00
12: 00
14: 00
16: 00
18: 00
20: 00
24: 00
对于旅游村落而言，其活动人群主要为游客和居民，这两种人群参与活动的方式及角色定位等存在明显差异。
效果图
立面图

李雨洋

北京建筑大学环境设计专业 2019 级学生

本次联合毕业设计既是对我设计基础的综合训练，也是对我四年来学习的整合和总结。我在设计中以北京三大文化带中的传统村落为基底，探寻传统村落在未来如何更新发展。在以往传统的室内设计之外，我在指导老师的引导下，体验到从“以人为本”的角度去思考乡村改造的意义。这次设计的实地调研，使我理解到不能将自己臆想的设计需求强加给村民。在本次毕业设计中，我在初期开题、中期汇报、期末答辩等阶段向不同学校的同学学习，并且得到不同专业老师的指点和鼓励，受益匪浅。

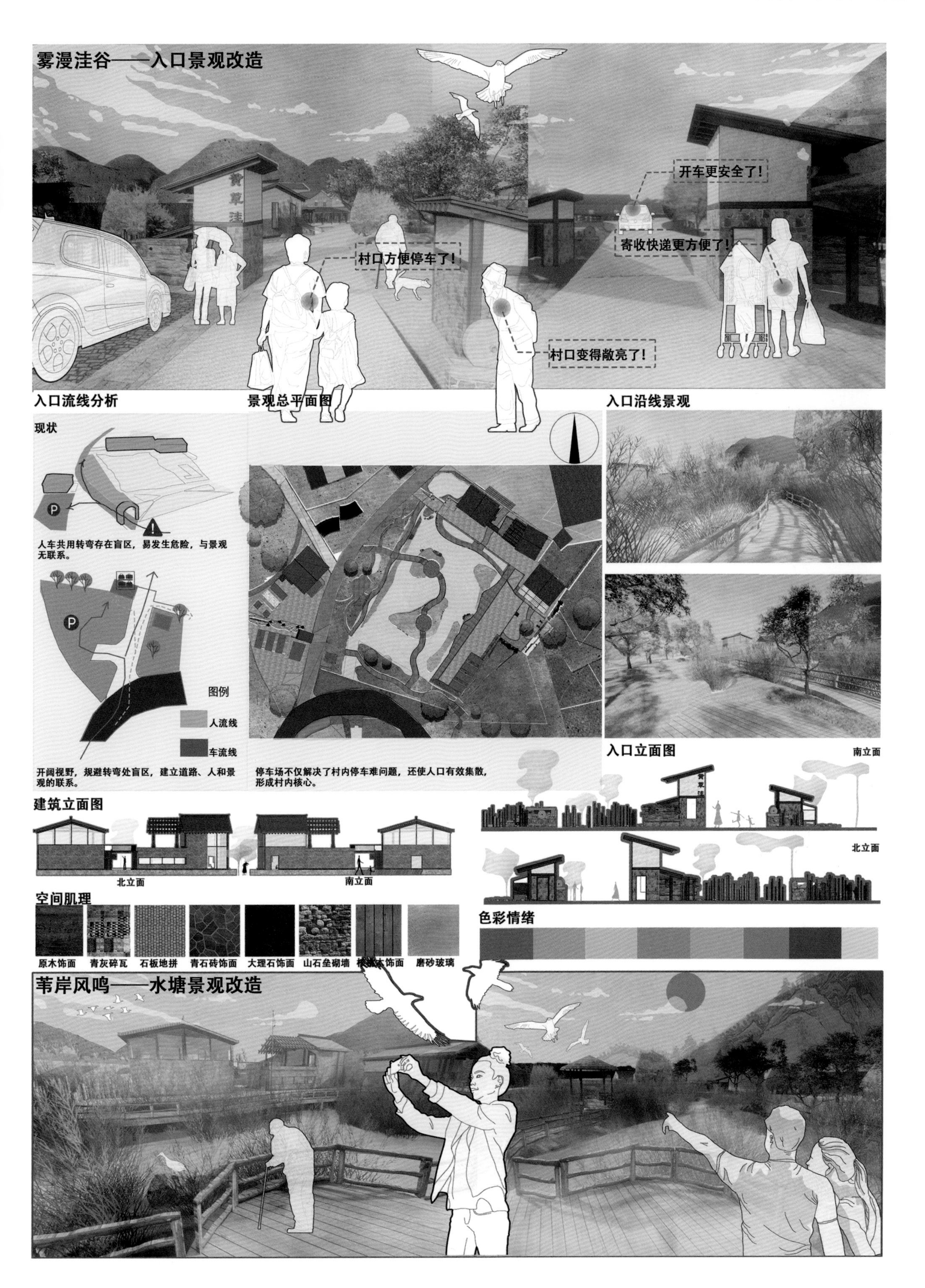
雾漫洼谷——入口景观改造
开车更安全了！
寄收快递更方便了！
村口方便停车了！
村口变得敞亮了！
入口流线分析
景观总平面图
入口沿线景观
现状
人车共用转弯存在盲区，易发生危险，与景观无联系。
图例
人流线
车流线
开阔视野，规避转弯处盲区，建立道路、人和景观的联系。
停车场不仅解决了村内停车难问题，还使人口有效集散，形成村内核心。
入口立面图
南立面
北立面
建筑立面图
北立面
南立面
空间肌理
原木饰面
青灰碎瓦
石板地拼
青石砖饰面
大理石饰面
山石垒砌墙
磨砂玻璃
色彩情绪
苇岸风鸣——水塘景观改造

赵新宇

北京建筑大学环境设计专业 2019 级学生

光阴似箭，时光如梭。感谢韩风老师对我的指导，还要感谢其他老师和专家的点评与指导。通过本次联合毕业设计，我不仅获得了与其他院校、不同专业和团队进行交流学习的机会，还对于传统文化的传承和发展以及村落更新改造设计方面有了更深刻的认识，开拓了眼界，提升了设计能力，对自己的专业有了更进一步的了解，更加明白学习是一个不断积累的过程，为四年大学生活划上圆满的句号。

北京三大文化带中传统村落有机更新环境设计

桃 氧 共 道 · 前吉山村更新改造设计

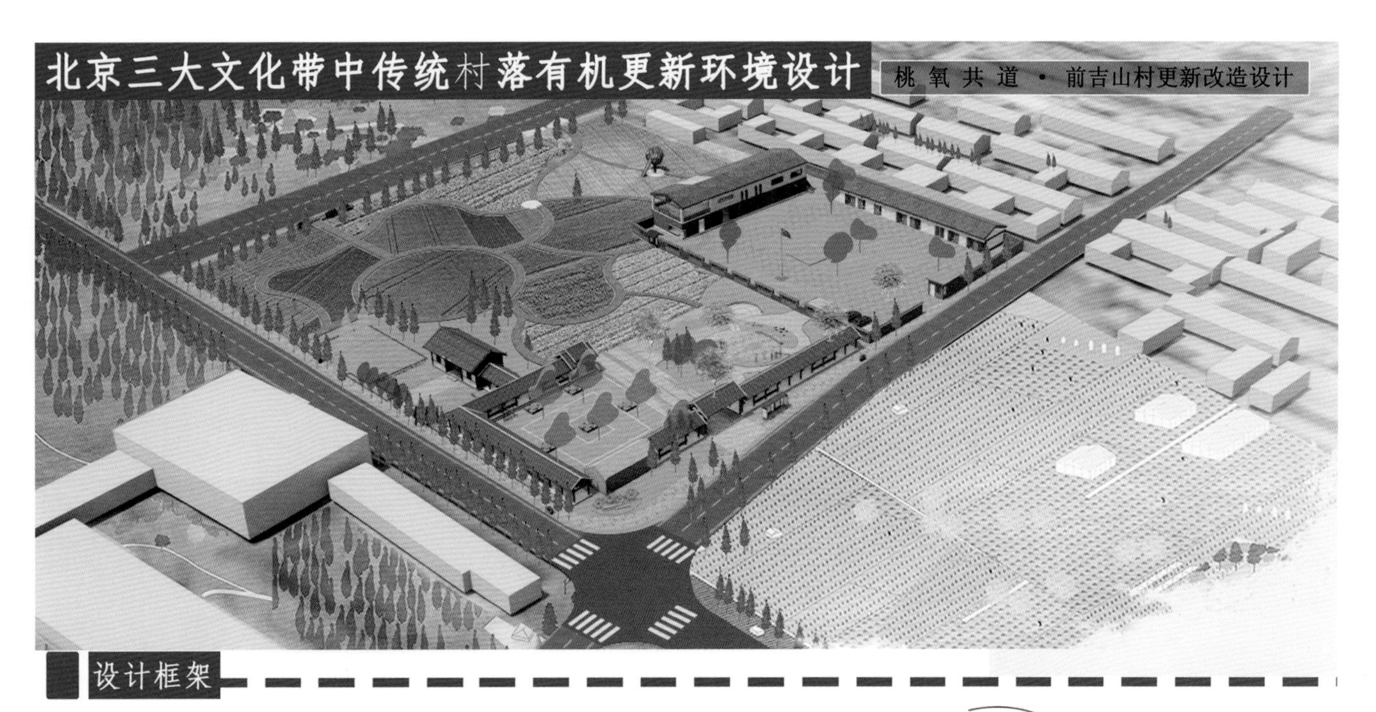

设计框架

发展背景：乡村振兴、生态休闲、和美乡村、文化共融、劳动教育、劳动教育

现状分析：交通便利、山水农田、传统式微、产业单一、活力缺失、配套欠缺

核心问题

空间用地混乱

产业弱缺动力

文化特色不显

概念引入

功能定位

京郊天然氧吧

田园体验

养生福地

策 略

空间模式创新

特色功能植入＆环境营造

活动策划→唤醒活力

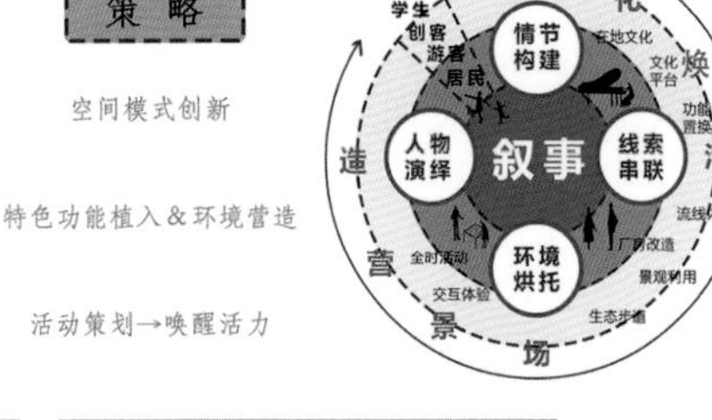

目标愿景

产业兴 人文和

村居美 生态活

智慧创新 开放乐活 生态保育 人机平衡

总平面图

图例 ① 村委会办公室 ② 公共客厅 ③ 公园 ④ 活动广场 ⑤ 游廊 ⑥ 公共卫生间 ⑦ 林下停车场 ⑧ 共享农田

功能分区和流线分析

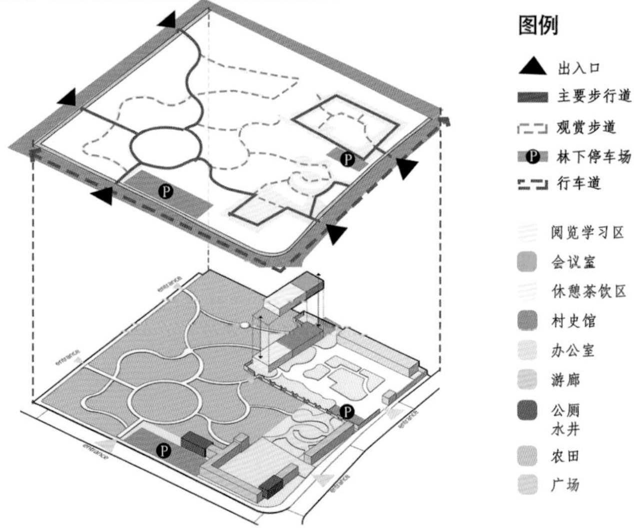

图例

出入口

主要步行道

观赏步道

林下停车场

行车道

阅览学习区

会议室

休憩茶饮区

村史馆

办公室

游廊

公厕水井

农田

广场

林下停车场

游园

游园

一层茶室

二层书室

廊下游览

游园

广场集市

一层茶室

二层书室

北京交通大学

科融乡里，共享常乐——面向多元要素流动的乡村空间更新规划设计

设计说明

本次规划的常乐村是海淀区离市中心最近的保留村，位于几大科技发展极之间，地理区位良好，生态环境优美。前期通过实地踏勘、访谈调研、历史研究、数据分析等手段，发现常乐村内存在严重的人口倒挂、道路交通不畅及空间闲置问题，故将规划思路重点放在如何进行人口引入、交通整理及空间的更新利用上，提出引入特殊人群设想，通过建筑功能置换、闲置空间更新、景观整治提升等手法，对村庄进行规划设计，营造一个对科创工作者友好、能吸引周边城区人群游玩的新型乡村环境，借此提升村庄活力，增加集体收入，改善当地居民生活。原住民存在感提升，留在村内；外来人体验感良好，常来游玩。最终达到双赢目的，让常乐村实现真正的“人人常乐”。

教师介绍

王鑫，北京交通大学建筑与艺术学院副教授。指导学生参加专业竞赛，获2022 International VELUX Award亚太区冠军和全球决赛银奖、2022年全国高等院校大学生乡村规划方案竞赛乡村设计单元二等奖、第二届全国大学生国土空间规划设计竞赛佳作奖、第十一届中国创新创业大赛大中小企业融通雄安绿色数字产业专业赛三等奖、2018亚洲设计学年奖银奖；指导的“路上观察团”实践项目，连续5年获北京市西城区历史文化名城保护委员会“四名汇智”计划资助；指导的“绮春园文化景观要素研究与推广”，于2019年被评为北京交通大学国家级大学生创新训练项目。

学生介绍

王雨琪，北京交通大学建筑与艺术学院城乡规划系2018级本科生。曾获第十二届全国大学生房地产策划大赛区域二等奖；2021年，作品《内外兼和，文化奇旅》获奥雅设计之星国际大学生设计竞赛 8 强（最高奖项）。创新创业方面，致力于在乡村振兴和脱贫攻坚上探索新路径，获第八届中国国际“互联网+”大学生创新创业大赛北京市三等奖（“产业命题赛道”和“青年红色筑梦之旅”两项奖项）；获“挑战杯”大学生创业计划大赛校赛一等奖等。

毕业设计感言

毕业设计是本科的谢幕，能以联合毕业设计的形式与其他学校的老师、同学交流和沟通，让我倍感幸运且收获良多。在此过程中，要感谢所有给予我建议和指导的专业老师，我自觉没有多高天分，经常容易埋头苦干，沉浸于自己的世界，故而在过程中走了许多弯路。幸好各位老师及时在我方向偏移之时一把将我拉回，耐心劝导，让我幡然醒悟回到正轨。这里特别要感谢我的毕业设计指导老师王鑫老师，王老师的耐心和负责让我在毕业设计阶段感受到被关注的幸福，他总是会先肯定我，再指出不足，让我的整个学习过程是充实并且快乐的。王老师的专业功底让我钦佩，更是让我发现自己的专业学习之路还要走很远。规划之路，任重道远！定不负师恩，不负期望，不负一腔热爱，不负心中理想！愿各自珍重，来日方长。

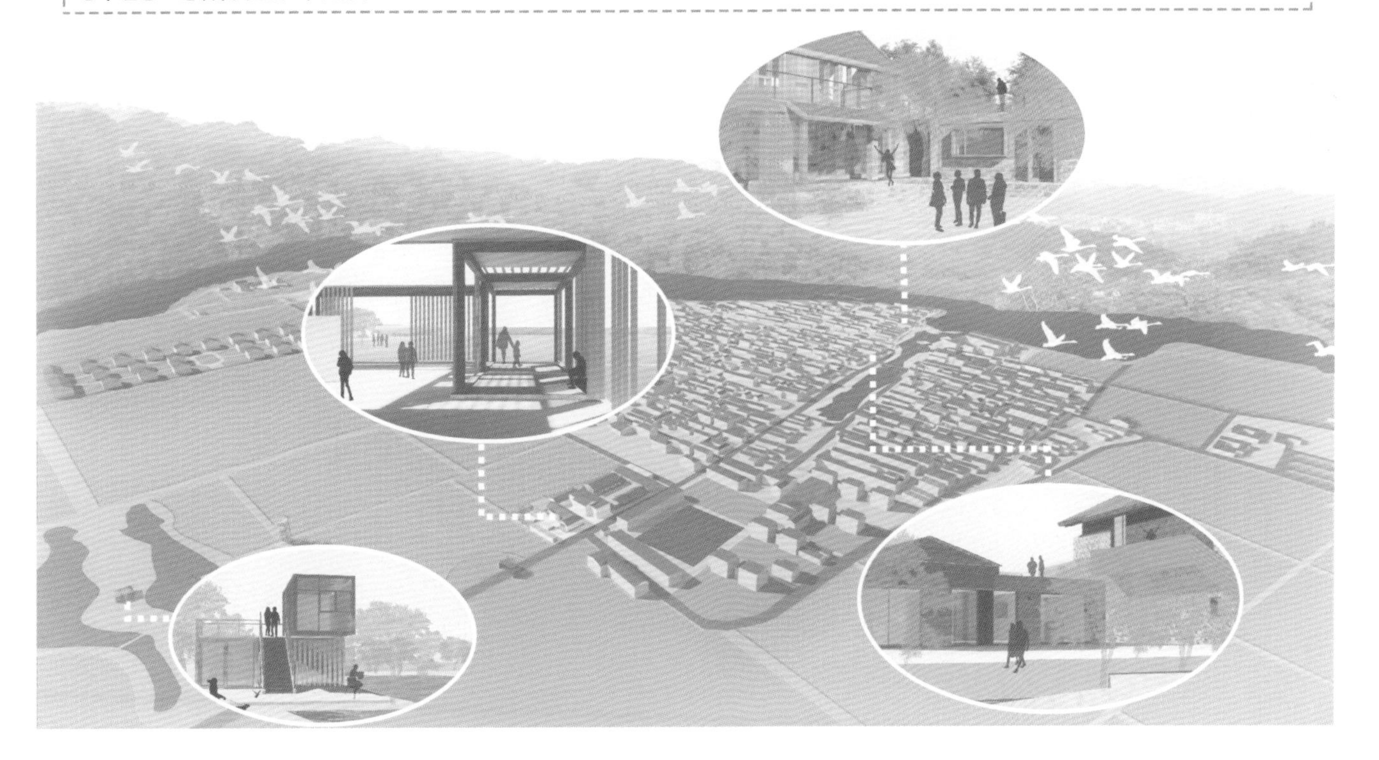

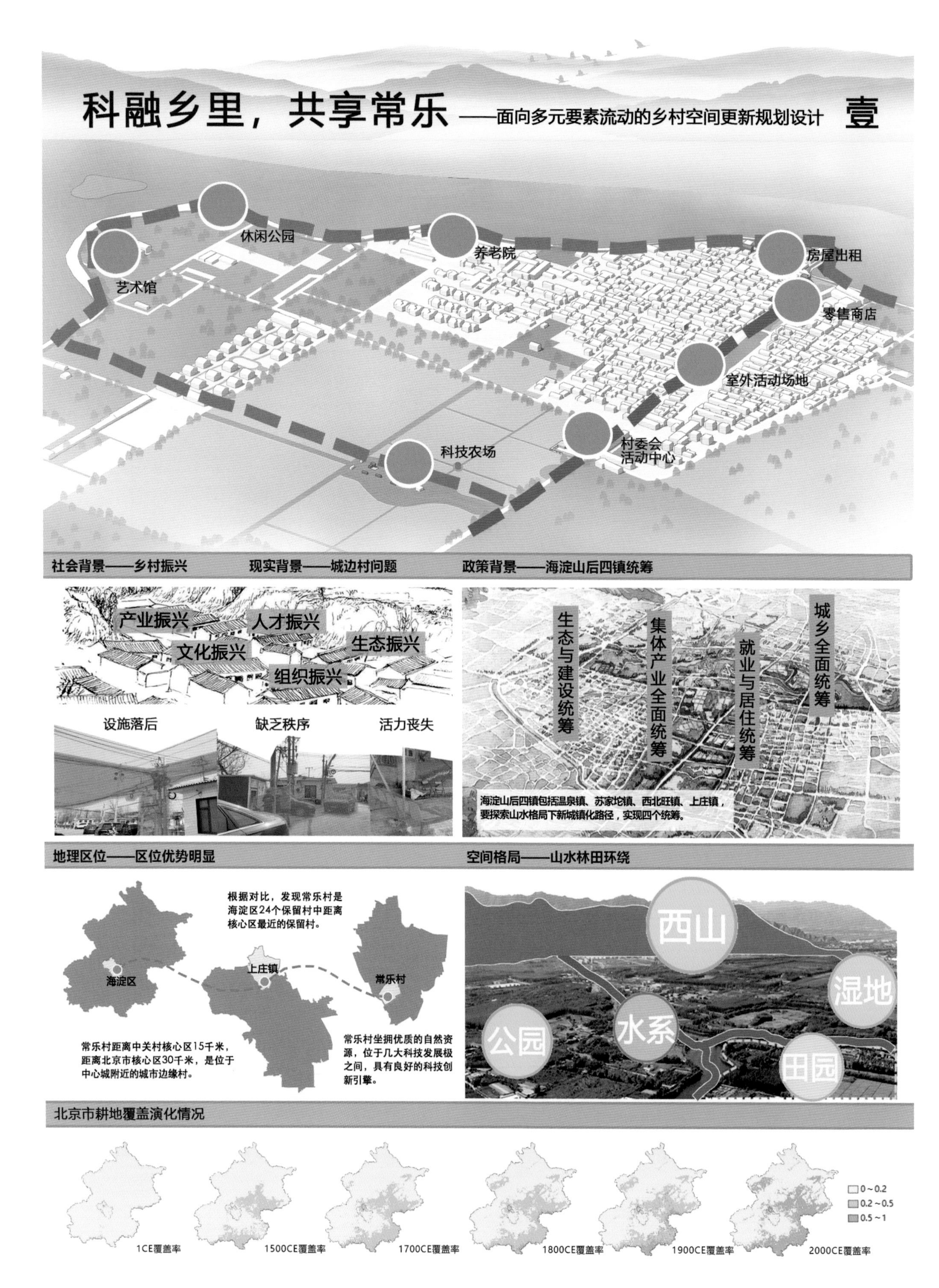
科融乡里，共享常乐——面向多元要素流动的乡村空间更新规划设计 壹
休闲公园
艺术馆
养老院
房屋出租
零售商店
室外活动场地
村委会
活动中心
科技农场
社会背景——乡村振兴
现实背景——城边村问题
政策背景——海淀山后四镇统筹
产业振兴
人才振兴
文化振兴
生态振兴
组织振兴
设施落后
缺乏秩序
活力丧失
生态与建设统筹
集体产业全面统筹
就业与居住统筹
城乡全面统筹
海淀山后四镇包括温泉镇、苏家坨镇、西北旺镇、上庄镇，要探索山水格局下新城镇化路径，实现四个统筹。
地理区位——区位优势明显
空间格局——山水林田环绕
根据对比，发现常乐村是海淀区24个保留村中距离核心区最近的保留村。
海淀区
上庄镇
常乐村
常乐村距离中关村核心区15千米，距离北京市核心区30千米，是位于中心城附近的城市边缘村。
常乐村坐拥优质的自然资源，位于几大科技发展极之间，具有良好的科技创新引擎。
西山
湿地
公园
水系
田园
北京市耕地覆盖演化情况
0～0.2
0.2～0.5
0.5～1
1CE覆盖率
1500CE覆盖率
1700CE覆盖率
1800CE覆盖率
1900CE覆盖率
2000CE覆盖率

科融乡里，共享常乐——面向多元要素流动的乡村空间更新规划设计 贰

地理区位

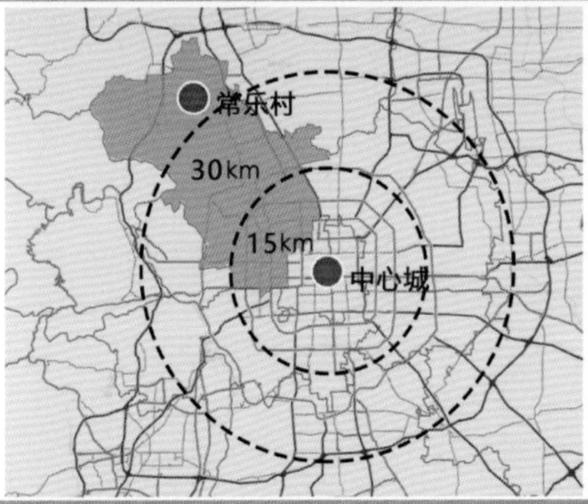

常乐村
30km
15km
中心城

科创区位

昌平
沙河高教园
翠湖湿地
常乐村
生命科学园
稻香湖
永丰产业园
翠湖产业园
中关村核心
中心城

生态区位

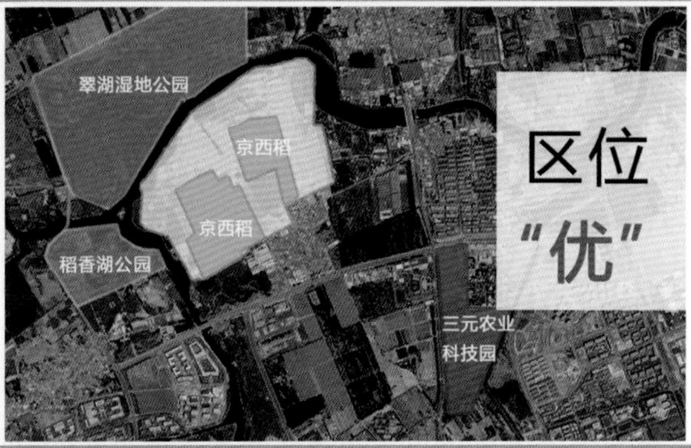

翠湖湿地公园
京西稻
京西稻
稻香湖公园
三元农业科技园

区位“优”

京西稻历史

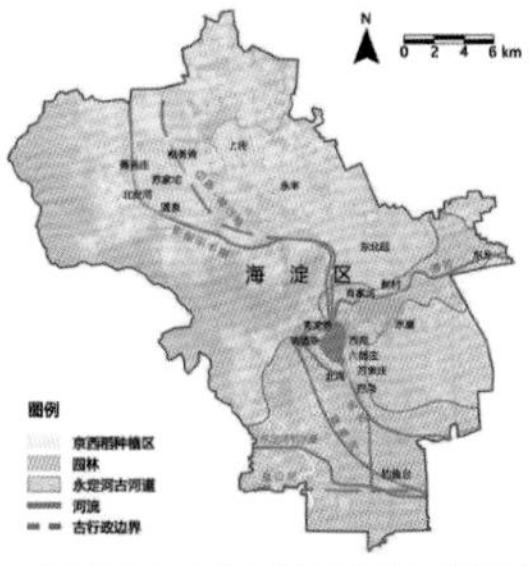

海淀区

新中国成立后保留京西稻村庄

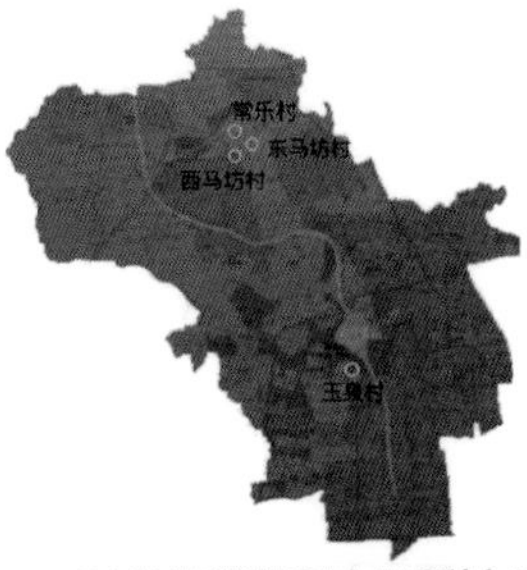

常乐村
东马坊村
西马坊村
玉泉村

21世纪后保留京西稻村庄

南沙河
京西稻现状种植区

上庄镇南部现有种植区

文化“失”

种植文化
农耕文明
机械取代
智能取代

京西稻来源及演变

康熙——从江南带回稻种

康乾三朝——成为京西御稻

清末——体系完善，种于三山五园

民国时期——主要种植在海淀

新中国成立后——种植面积大量缩减

土地利用现状

图例

宅基地
服务设施
产业用地
市政设施
交通设施
其他建设用地
农业用地
林业用地
道路用地
一类居住

自然地理现状

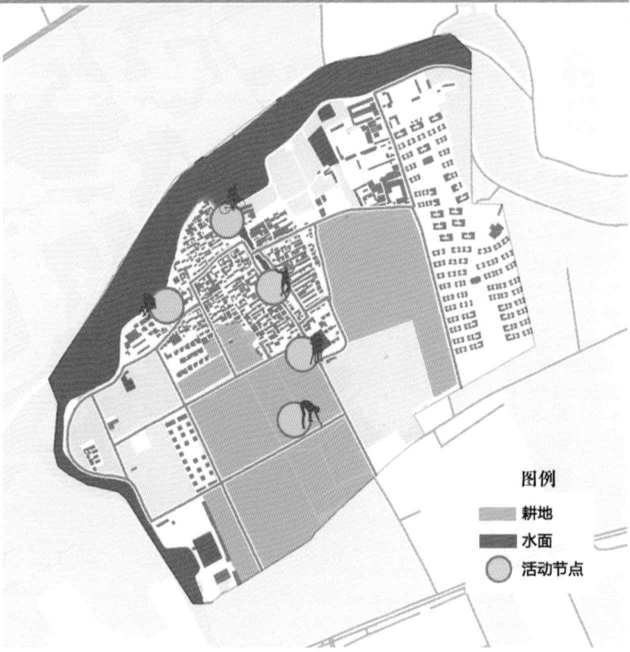

图例

耕地
水面
活动节点

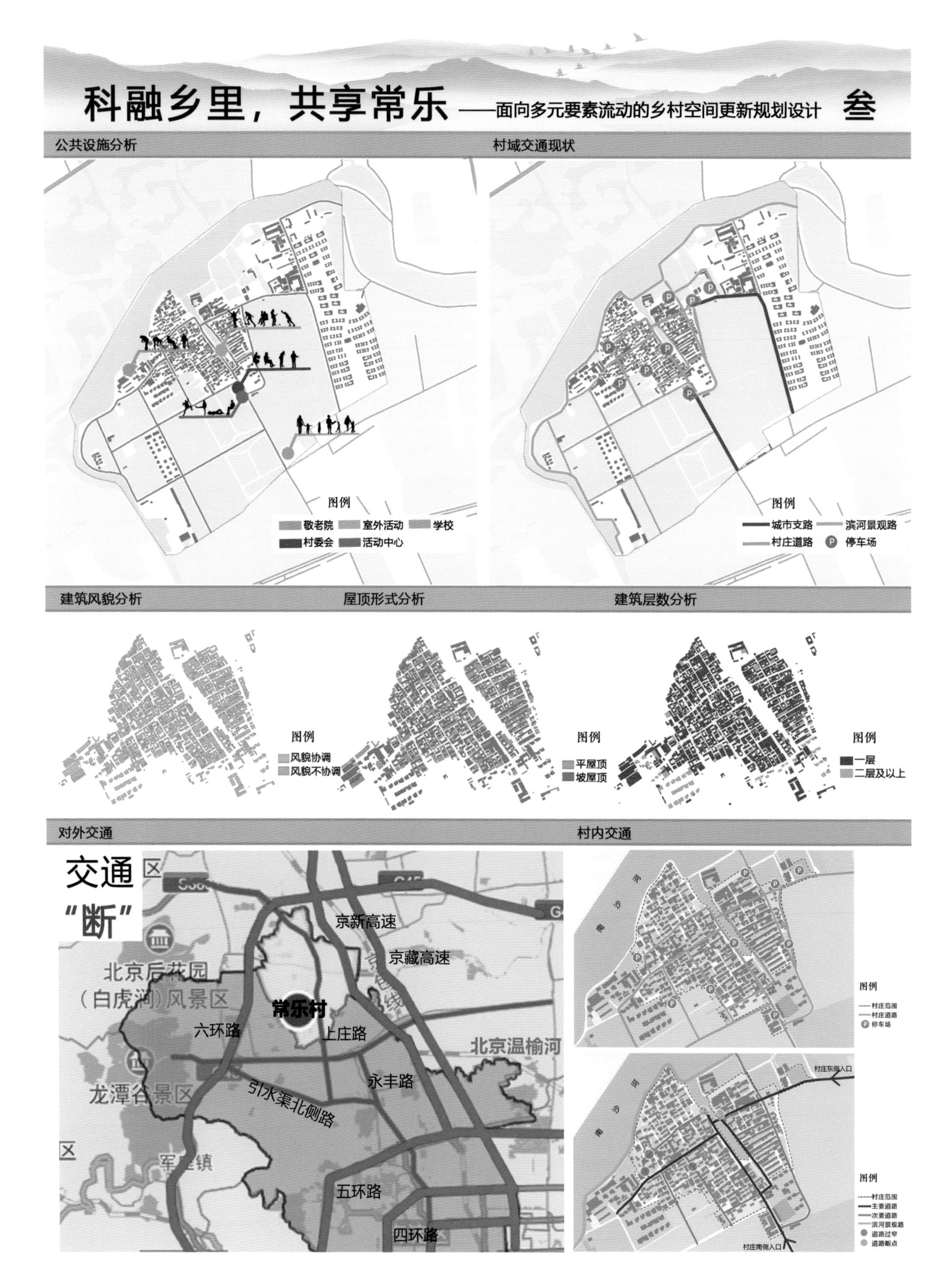
科融乡里，共享常乐 ——面向多元要素流动的乡村空间更新规划设计 叁
公共设施分析
村域交通现状
图例
敬老院
室外活动
学校
村委会
活动中心
图例
城市支路
滨河景观路
村庄道路
停车场
建筑风貌分析
屋顶形式分析
建筑层数分析
图例
风貌协调
风貌不协调
图例
平屋顶
坡屋顶
图例
一层
二层及以上
对外交通
村内交通
交通
“断”
京新高速
京藏高速
北京后花园
（白虎涧）风景区
常乐村
六环路
上庄路
北京温榆河
永丰路
龙潭谷景区
引水渠北侧路
五环路
四环路
图例
村庄范围
村庄道路
停车场
村庄东侧入口
图例
村庄范围
主要道路
次要道路
滨河景观路
道路过窄
道路断点
村庄南侧入口

科融乡里，共享常乐——面向多元要素流动的乡村空间更新规划设计 肆

服务设施 社会人口

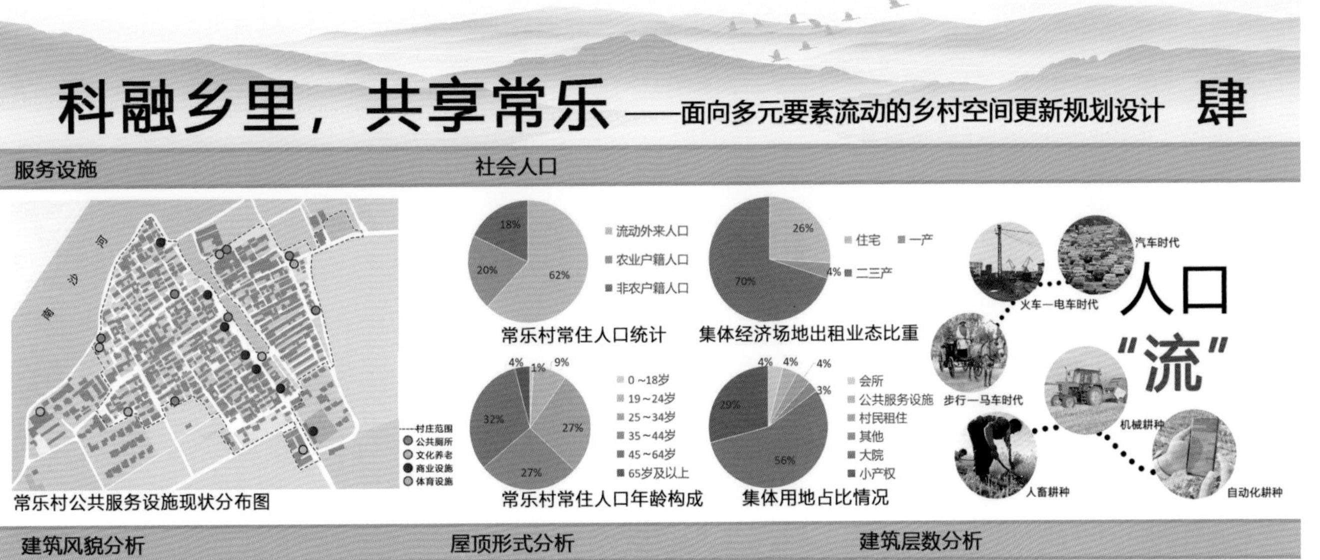

建筑风貌分析 屋顶形式分析 建筑层数分析

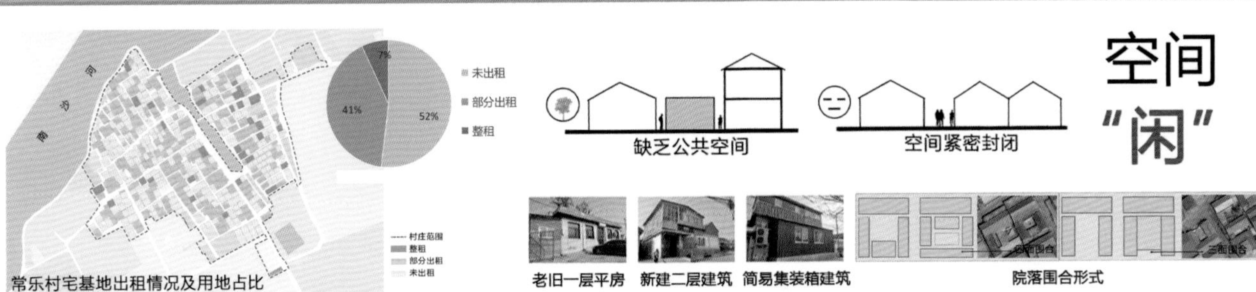

需求探究 问题总结

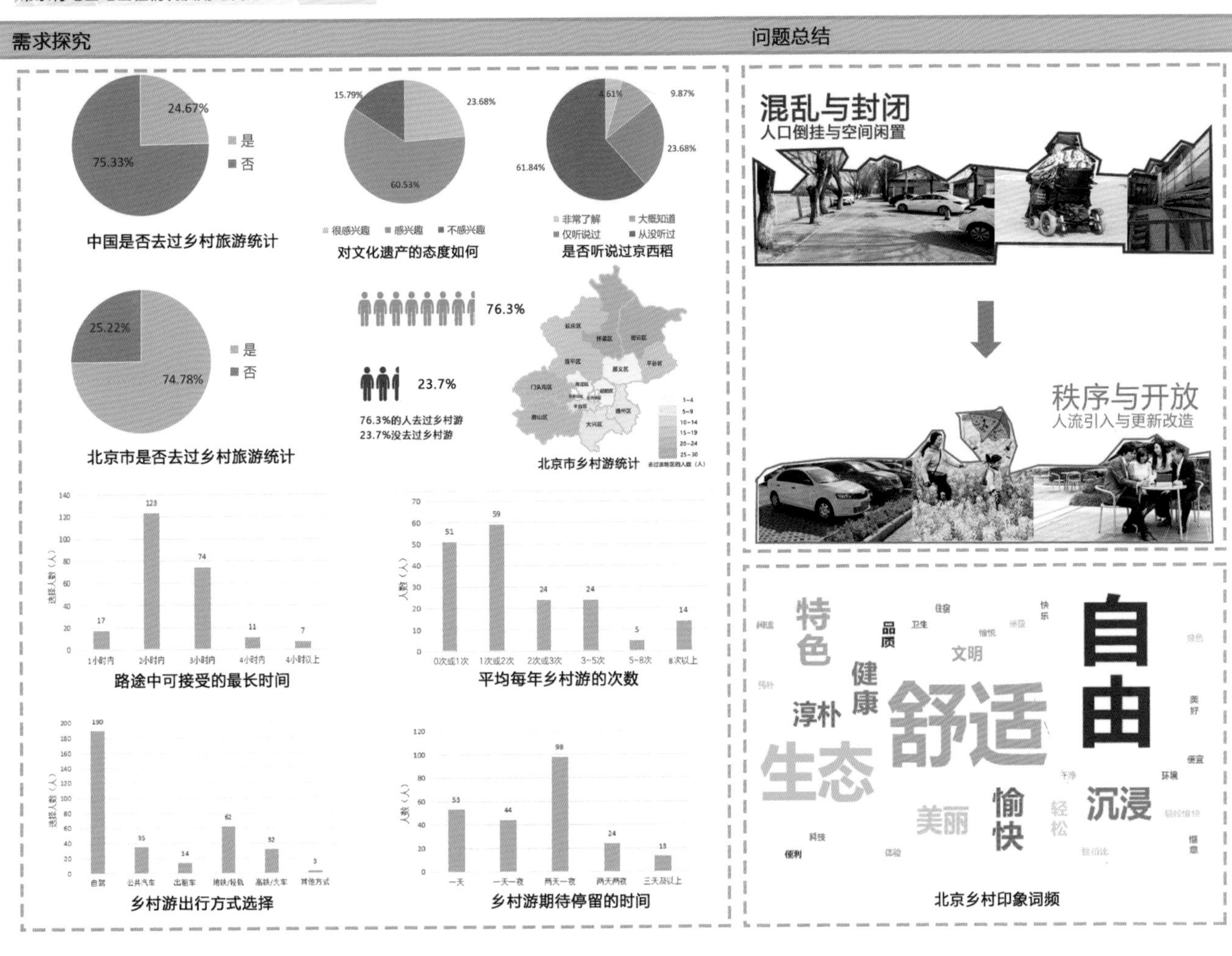

科融乡里，共享常乐——面向多元要素流动的乡村空间更新规划设计 伍

村域总平面图

规划结构　规划分区　道路交通规划

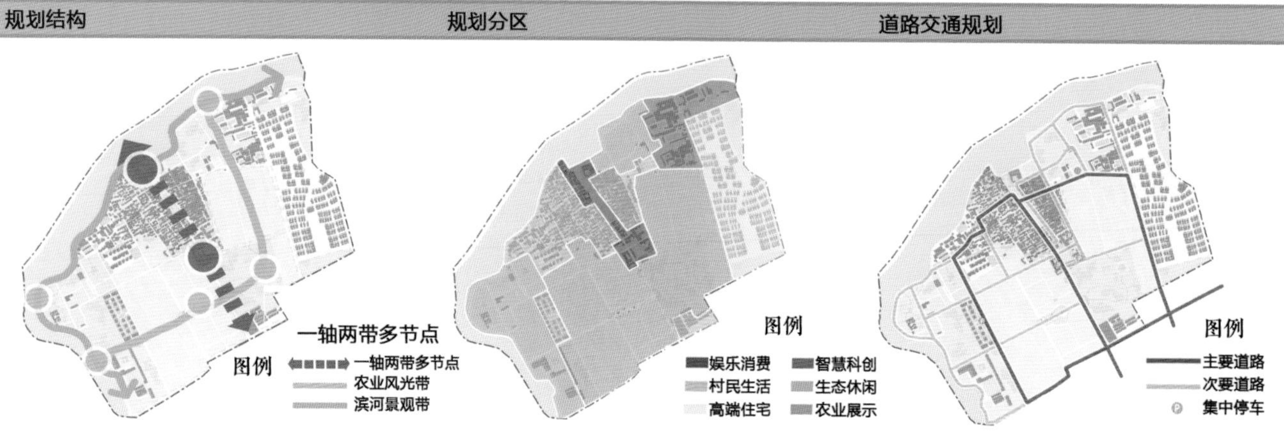

科融乡里，共享常乐——面向多元要素流动的乡村空间更新规划设计 陆

鸟瞰图

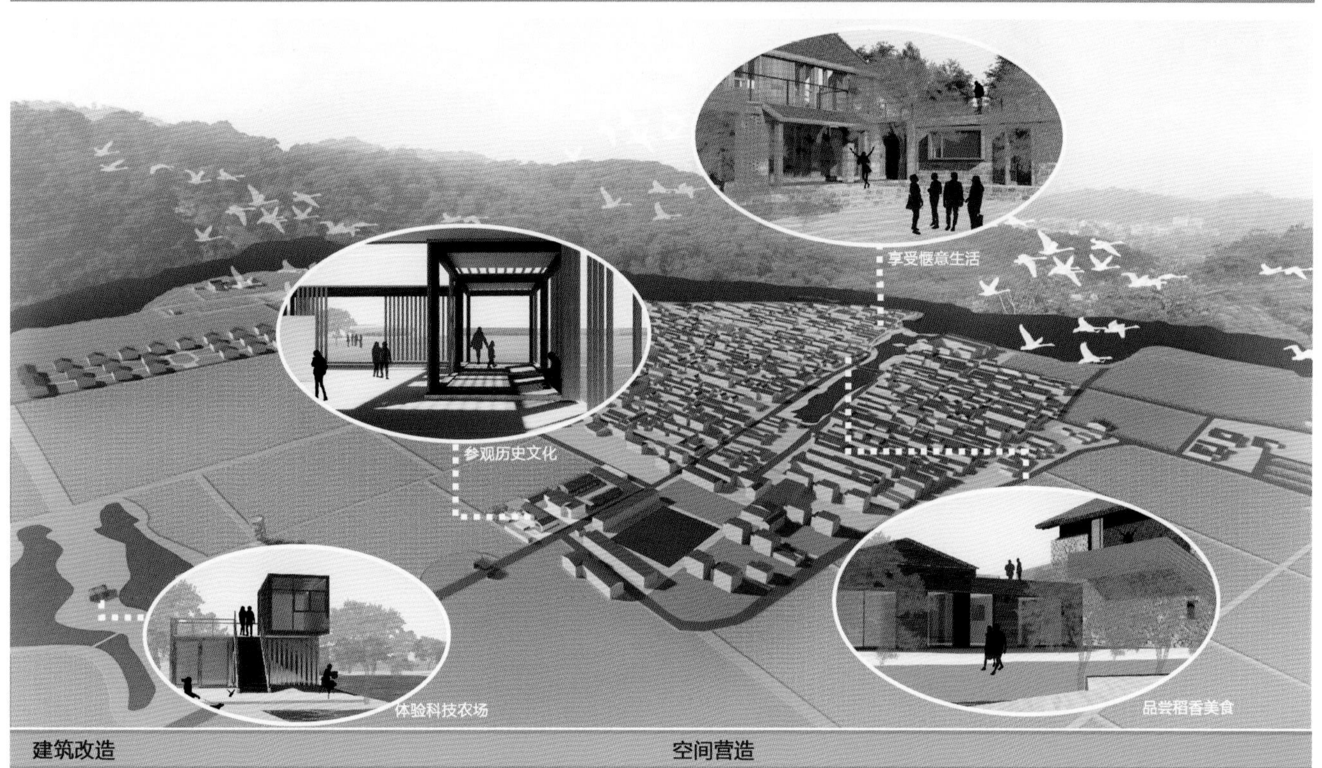

建筑改造

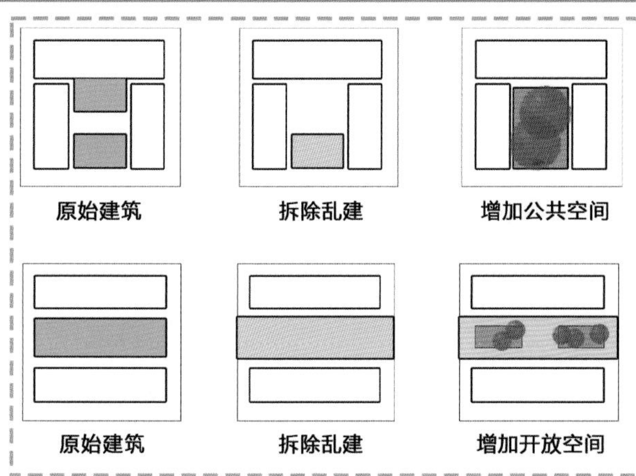

空间营造

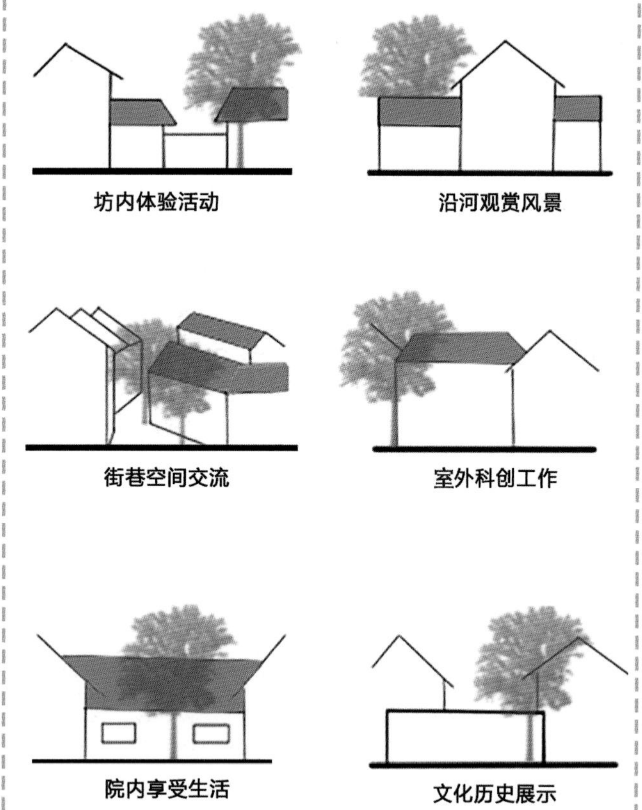

景观整治

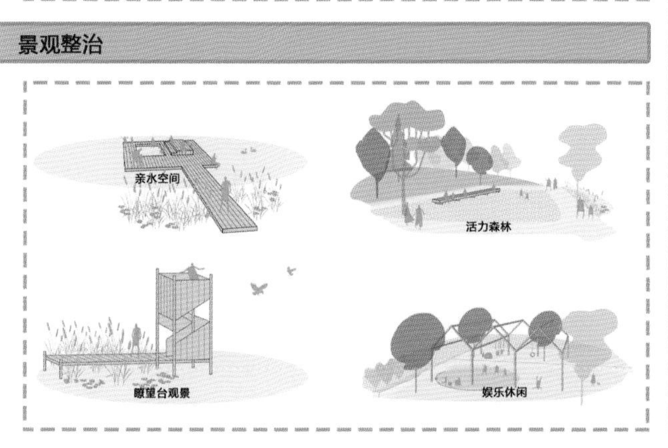

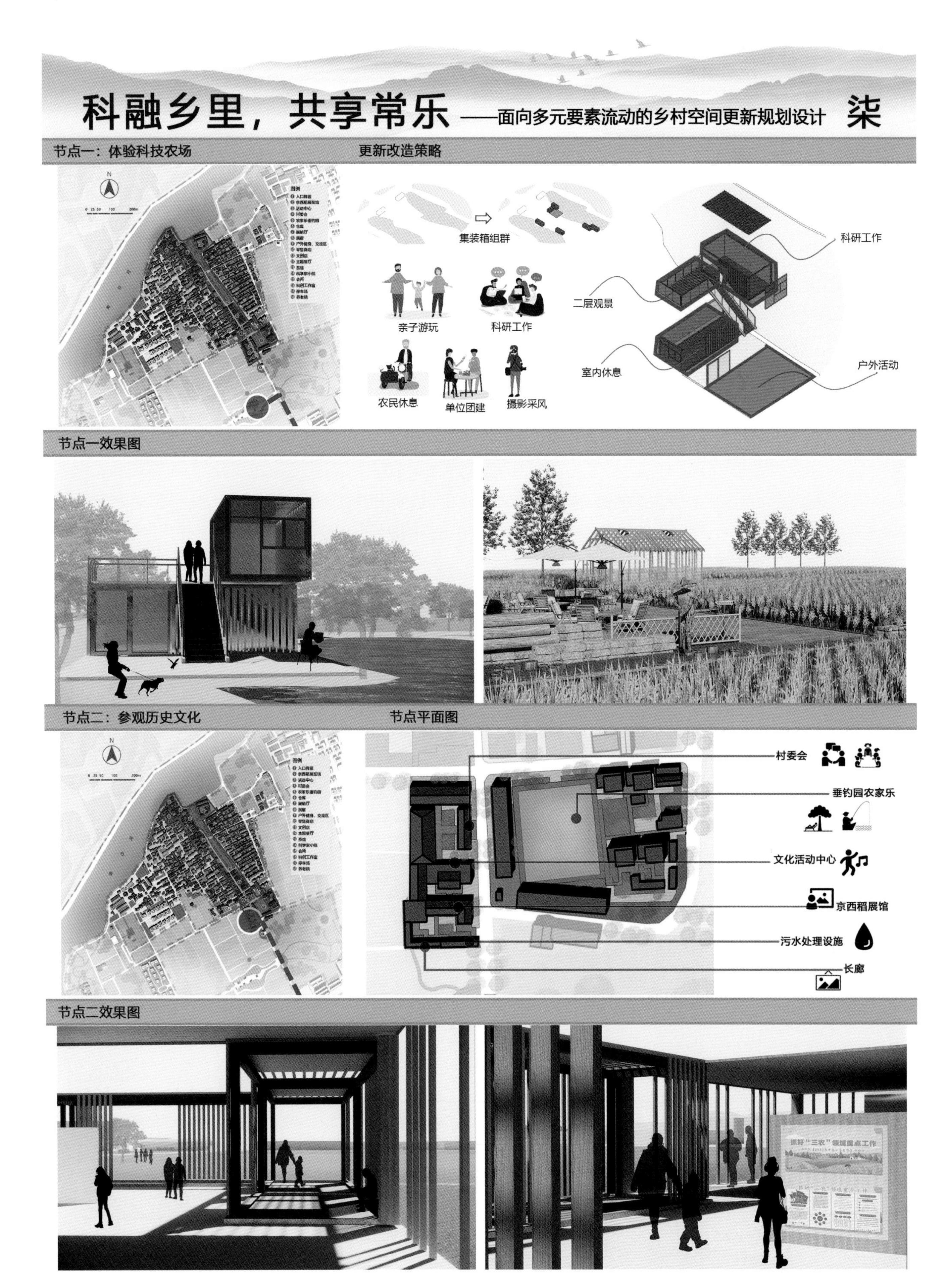
科融乡里，共享常乐——面向多元要素流动的乡村空间更新规划设计 柒
节点一：体验科技农场
更新改造策略
集装箱组群
亲子游玩
科研工作
农民休息
单位团建
摄影采风
科研工作
二层观景
室内休息
户外活动
节点一效果图
节点二：参观历史文化
节点平面图
村委会
垂钓园农家乐
文化活动中心
京西稻展馆
污水处理设施
长廊
节点二效果图

科融乡里，共享常乐——面向多元要素流动的乡村空间更新规划设计 捌

节点三：品尝稻香美食

更新改造策略

村中央有天然的水塘，但两侧建筑封闭性很强，公共空间利用率不佳，立面破旧，杂物堆积，建筑闲置。

规划将对这些建筑进行更新改造，设置开放界面，与水面互动。并进行功能置换，形成京西稻产品售卖品尝区，包括文创售卖、主题餐馆等。

节点三效果图

节点四：享受美好生活

节点平面图

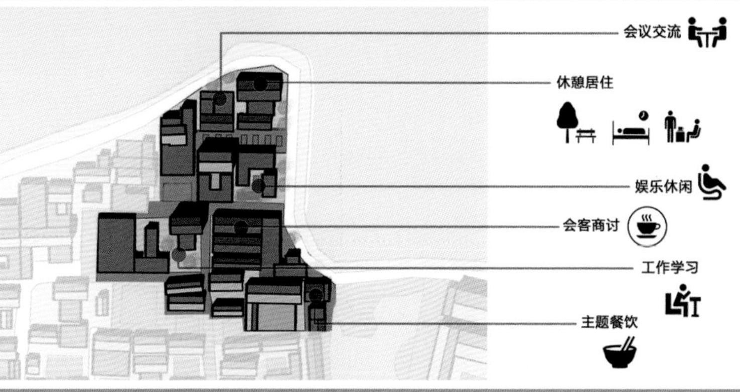

节点四效果图

稻乡水岸，织古融今

——北京市海淀区上庄镇常乐村村庄有机更新

陈鹭

北京交通大学建筑与艺术学院副教授，承担风景园林规划设计、城市设计、竖向设计等课程；指导毕业设计获国际建筑学毕业设计竞赛一等奖。

教师介绍

孙丹华

北京交通大学建筑与艺术学院城乡规划专业2018级学生。

学生介绍

设计说明

本次毕业设计的场地是北京市海淀区上庄镇常乐村，该村位于海淀北部地区中北部，南沙河以南。设计基于北京城乡融合和高质量乡村振兴政策背景，通过对现状条件的分析，结合常乐村的村庄精神内核——“常乐”，将常乐村定位为生态文化旅游目的地，依托其良好的生态本底要素与旅游资源，以农业文化遗产为核心，在保障生态功能的前提下，以乡村游带动产业发展，激发村庄活力。

以南沙河西路和村域慢行系统作为空间结构的核心骨架，前者依托南沙河，滨水岸线有良好的景观要素和空间活力，规划为滨河观光旅游带；后者依托场地核心的文化遗产——京西稻种植文化和农田与林地景观，规划为稻乡林田观景带。设计还设置了七大主题节点，通过滨河观光旅游带和稻乡林田观景带串联常乐村特色旅游线路，不同节点以不同的古今要素作为主题，打造一条通古达今的文化旅游线路。

毕业设计感言

很高兴能够参加这次联合毕业设计，在做毕业设计的过程中，我们前往了常乐村进行实地调研，亲自感受当地的村庄风貌和居民生活，这让我体会到城乡规划是一门需要去边走边看边学习的学科，也感受到传统村落有机更新在目前各方面的不容易。

稻乡水岸，织古融今——北京市海淀区上庄镇常乐村村庄有机更新

北京交通大学　建筑与艺术学院　城乡规划系　孙丹华

场地概况及背景

研究范围：北京市海淀区上庄镇常乐村

常乐村隶属于北京市海淀区上庄镇，位于海淀北部地区中北部，南沙河以南，距离海淀区政府15.2千米，距离上庄镇镇政府1.5千米。常乐村西至东埠头排洪渠，东邻上庄水库，北至南沙河，南部与东马坊村接壤，村域面积约188.62公顷。2020年8月，北京市海淀区上庄镇政府组织开展14个保留村村庄编制工作，其中包括常乐村。

常乐村环境优越、水网密布、交通便利，是京西稻、纳兰家族墓、明府花园、东岳庙、龙王圣母庙、关帝庙、妙香古道等历史文化遗产要素的汇集地。镇域中的榆河桥、皂角屯、双塔一线，是连接南北的交通干线。

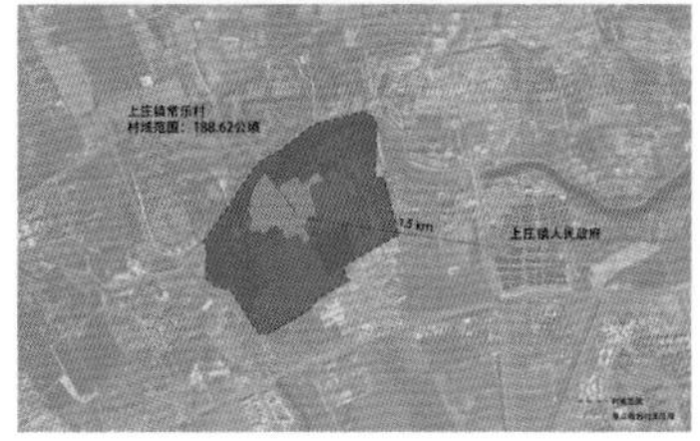

政策背景

上位规划

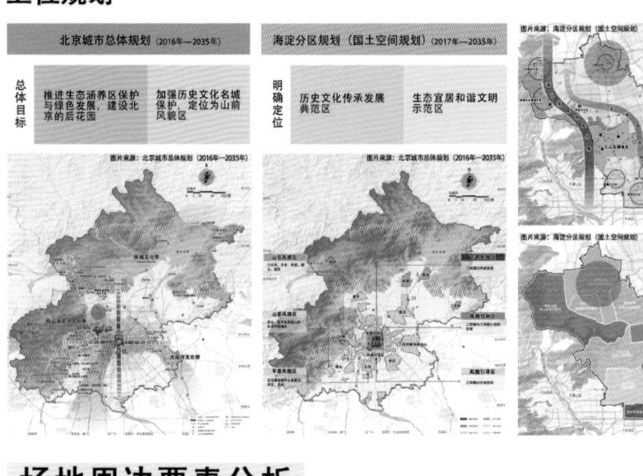

对上庄镇提出的定位要求

上庄镇

形成以“三山五园”为核心的空间保护体系，形成充满魅力的城市公共空间

场地周边要素分析

种植文化沿革

村庄空间及交通变迁

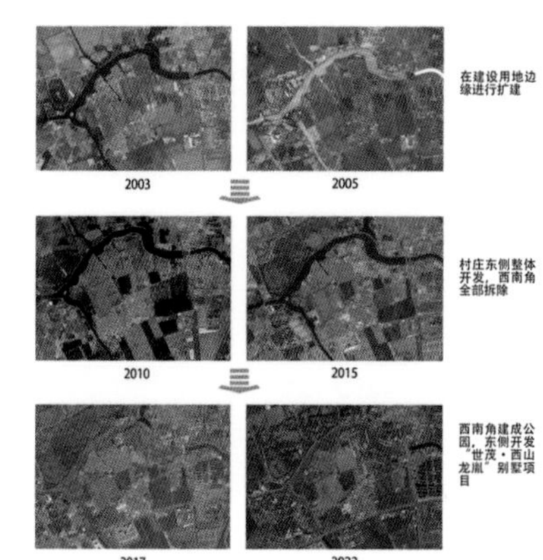

区域交通格局

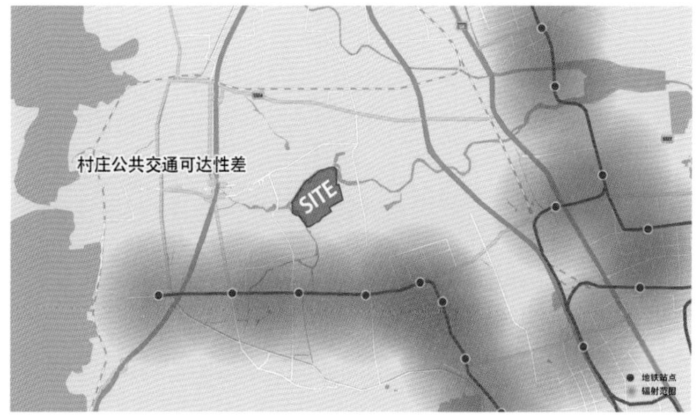

稻乡水岸，织古融今——北京市海淀区上庄镇常乐村村庄有机更新

北京交通大学 建筑与艺术学院 城乡规划系 孙丹华

周边交通要素分析

对外交通

两处主要入口通向村庄集中建成区，一处位于村南侧马坊中路，另一处位于村东长乐中路。现状外部道路主要是翠湖南路和东马坊路。东马坊路红线8米，易造成拥堵，路面条件较差。南沙河西路沿线部分被划为村庄内部道路。道路沿线未设公交站点，最近的公交站点在村东约2千米的上庄路。村庄具有较好的外部交通条件，通过翠湖南路可联系永丰和翠湖组团。经翠湖南路和东马坊路均可联系上庄路，由上庄路北可至上庄组团，南可至北清路。目前没有公共交通覆盖村庄周围。

村庄周边旅游要素分析

周边要素： 村庄整体位于北部通风廊道内，临近南沙河。位于永丰和翠湖组团间，北可至上庄组团，临近上庄路和北清路。

生态要素： 南沙河(岸线2.2千米)、翠湖湿地公园、西马坊油菜花田等。

业态要素： 稻香湖景酒店及配套商业设施、文化娱乐设施等。

场地现状分析

区位优势

具有大区位优势，但场地对外交通连通性较弱

村庄距离中关村核心区15千米，距离北京市中心城区核心区30千米，是海淀区24个保留村中距中心城区核心区最近的保留村。村庄仅通过上庄路、永丰路与中心城区连通，连通性较弱。

地理位置条件优越，区域生态价值显著

村庄地处上风上水之处，位于城市二道绿隔1号限建区、海淀区北部生态科技绿心，包含多种生态要素，在城市生态环境及景观建设中有着重要地位。

紧邻重要科创节点，周边旅游资源丰富

村庄位于永丰发展极和翠湖发展极之间，同时周边紧邻稻香湖景区、翠湖湿地公园等多个旅游目的地。

地区望山近水，拥有多元生态景观要素

拥有优越的景观区位，具有“山、水、林、田”的景观序列，与村庄建筑交相呼应，形成和谐的风景。

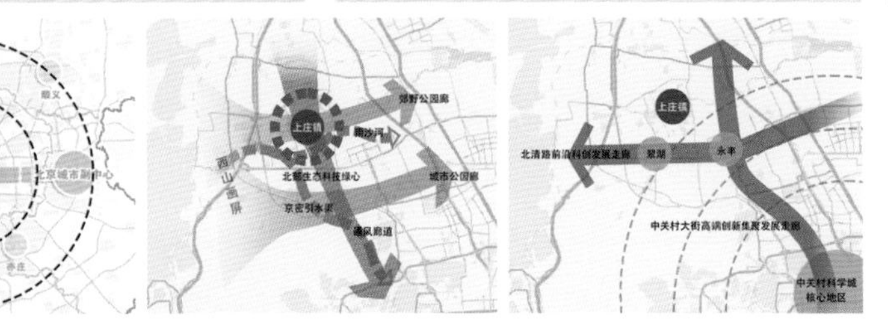

人口现状

主要特征： 流动人口与户籍人口比例明显倒挂；居住者多为一般务工人员；集体经济薄弱，宅基地出租是村民目前和未来意向的收入来源。

常住人口： 截至2019年底，常乐村共有户籍人口1522人，全村共688户。

年龄构成： 该地区年龄分布整体上与全市平均水平相当，常乐村35-44岁常住人口占比最高。

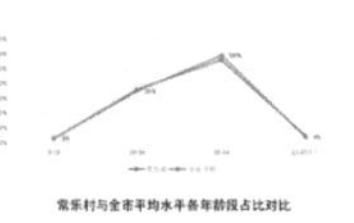

职住情况： 该村常住人口中有半数人工作在永丰产业园和村域内外的集体产业。

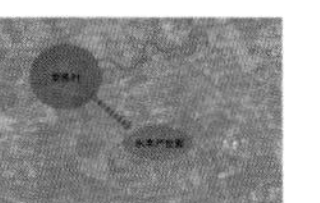

收入来源： 村民收入主要靠场地出租及上级财政补贴，涉及的用地主要包括非建设用地、集体产业用地和宅基地。除务工之外，宅基地房屋出租是村民认可的重要收入来源，半数宅基地被出租。

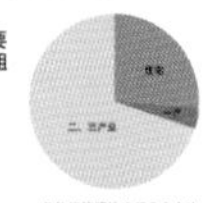

游客人群调研

以问卷调研的研究方法，面向居民及游客对上庄镇以农业文化遗产为重点的乡村游态度展开调查，共发放152份调研问卷，有效问卷152份。其中，共设置11道问题，调研结果及分析如下。

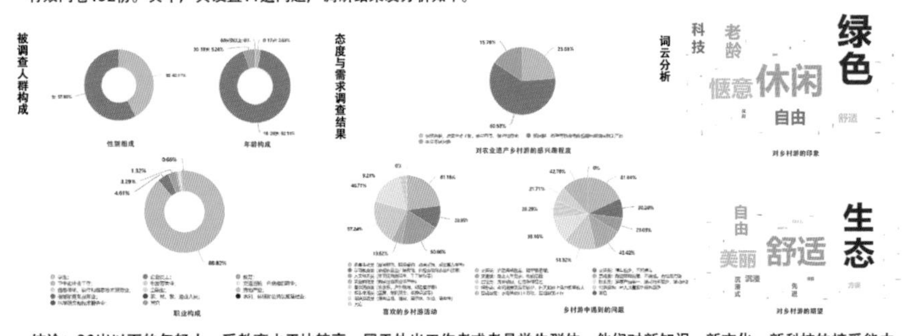

结论：30岁以下的年轻人，受教育水平比较高，属于外出工作者或者是学生群体，他们对新知识、新文化、新科技的接受能力普遍较高，对于农业文化遗产保护显示出浓厚的兴趣和较高的积极性，是乡村游的潜在发展人群。而中年人则更看重亲子游这类旅游项目，如果能将亲子游与乡村游结合，可以提升乡村游的吸引力，同时科教性的提高也可以吸引学校等组织研学活动，大大拓宽游客群。

另外，大家旅游更喜欢去近郊村，说明交通可达性对游客选择乡村游目的地具有一定的影响。人们对乡村游的印象非常好，在旅游的过程中更看重舒适性，而近几年大热的“沉浸式旅游”概念也备受关注。

以农业文化遗产为导向的乡村游潜力巨大

产业结构

依靠“瓦片经济”进行低端发展，以农业为主，没有形成二三产业主导产业。同时常乐村作为京西稻的主要种植区，建设了北京海淀首个京西稻智慧农场，在生产模式上有所创新，提效提产。

居民需求

村民对公共服务设施的满意度很低，对于目前村庄的对外交通状况普遍不满意，村民普遍反映市政设施老化严重，希望能够及时维护。

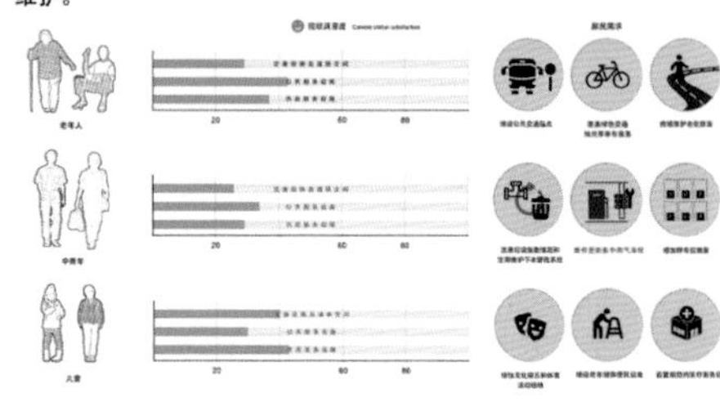

生态要素现状

“田、林、水”生态本底条件良好，具有较高的景观价值。

交通系统及道路空间现状

村内部分道路较为狭窄，主干道与滨河路处交接处有断点，停车规模无法满足使用需求。

公共服务设施现状

现状公共服务设施主要分布在村庄集中建设区内，缺少养老设施。

市政基础设施现状

具备基本的保障系统，但设施老化待整治，主要雨污水处理设施亟待更新。

土地利用现状

村域土地使用现状

常乐村村域总用地面积约188.62公顷。

其中，城乡建设用地包括村域范围内现状城乡建设用地约61.25公顷，占村域总面积的32.47%。其中，村民宅基地用地13.12公顷，村庄产业用地14.78公顷，其他建设用地约10.3公顷，国有用地16.74公顷。非建设用地包括村域范围内非建设用地约125.67公顷，占村域总面积的66.63%。主要包括水域及农林用地，其中水域总面积40.36公顷，耕地面积55.83公顷，林草地面积28.29公顷，其他非建筑用地1.19公顷。特交水用地包括村域范围内现状特交水用地总面积约为1.7公顷，其中公路用地约0.23公顷，水工建筑用地1.47公顷。

村域现状用地一览表

用地类别		用地编码	用地名称	现状用地面积(公顷)	规划用地占古区域总用地比例
村庄用地	村庄建设用地			**44.51**	**23.60%**
	其中	C1	村民住宅用地	13.12	6.96%
		C21	村庄公共服务设施用地	0.62	0.33%
		C22	村庄公共绿地	1.5	0.80%
		C23	村庄广场用地	0.6	0.32%
		C3	村庄产业用地	14.78	7.84%
		C41	村庄公用设施用地	0.21	0.11%
		C43	村庄道路用地	3.38	1.79%
		C9	村庄其他建设用地	10.3	5.46%
	村庄非建设用地			**125.67**	**66.63%**
	其中	E11	水域沟渠	40.36	21.40%
		E21	农业用地	55.83	29.60%
		E22	林业用地	28.29	15.00%
		E9	其他非建设用地	1.19	0.63%
小计				**170.18**	**90.22%**
村外用地	其他建设用地			**18.44**	**9.78%**
	其中		国有用地	16.74	8.87%
			特交水用地	1.7	0.90%
合计				**188.62**	**100.00%**

村域现状用地图（来源：常乐村村庄规划）

村庄土地使用现状

村庄范围内现状建设用地18.60公顷。其中，村民住宅用地13.12公顷，村庄公共绿地及广场用地2.1公顷，村庄道路用地3.38公顷。

村庄现状用地图（来源：常乐村村庄规划）

村庄现状用地一览表

用地代码	用地名称	用地面积（公顷）	占村庄总用地比例
村庄建设用地		**26.72**	**98.24%**
C1	村民住宅用地	13.12	48.24%
C21	村庄公共服务设施用地	0.62	2.28%
C22	村庄公共绿地	1.5	5.51%
C23	村庄广场用地	0.6	2.21%
C43	村庄道路用地	3.38	12.43%
C9	村庄其他建设用地	7.5	27.57%
村庄非建设用地		**0.48**	**1.76%**
E21	农业用地	0.48	1.76%
村庄规划范围		**27.2**	**100.00%**

稻乡水岸，织古融今——北京市海淀区上庄镇常乐村村庄有机更新

北京交通大学　建筑与艺术学院　城乡规划系　孙丹华

村域建筑现状

在村落建筑空间形态和风貌方面，村落格局整体呈不规则的梯形，宅基地集中的部分布局较为紧凑。建筑以一层为主，少量为二层。西侧和东侧别墅区为二层。西侧和东侧居住区为新建别墅区，建筑质量较好；村庄中的居民建筑以北方合院形式为主，部分建筑年久失修，建筑质量一般，新建的为风格偏离中式的建筑。一层建筑高度普遍在4~5米，二层建筑高度基本不超过8米。

建筑高度现状图　　建筑质量现状图

村庄生活场景

基本情况：总建筑规模约为10.32公顷，共包括468个院落，院落平均面积约为280.34平方米。
村庄风貌：宅基地院落以列排式为主，集中的部分布局较为紧凑。村庄路网呈鱼骨状。东西向道路和南北向道路均非正东或正北方向，均沿逆时针偏转30°左右。
使用情况：近半数宅基地出租，其中整租占地面积约7%。村民有自住和整体改造、加建二层的需求。

村庄宅基地现状

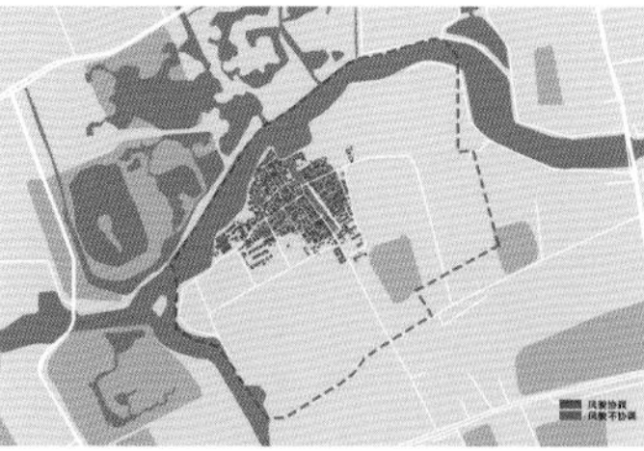

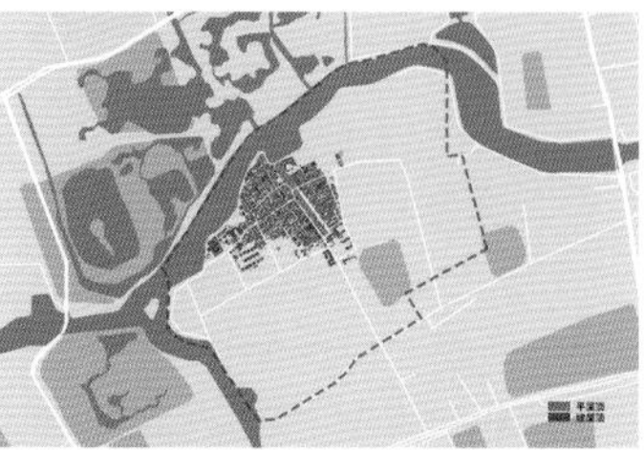

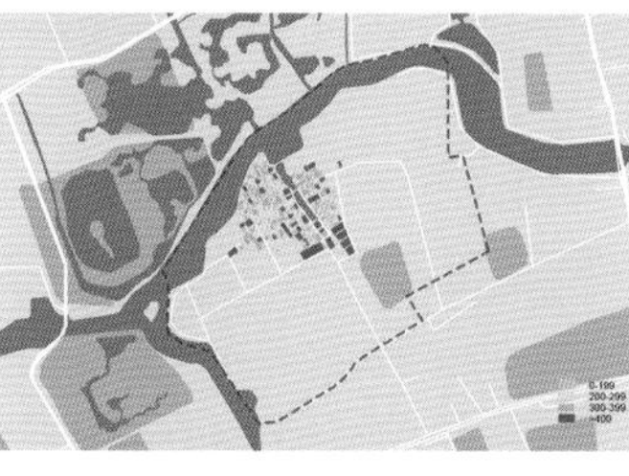

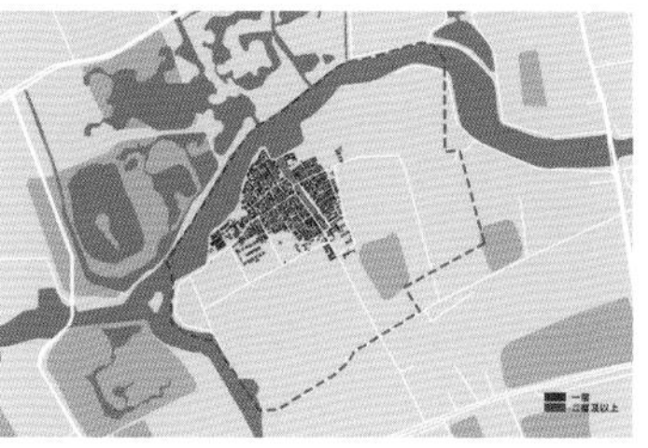

发展优劣势

01 政策支持

乡村振兴战略

党的十九大提出，实施乡村振兴战略，明确提出"要坚持农业农村优先发展，按照产业兴旺、生态宜居、乡风文明、治理有效、生活富裕的总要求，建立健全城乡融合发展体制机制和政策体系，加快推进农业农村现代化"。

02 本底发展基础良好

整体协调的自然景观和建筑风貌

京西稻种植、滨水绿道以及村庄集中建设区构建了整体协调的风貌基础。

基本健全的公共服务和市政设施

居民生活基本需求可以满足，生活相对便利。

生态旅游资源潜力巨大

京西稻文化旅游价值极高；上庄水库是距离北京城区最近的水库，仅30千米，驱车半小时就能到达，适宜垂钓，备受游客青睐。

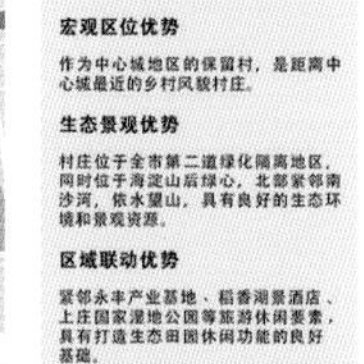

03 外部优势

宏观区位优势

作为中心城地区的保留村，是距离中心城最近的乡村风貌村庄。

生态景观优势

村庄位于全市第二道绿化隔离地区，同时位于海淀山后绿心，北部紧邻南沙河，依水望山，具有良好的生态环境和景观资源。

区域联动优势

紧邻永丰产业基地、稻香湖景酒店、上庄国家湿地公园等旅游休闲要素，具有打造生态田园休闲功能的良好基础。

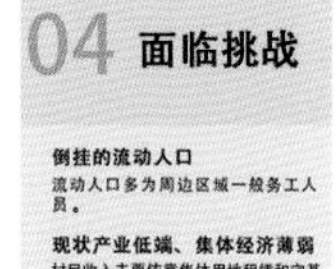

04 面临挑战

倒挂的流动人口

流动人口多为周边区域一般务工人员。

现状产业低端、集体经济薄弱

村民收入主要依靠集体用地租赁和宅基地租赁。

对外联通不便

缺少公交站点，停车设施不足。

村域规划

鸟瞰图

稻乡水岸，织古融今——北京市海淀区上庄镇常乐村村庄有机更新

北京交通大学　建筑与艺术学院　城乡规划系　孙丹华

通古达今的多彩旅游线路

通过对现状条件的分析，结合常乐村的村庄精神内核——“常乐”，将常乐村定位为生态文化旅游目的地，依托其良好的生态本底要素与旅游资源，以农业文化遗产为核心，在保障生态功能的前提下，以乡村游带动产业发展，激发村庄活力。

在村域范围内，以南沙河西路和村域慢行系统作为空间结构的核心骨架，前者依托南沙河，滨水岸线有良好的景观要素和空间活力，规划为滨河观光旅游带；后者依托场地核心的文化遗产京西稻种植文化和农田与林地景观，规划为稻乡林田观景带。设计还设置了七大主题节点，通过滨河观光旅游带和稻乡林田观景带串联常乐村特色旅游线路，不同节点以不同的古今要素作为主题，打造一条通古达今的文化旅游线路。

总平面图

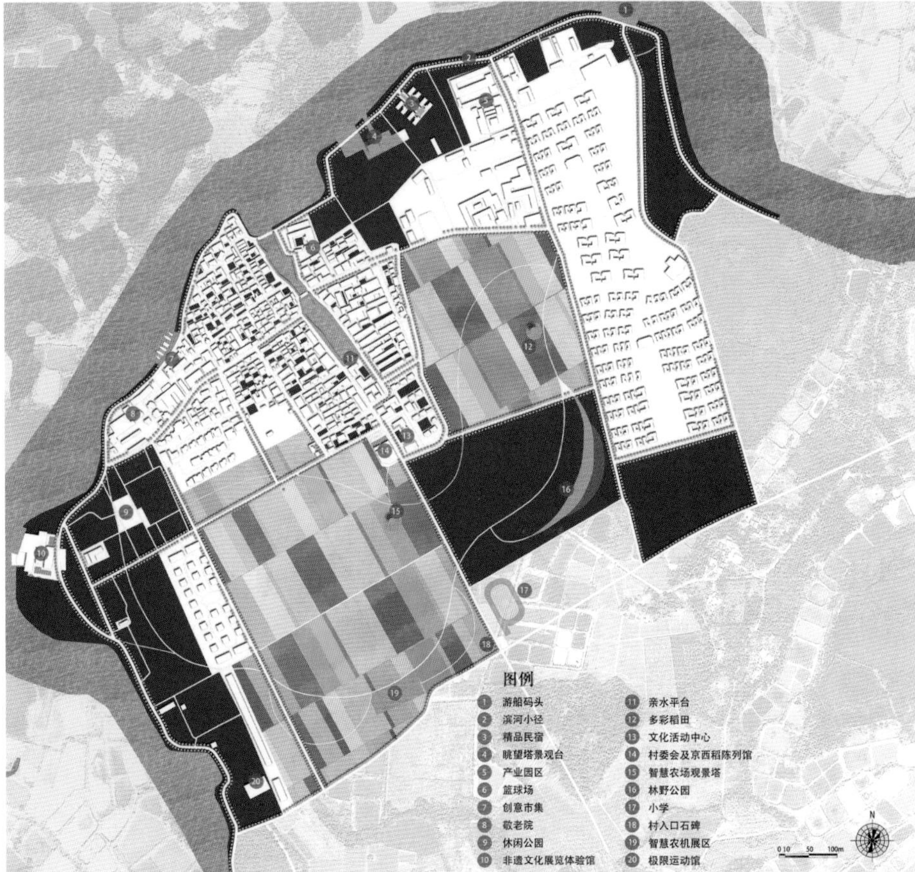

规划策略及发展愿景

区域游体系规划

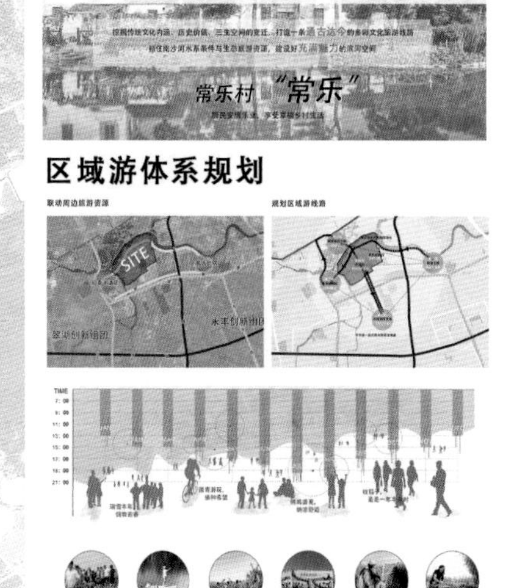

稻乡水岸，织古融今——北京市海淀区上庄镇常乐村村庄有机更新　北京交通大学　建筑与艺术学院　城乡规划系　孙丹华

稻乡水岸，织古融今——北京市海淀区上庄镇常乐村村庄有机更新

北京交通大学　建筑与艺术学院 城乡规划系 孙丹华

村庄空间微更新

居住空间微更新

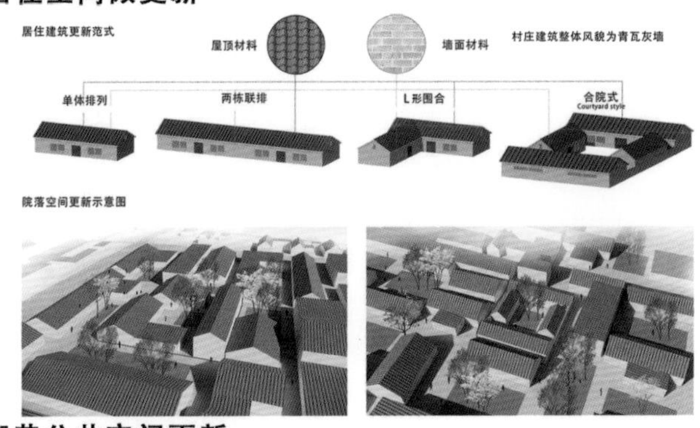

民居立面更新及生活场景展示

街巷公共空间更新

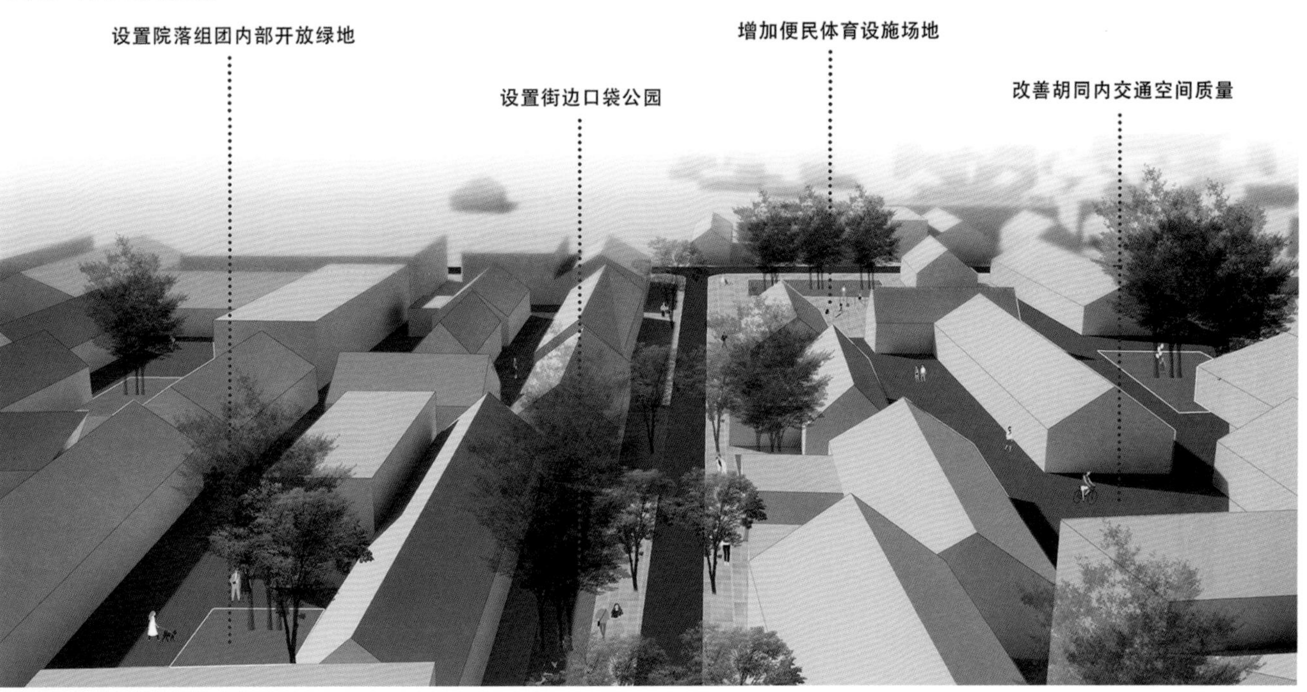

村庄滨水空间更新

稻乡水岸，织古融今——北京市海淀区上庄镇常乐村村庄有机更新　北京交通大学　建筑与艺术学院　城乡规划系　孙丹华

节点设计

节点一方案

总平面图

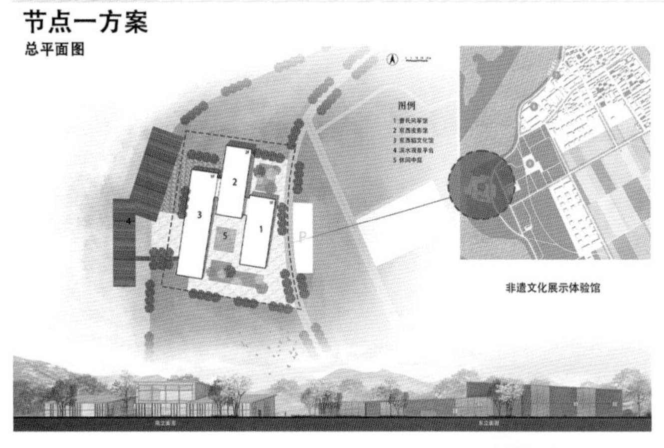

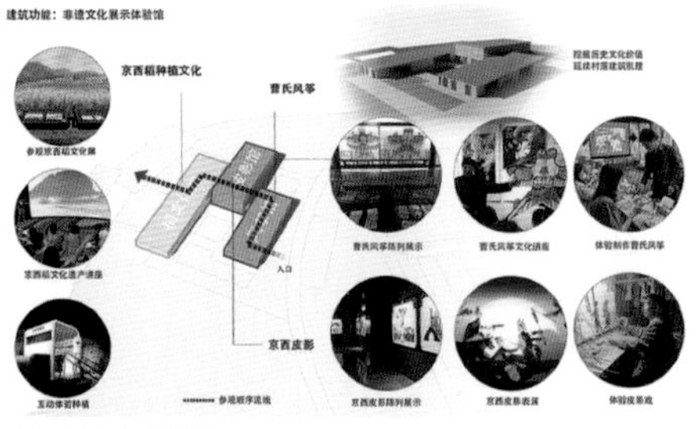

节点二方案

板块构思

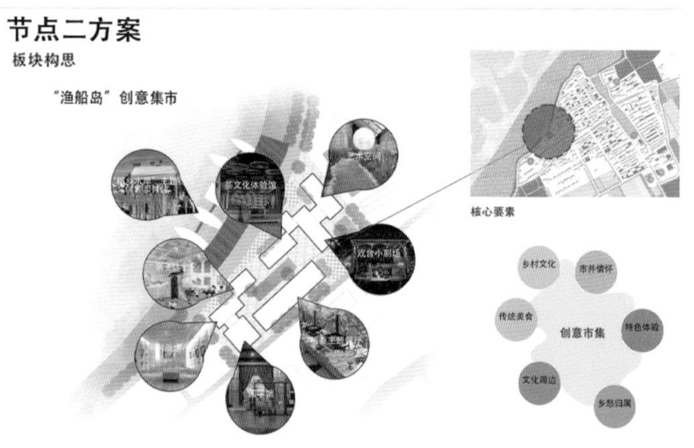

节点三方案

总平面图

首层平面图

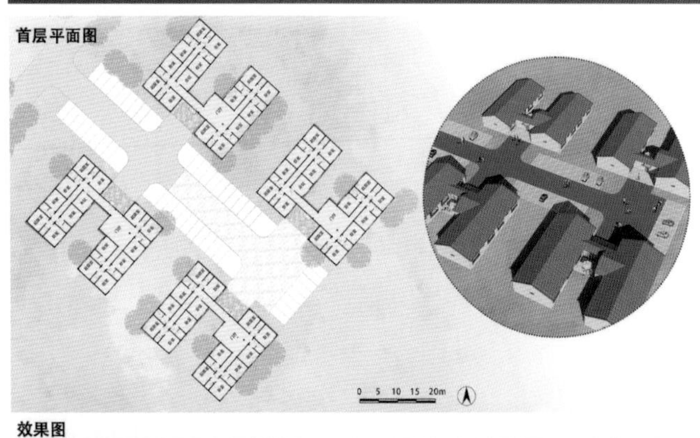

效果图

节点四方案

功能分区

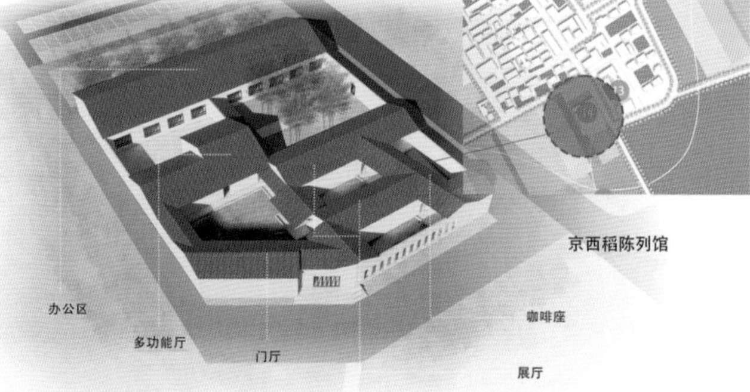

研游常乐 寻脉 香 ——海淀区上庄镇常乐村空间更新规划设计

设计说明

本次规划根据政策文件和上位规划的相关要求，对产业发展和文化建设方面进行重点调整，结合常乐村已有的京西稻文化特色、良好的自然景观优势和村庄风貌，将常乐村定位为“京西稻科研基地+乡村微度假旅游地”进行村庄有机更新，对部分房屋进行拆除、整治和新建。规划主要打造中心主轴和滨水景观轴两条轴线，形成公共空间、科技文化和农业休闲三个中心，整体梳理村庄交通，打造慢行系统并设立多种游览方式。立足农业，形成密切关联的完整的农旅产业链，采用“有机产品+工坊式生产+观光旅游体验”的运营模式，增进农旅产业、农户、游客的互动。

教师介绍

裴昱，北京交通大学建筑与艺术学院讲师。毕业于清华大学建筑学院，主要研究兴趣与成果聚焦城乡规划技术科学在城市空间品质营造、社区出行优化、历史文化保护等方面的应用，以多源时空大数据集成应用为工具，探究经典城市设计理论方法与健康城市、儿童友好型城市、城市历史景观等理念的结合路径。作品曾获第一届“航天天绘杯”高分应用解决方案大赛一等奖、上海城市设计挑战赛慢行交通设计奖等奖项，研究成果发表于《城市发展研究》《中国园林》《现代城市研究》等核心期刊。

学生介绍

苏逸航，北京交通大学建筑与艺术学院城乡规划专业2018级学生，曾获第十二届全国大学生房地产策划大赛区域二等奖；2022年，作品《内外兼和，文化奇旅》获奥雅设计之星国际大学生设计竞赛8强（最高奖项）。创新创业方面，在乡村振兴方向获第八届中国国际"互联网+"大学生创新创业大赛北京赛区产业赛道和“青年红色筑梦之旅”赛道三等奖；“挑战杯”大学生创业计划大赛校赛一等奖等。

毕业设计感言

本科期间最后一门课程到此结束了，我和小组其他两位同学从三个不同的角度分别对常乐村进行研究，从中收获到对于研究同一个乡村的不同方法，从不同的角度看乡村也会对它有新的认识和理解，设计过程中还应该注重处理村里外来人口和村民共存的问题。这几个月以来，非常感谢三位老师对我们耐心的指导和教诲，每次指导都对我有很大的启发。特别要感谢我的指导教师裴昱老师一直以来细心的指导和解答我的每个问题，并且鼓励我。感谢这五年来所有帮助过我的老师和同学们，未来我还会继续努力的！

研游常乐 寻脉 香 ——海淀区上庄镇常乐村空间更新规划设计 壹

鸟瞰图

背景分析

上位规划

《北京城市总体规划（2016年—2035年）》
该规划提出"**推进新型农村社区建设，打造美丽乡村**"，全面完善**农村基础设施和公共服务设**施，加强农村环境综合治理，改善居民生产生活条件，提升服务管理水平，建设新型农村社区。**以传统村落保护为重点，传承历史文化和地域文化**，优化乡村空间布局，凸显村庄秩序与山水格局、自然环境的融合协调。完善美丽乡村规划建设管理机制，城市服务与田园风光内外兼备，建设绿色低碳田园美、生态宜居村庄美、健康舒适生活美、和谐淳朴人文美的美丽乡村和幸福家园。

《海淀分区规划（国土空间规划）（2017年—2035年）》
该规划提出，应落实建设"**高水平新型城镇化发展路径的实践区**"的要求，探索**与中关村科学城统筹协同**的新型城镇化发展路径，推动农民身份转变与城市生活的融合、集体经济与国家创新产业的融合、村庄提升与城市创新空间的融合。按照"**整体保护、综合治理、系统修复**"的思想，对"山水林田湖草"生命共同体全要素进行**国土空间综合整治**。

《北京市村庄布局规划（2017年—2035年）》
常乐村为**整治完善型**村庄，应遵循整治完善型村庄引导要求，以低效集体产业用地整理为重点，鼓励**对宅基地进行原地微循环整理**。涉及村庄宅基地集并的，应以村民自愿为前提，注意严控建设强度，落实相关减量要求。村庄在实施局部整治之前，要着重解决好村庄发展的**近远期衔接**问题，做好危房维护整修、地质灾害防护、生态环境保护、公共服务设施提升、违法建设拆除控制等工作。并以城乡建设用地增减挂钩为原则，对实施局部迁建后的旧宅限期拆除复垦。

《海淀区上庄镇镇域规划设计（草案）》
全镇将优化镇村布局，建设"**镇中心区—新型农村社区**"**的新型镇村体系**。立足美丽乡村规划实施，常乐村建设**新型农村社区**。
常乐村应做好**生态科技文化协同，坚持区域协同**的规划理念，加强村庄间**生态治理、空间管控**等交流合作，促进村庄产业、服务功能耦合，形成错位、协同发展。**重点依托南沙河水岸优势、田园风光和文化资源基础，结合南沙河生态公园及翠湖湿地，发展科创服务、生态观光、康体休闲、文化创意、健康管理等业态。**

区位分析

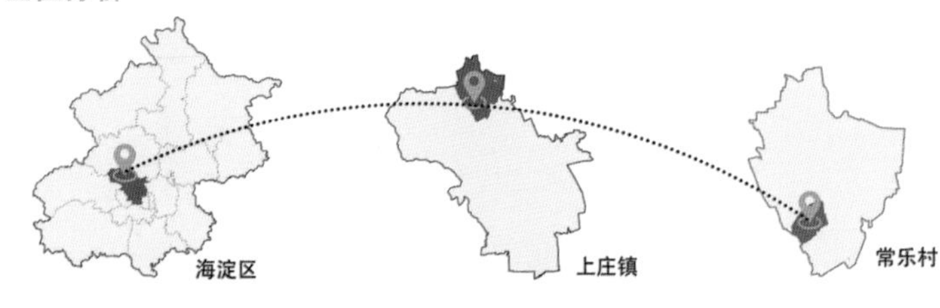

常乐村所在的上庄地区位于北京中心城西北部、海淀区北部、上庄镇南部。村庄距离中关村核心区15千米，距离北京市核心区30千米，是海淀区24个保留村中距核心区最近的保留村，村域范围约188.6公顷。
上庄镇地处五环与六环之间，通过上庄路、永丰路与中心城区连通，连通性较弱，附近有京藏高速、京新高速等多条高速通过。
上庄镇依托大西山、南沙河自然资源禀赋，在中关村创新形势指引下，探索科创小镇、创新聚落等新型城镇化建设模式。
上庄镇位于北京市第二道绿色隔离带1号限建区，是海淀区北部生态科技绿心和北部通风廊道重要组成部分。
上庄镇紧邻大尺度生态要素——翠湖湿地公园、南沙河上庄水库、稻香湖公园。
上庄镇包含多种生态要素，如耕地、林地、水域、沟渠等，在城市生态环境及景观建设中有着重要地位。

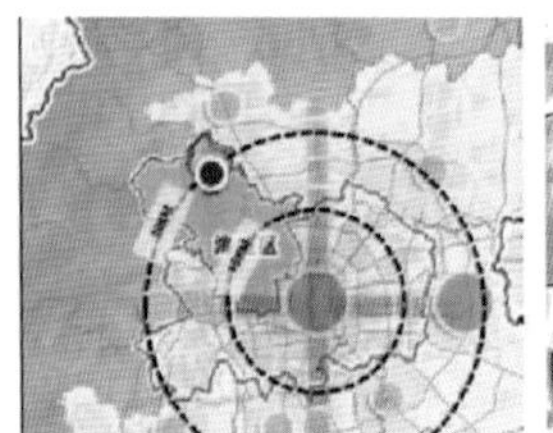
离中心距离

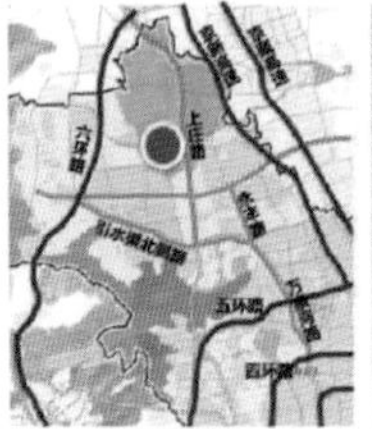

交通区位图

中心城区绿色空间结构示意图

北京中心城区通风廊道示意图

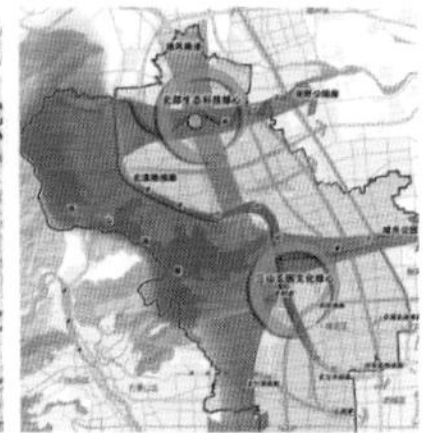
绿色空间结构示意图

周边生态要素区位示意图

图片来源：《北京城市总体规划（2016年—2035年）》《海淀分区规划（国土空间规划）（2017年—2035年）》

研游常乐 寻脉 香 ——海淀区上庄镇常乐村空间更新规划设计 贰

现状分析

京西稻的前世今生

	康熙南巡	乾隆	20世纪70年代	20世纪80年代	现在	规划
发展概况	在玉泉山试种，引进品种	大面积种植 600~1300公顷	受到重视，种植面积达到顶峰6000多公顷	水资源匮乏，种植面积缩减	种类更新，常乐村保有130多公顷，建立上庄镇京西稻智慧农场	定位为京西稻科研基地+乡村"微度假"旅游地
销售范围	宫廷御用		20世纪50年代开始销往全国各地			
耕种方式	"皇家农法"种植，人工耕作		机器耕作		现代科技农业方式	
文化含义	传统农耕文化和皇家宫廷文化		重要农业文化遗产，海淀特有文化符号			
运输方式	马车运输		公路运输 水路运输			马车观光体验 驾车出行（对外） 游船观景、摆渡（内部） 共享单车骑行游览（内部） 公共交通（对外）

京西稻智慧农场

人口与经济情况

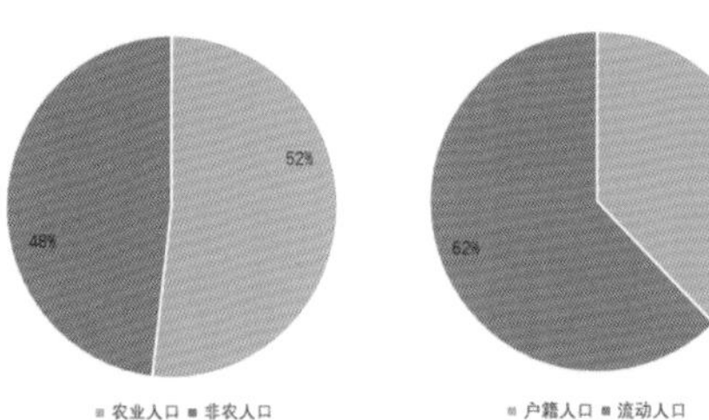

常乐村户籍人口

常乐村常住人口

4%
1%
9%
32%
27%
27%
0~18岁
19~24岁
25~34岁
35~44岁
45~64岁
65岁及以上

年龄结构情况

16.50%
42.30%
18.70%
22.50%
经营农家乐 种植京西稻 打工 国家政府补贴、子女供养等其他

周边村庄村民收入来源情况

截至2019年底，常乐村共有户籍人口1522人，其中农业人口789人，非农人口733人。全村共688户，其中农业户口349户，非农业户口339户。农村人口占比52%，流动人口2515人（62%）（上庄镇流管办2020年数据）。家庭人数多为4人或5人，村庄受人口老龄化趋势和城市化进程的影响比较大，村庄中的青壮年劳动力流失较大。

京西稻目前已由政府回收，交由村集体进行统一管理和统一种植，村民们受雇于村集体进行耕种。当下常乐村及周边东、西马坊村仍依靠种植京西稻生活。

村庄风貌

现状建筑风貌分析图

现状建筑高度分析图

现状建筑屋顶形式分析图

调研照片

■ 建筑风貌

- 村庄中的居民建筑以北方合院形式为主，大部分建筑风貌相对协调，风貌较差的建筑为年久失修的危房和新建的风格偏离中式的建筑。

■ 建筑高度

- 以一层为主，有少量二层。一层建筑高度普遍在4~5米，二层建筑高度基本不超过8米。

■ 屋顶形式

- 村庄内现状住宅正房以坡屋顶居多，配房和近年新建房屋多为平屋顶。坡屋顶以瓦式为主，平屋顶以混凝土和彩钢板为主，整体基本协调，不显突兀。

■ 整体风貌

- 宅基地集中布局，紧凑整齐。村庄内建筑多为红砖裸露在外的以红色为主色的建筑，另有部分以白色为建筑主色，少数建筑为灰色或米黄色。

研游常乐 寻脉稻香 ——海淀区上庄镇常乐村空间更新规划设计 叁

现状分析

交通现状分析

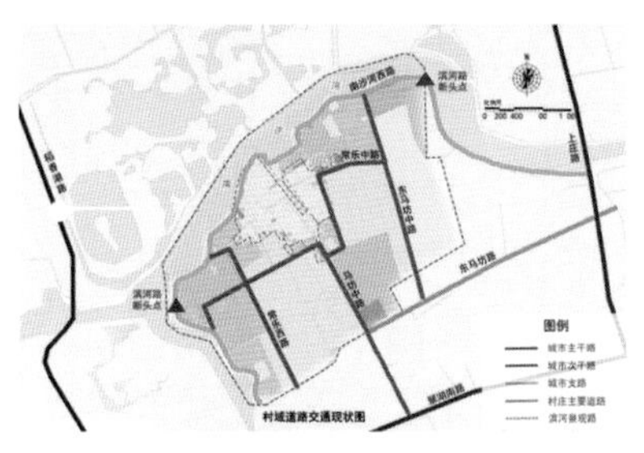

村域道路交通现状图

■ 对外交通
- 两处主要入口通向村庄集中建成区，一处位于村南侧马坊中路(宽8米)，另一处位于村东常乐中路。
- 现状外部道路主要是翠湖南路和东马坊路。东马坊路宽8米，易造成拥堵，路面条件较差。
- 道路沿线未设公交站点，最近的公交站点在村东约2千米的上庄路。

村庄道路交通现状图

■ 内部交通
- 现状村庄道路主干路到河边无法连通。
- 次干路及支路过窄，无法满足私家车及消防车辆行驶需求。
- 南沙河岸线2.2千米，滨河景观路不满足车辆行驶需求。

■ 现状停车设施
- 村内共设9处停车场，约150个车位，主要位于集中建设区内靠外围地区。
- 村民私家车多数停在路边，影响车辆通行。

土地利用现状分析

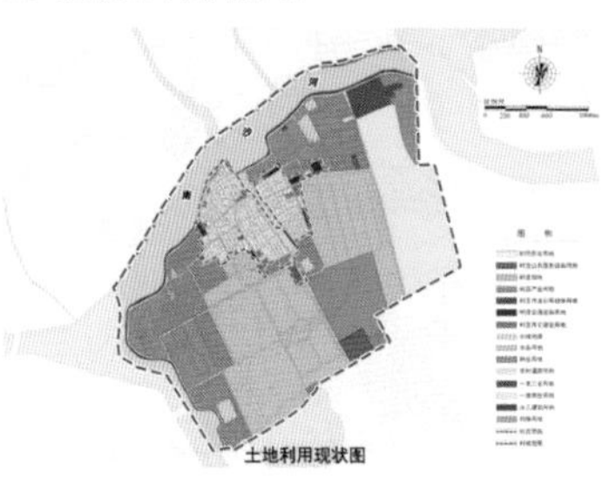
土地利用现状图

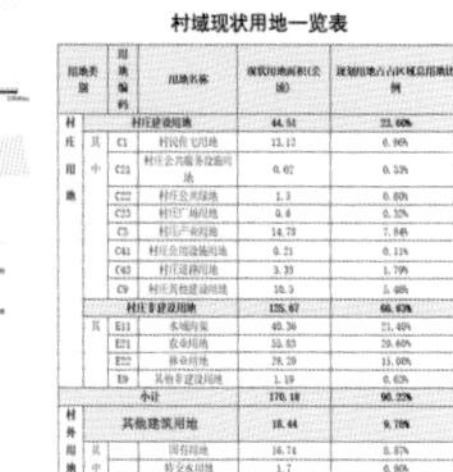

村域现状用地一览表

用地类别		用地编码	用地名称	现状用地面积(公顷)	[illegible]
村庄用地	村庄建设用地			44.51	23.60%
	其中	C1	村民住宅用地	13.12	6.96%
		C21	村庄公共服务设施用地	0.67	0.35%
		C22	村庄公共绿地	1.3	0.69%
		C23	村庄广场用地	0.6	0.32%
		C3	村庄产业用地	14.78	7.84%
		C41	村庄公用设施用地	0.21	0.11%
		C43	村庄道路用地	3.33	1.76%
		C9	村庄其他建设用地	10.3	5.46%
	村庄非建设用地			125.67	66.63%
	其中	E11	水域沟渠	40.36	21.40%
		E21	农业用地	55.83	29.60%
		E22	林业用地	28.29	15.00%
		E9	其他非建设用地	1.19	0.63%
小计				170.18	90.22%
村外用地	其他建筑用地			18.44	9.78%
	其中		国有用地	16.74	8.87%
			特交水用地	1.7	0.90%
合计				188.62	100.00%

村庄现状用地图

■ 村域土地使用现状
- 常乐村村域总用地面积约188.62 公顷，其中，**村域范围内现状城乡建设用地约61.25公顷，占村域总面积的32.47%。**其中，村民宅基地用地13.12公顷；**非建设用地约125.67公顷，占村域总面积的66.63%。**

■ 村庄土地使用现状
- **村庄范围内现状建设用地44.51公顷。其中，村民住宅用地13.12公顷。**

■ 现状建设用地规模
- 常乐村现状**总建筑规模约为25.49公顷**，其中村庄宅基地总建筑面积约为10.32公顷。（现状建筑规模以2019年国情地理普查数据为准）

周边生态要素分析

常乐村周边生态资源分析

田—林—山

水—村

公共服务设施分析

村庄公共服务设施现状分布图

■ 现状公共服务设施
- 文化站：与村委会合建。
- 体育：包括4处健身场地和1处篮球场。
- 养老：1处养老院（租用集体产业用地）。
- 商业服务：5处，其中4处利用村民宅基地经营。
- 教育：独立占地，即东马坊小学（集中建设区外）。
- 公厕：统一新建，共9处。

■ 现状公共服务设施问题
- 大部分设施非独立占地，设施合建及占用宅基地情况居多。
- 缺少医疗卫生设施。
- 部分公共服务设施位于村庄集中建设区外。

需求分析

村民需求

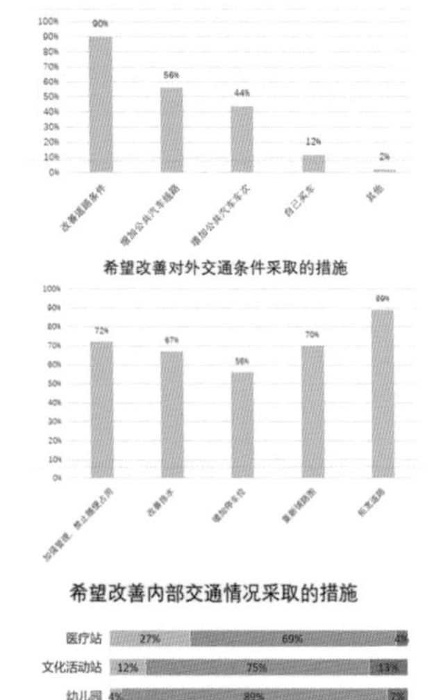
希望改善对外交通条件采取的措施

希望改善内部交通情况采取的措施

对公共服务设施的满意程度

游客需求

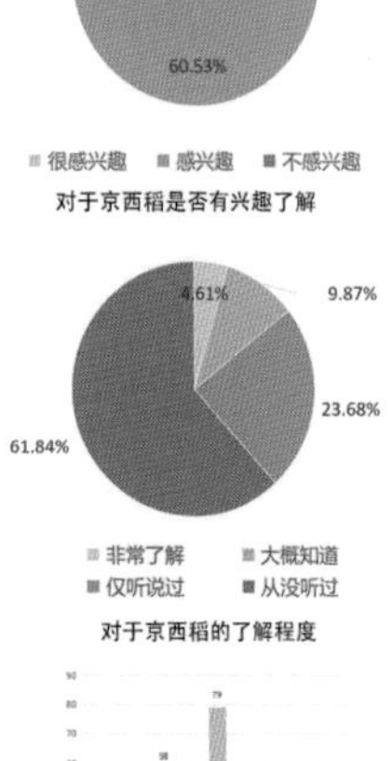

对于京西稻是否有兴趣了解

对于京西稻的了解程度

北京乡村旅游评价满意度

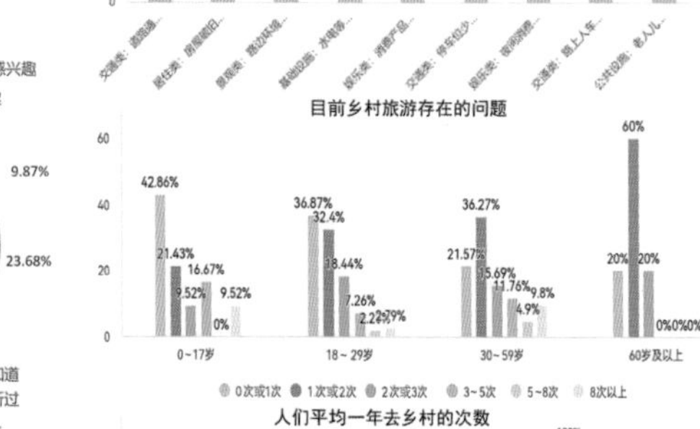
目前乡村旅游存在的问题

人们去城边村出游的意愿

最希望的体验活动

人们平均一年去乡村的次数

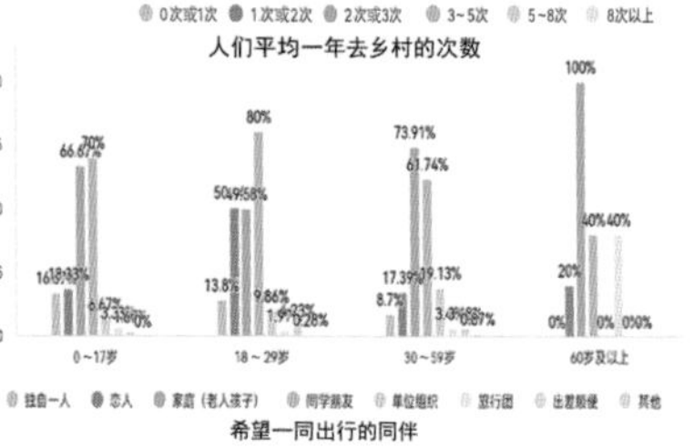
希望一同出行的同伴

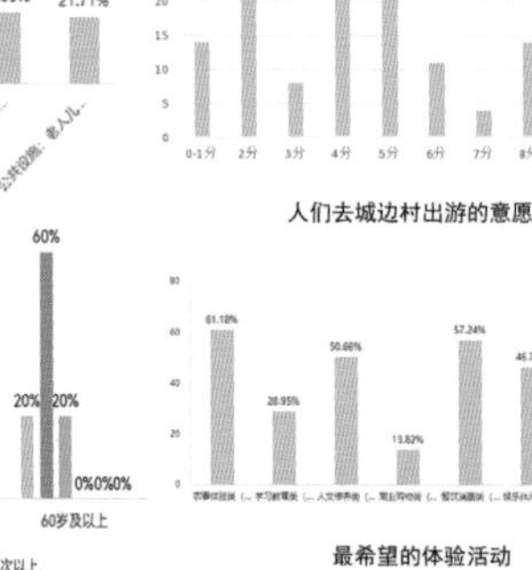

对北京乡村的未来期待

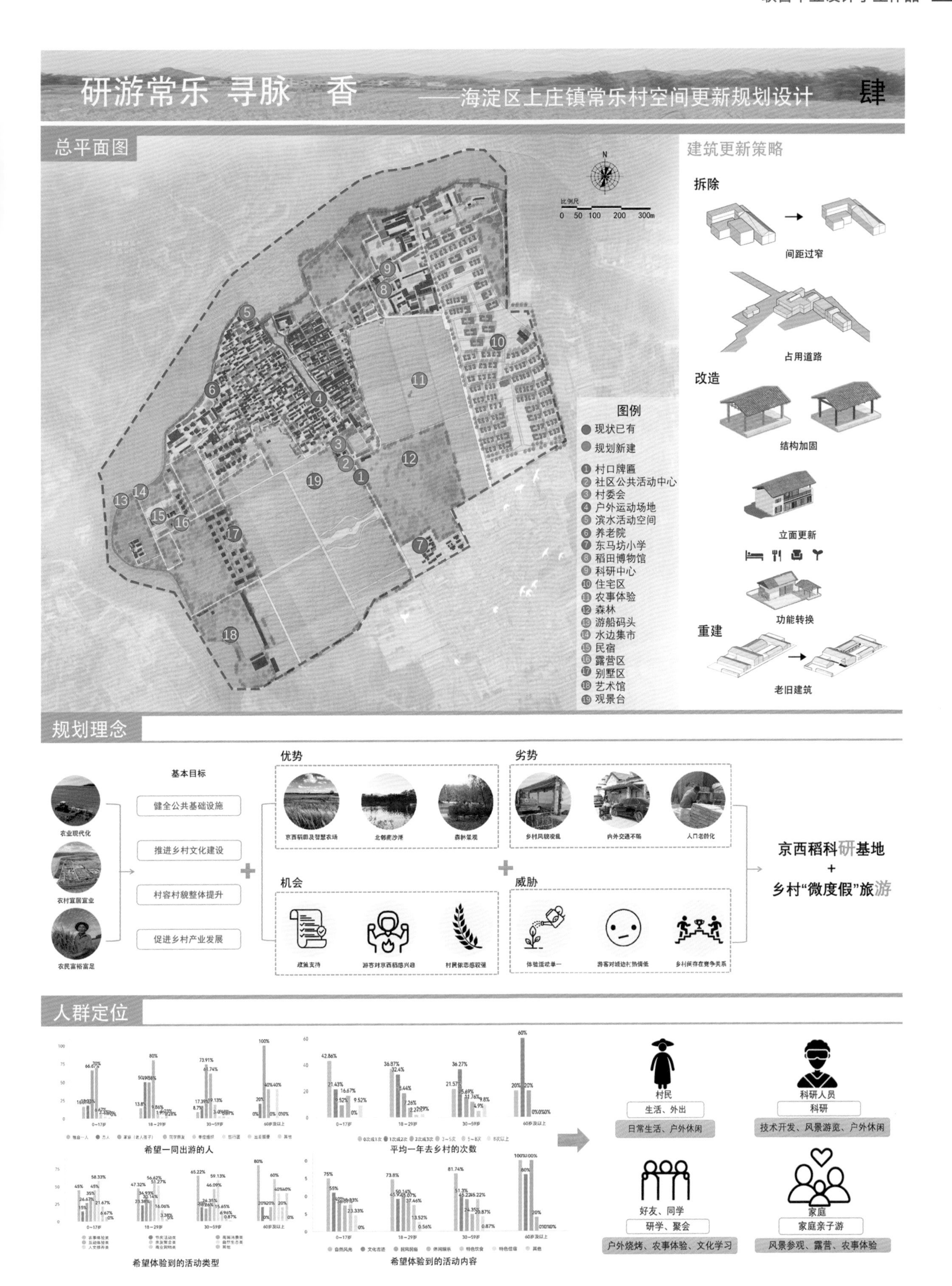

研游常乐 寻脉 香
——海淀区上庄镇常乐村空间更新规划设计
肆
总平面图
比例尺
0 50 100 200 300m
图例
现状已有
规划新建
1 村口牌匾
2 社区公共活动中心
3 村委会
4 户外运动场地
5 滨水活动空间
6 养老院
7 东马坊小学
8 稻田博物馆
9 科研中心
10 住宅区
11 农事体验
12 森林
13 游船码头
14 水边集市
15 民宿
16 露营区
17 别墅区
18 艺术馆
19 观景台
建筑更新策略
拆除
间距过窄
占用道路
改造
结构加固
立面更新
功能转换
重建
老旧建筑
规划理念
基本目标
农业现代化
农村宜居宜业
农民富裕富足
健全公共基础设施
推进乡村文化建设
村容村貌整体提升
促进乡村产业发展
优势
京西稻田及智慧农场
北部湿沙滩
森林景观
劣势
乡村风貌凌乱
内外交通不畅
人口老龄化
机会
政策支持
游客对京西稻感兴趣
村民依恋感较强
威胁
体验活动单一
游客对城边村热情低
乡村间存在竞争关系
京西稻科研基地
+
乡村“微度假”旅游
人群定位
希望一同出游的人
平均一年去乡村的次数
希望体验到的活动类型
希望体验到的活动内容
村民
生活、外出
日常生活、户外休闲
科研人员
科研
技术开发、风景游览、户外休闲
好友、同学
研学、聚会
户外烧烤、农事体验、文化学习
家庭
家庭亲子游
风景参观、露营、农事体验

研游常乐 寻脉稻香 ——海淀区上庄镇常乐村空间更新规划设计 伍

规划设计

结构规划图

功能分区规划图

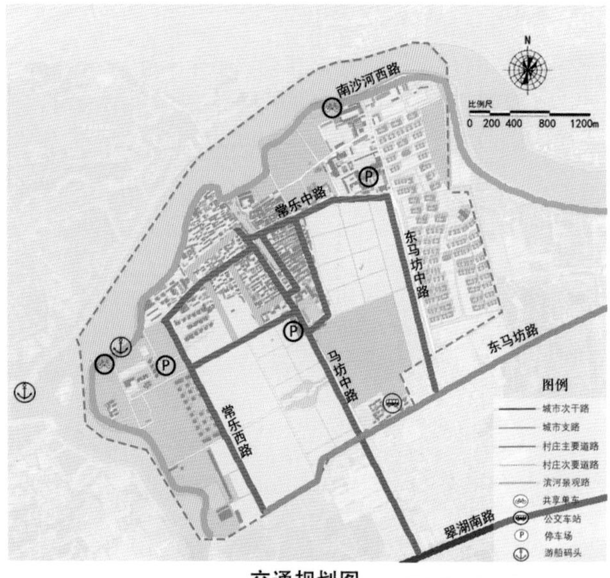

交通规划图

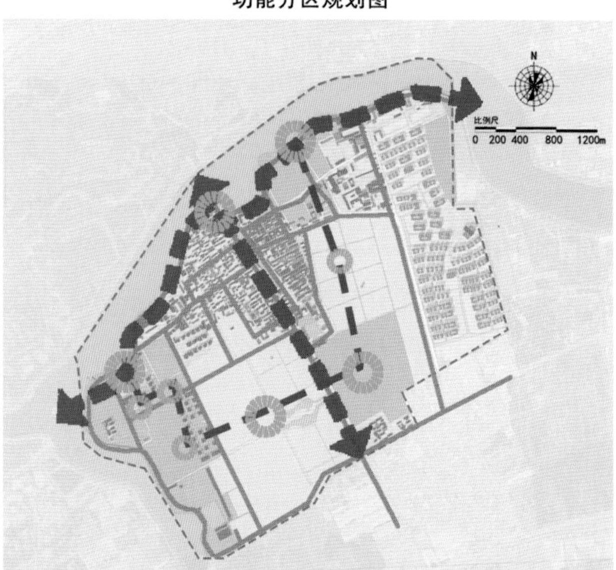

慢行系统规划图

中心街道改造图示

中心街道改造立面图

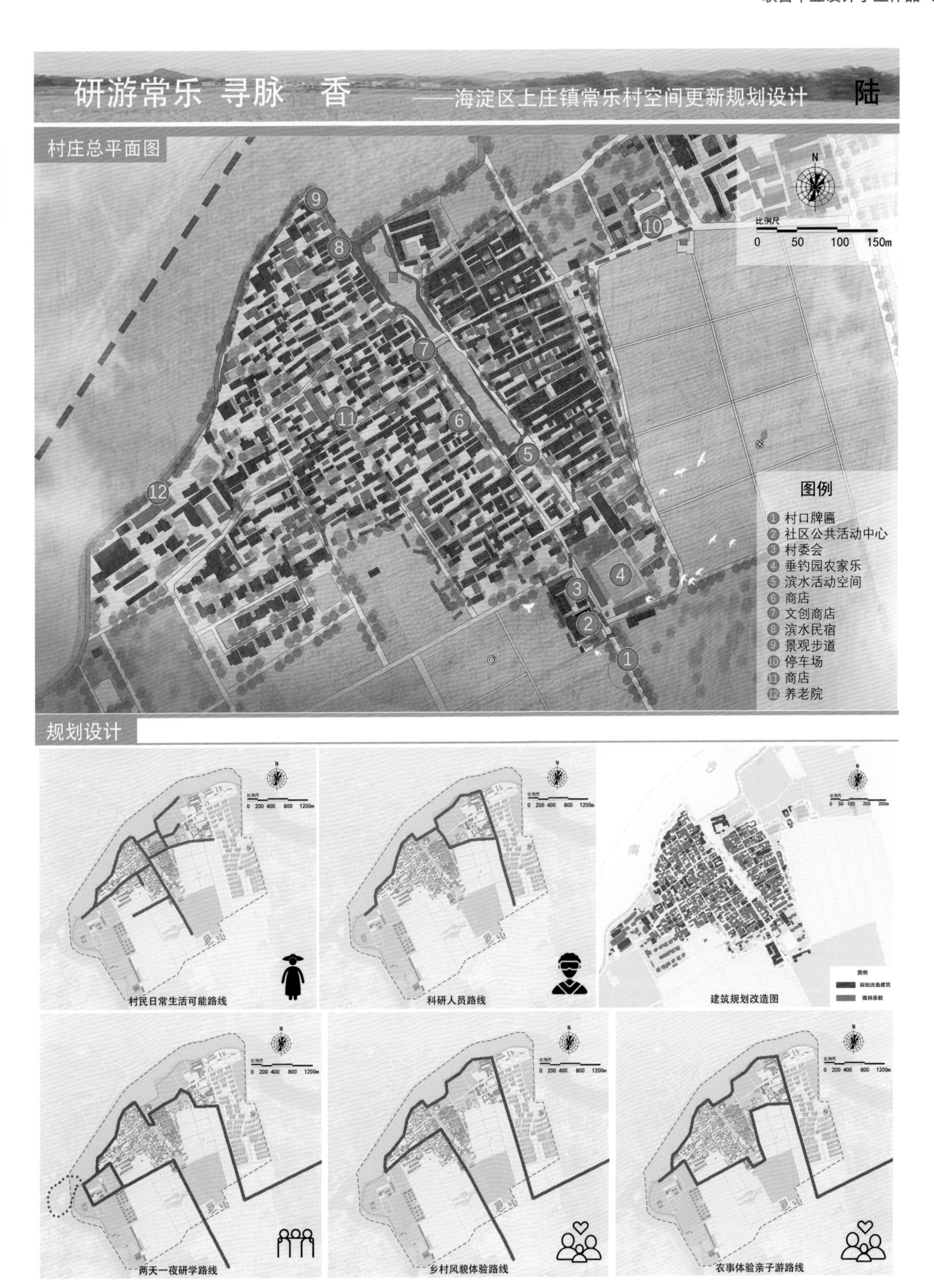
研游常乐 寻脉 香
——海淀区上庄镇常乐村空间更新规划设计
陆
村庄总平面图
比例尺
0 50 100 150m
图例
1 村口牌匾
2 社区公共活动中心
3 村委会
4 垂钓园农家乐
5 滨水活动空间
6 商店
7 文创商店
8 滨水民宿
9 景观步道
10 停车场
11 商店
12 养老院
规划设计
村民日常生活可能路线
科研人员路线
建筑规划改造图
两天一夜研学路线
乡村风貌体验路线
农事体验亲子游路线

研游常乐 寻脉 香 ——海淀区上庄镇常乐村空间更新规划设计 柒

节点设计

节点一 社区公共活动中心+村委会

社区公共活动中心+村委会

社区公共活动中心为村民提供公共场所进行集会聚集，兼有礼堂和图书馆等功能。
村委会还兼有活动室、村史馆功能。

节点二 民宿休闲区

民宿休闲区

将原有建筑的功能进行转换，并提供不同种类的住宿选择，如露营、合院式及独栋别墅。

研游常乐 寻脉稻香 ——海淀区上庄镇常乐村空间更新规划设计 捌

节点设计

节点三 稻田博物馆+科研中心

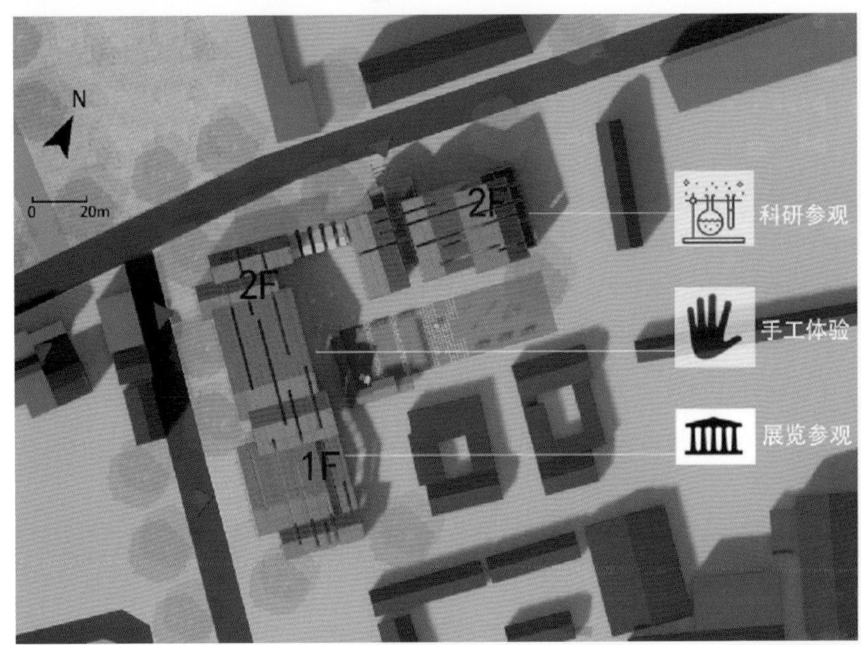

意象图来源于网络

节点位置示意

节点三立面图

产业模式

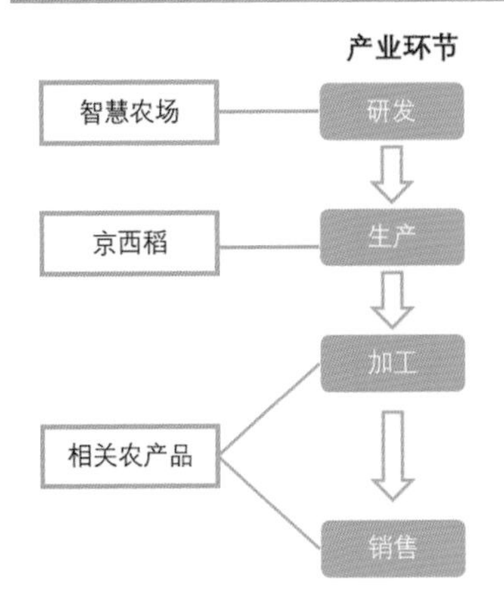

旅游开发	旅游产品	使用人群
观光游览	滨水景观、科研中心	
科普教育	稻田博物馆、加工坊	
文化研学 农事体验	播种、锄草、收获、自然写生、手工制作	
餐饮、购物	餐厅、农家乐、烧烤	
度假旅游	民宿、轰趴、露营	

模型照片

北京工业大学

渔樵耕读，康养桃源

——北京市平谷区镇罗营镇大庙峪村村庄规划设计

设计说明

本次设计为平谷区镇罗营镇大庙峪村村庄规划设计，通过对上位规划、村庄现状的分析，初步探讨村庄主导产业发展方向，进而确定村庄在区域中的定位，从而进行村庄规划设计。此外，对村庄的外部空间和产业发展进行专题研究，最终形成村庄的整体规划方案。

指导教师

高璟

非常荣幸2023年的春夏之际能够参与第三届“京内高校美丽乡村有机更新”联合毕业设计。在整个过程中，学生认真、踏实地完成了多次场地调研，深入思考了场地及人群面临的困难和问题，最终提出“渔樵耕读，康养桃源”这一主题，作为平谷区大庙峪村有机更新规划的定位，符合北京市提出的“大城市带动大京郊、大京郊服务大城市”理念。我想，无论是乡村振兴还是人才培养，当你埋下一颗种子，又怎么知道它不会长成参天大树？只要辛勤耕耘，总有收获。

小组成员

苗宗仁

非常感谢高璟老师对我的悉心指导，整个毕业设计一路走来，我遇到了各种各样的问题，非常感谢周边朋友、同学、老师对我的帮助，让我认识到此次毕业设计不只是一个简单的设计，更是对自我逻辑、能力、品格的一次锻炼，为我以后的人生画上了浓墨重彩的一笔。

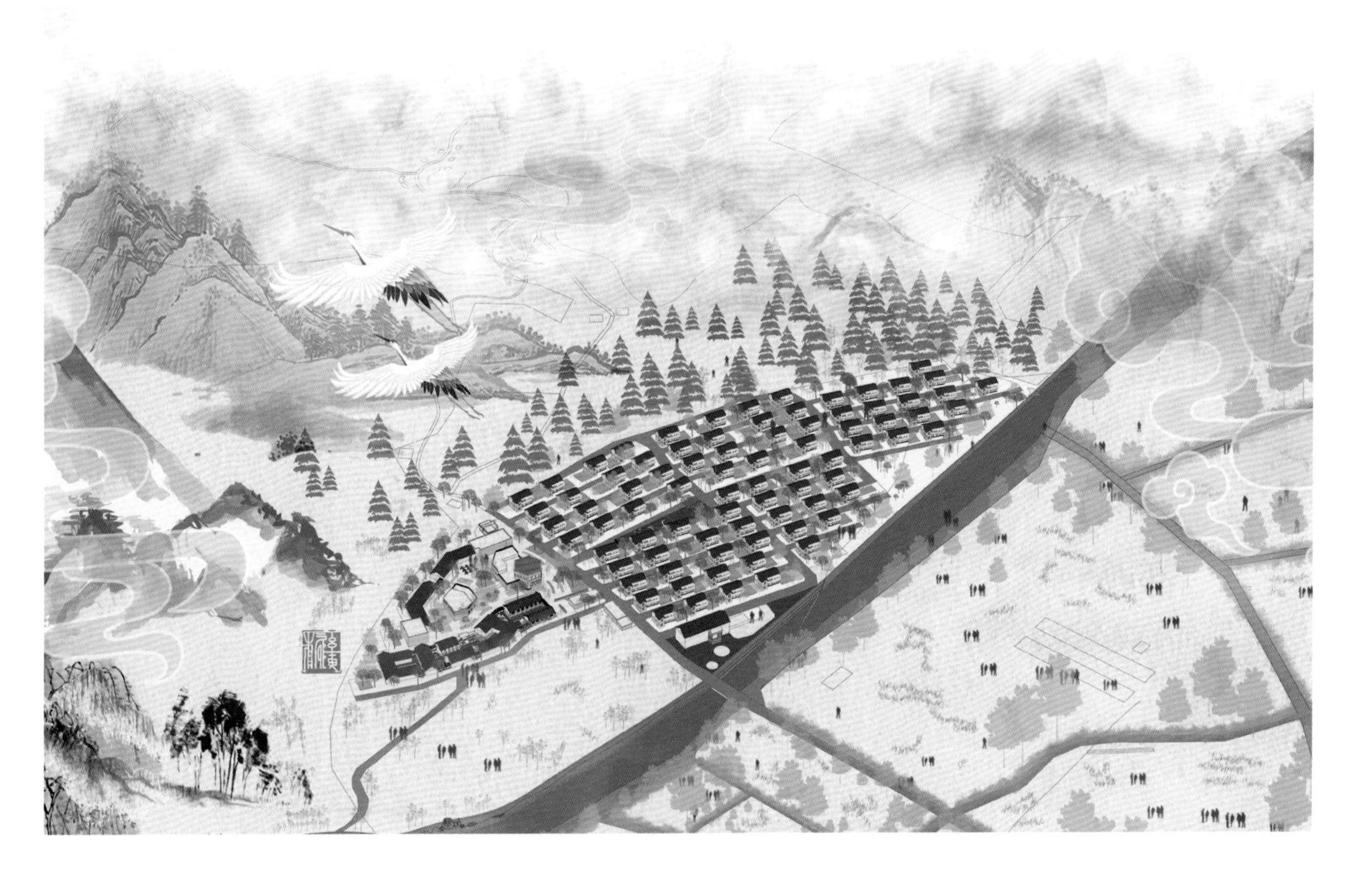

渔樵耕读，康养桃源
——北京市平谷区镇罗营镇大庙峪村村庄规划设计
壹
1 项目背景
2 前期分析
国家层面
国家在新时代提出加快建设农业强国，建设宜居宜业和美乡村。
镇域层面
大庙峪村位于北京市平谷区镇罗营镇，属于镇罗营镇村庄体系中的民俗休闲单元、田园休闲片区，一定程度上可围绕平谷两河休闲经济区发展，突出沿镇罗营石河（泃河上游）地区生态、产业、交通、旅游、服务配套等协同发展。
场地区位
大庙峪村位于北京市平谷区镇罗营镇西北部西峪水库的上游，距西峪水库2千米，距镇罗营镇政府驻地3千米，距平谷城区30千米。
历史沿革
大庙峪村以传说村中北山谷里有一座观音庙而得名大庙峪，2011年建立新村，2012年被评为北京市民俗旅游专业村，2014年获北京市最美乡村称号。
对外交通
大庙峪村前往北京各区主要经由密三路、平程路以及崔杏路，前往北京首都核心区需先经密三路再通过京平高速，总计耗时约1小时30分钟，前往平谷城区经由平程路，总计耗时约44分钟。
大庙峪村前往平谷城区以及北京市城区乘坐公交共有两种路线，其中通勤关上直通东直门公交站，整体速度较快，但一天仅有两班；另一条线路虽耗时多，但途中停靠站较少，且一天中班次至少有10班。
大庙峪村
平谷城区
交通线路图
经济产业现状
村内经济
第一产业
第三产业
大桃
其他果类
民宿
餐饮
村外经济
建筑
绿化
出租
村庄现有产业有第一产业与第三产业，第一产业以果品种植为主，主要包括大桃、荔枝、核桃等果类，具体经营方式为各家私营为主。第三产业以民宿为主，配有餐饮业为辅。
人群及心理分析
村民户口统计
村民年龄结构统计
至2022年末，大庙峪村全村共有87户，户籍人口218人，属于中等规模村庄。
未成年人
中青年
老年人
残疾人
学习压力
父母压力
其他压力
职业压力
生活压力
听觉障碍
行动障碍
心理压力
易怒
不安
心理问题
健康问题
逃避
不快
家庭问题
交往受阻
抑郁
退责
学习落后
效率低下
自然生态条件
山
水
林
田
村庄背山面水，村域范围内有大量的林地和田地。
现状用地
图例
村域范围内村庄建设用地面积5.92公顷，主要集中在村域南侧镇罗营石河北侧。村域范围内村庄非建设用地面积192.26公顷，其他非建设用地（村庄建设用地与村域边界之间未利用的边角地）0.07公顷。
现状道路
图例
主要道路
次要道路
街巷路
山路
村域内道路均为水泥路，分为主要道路、次要道路、街乡路以及山路四个级别。村庄道路宽敞、干净、整洁；山路部分路段硬化为水泥路，形成登山步道。庄内存在少量停车位，整体停车杂乱无序。
市政公共服务设施
村庄内部现有村委会、中心广场、新时代文明实践站以及游乐场四类公共服务设施。通过对比发现，村庄内小卖部的面积不能满足中型村庄的需求。
村庄市政设施完善，能基本满足居民生活需求。
村庄现状公共服务设施图
村庄现状供水工程图
村庄现状污水工程图
村庄现状雨水工程图

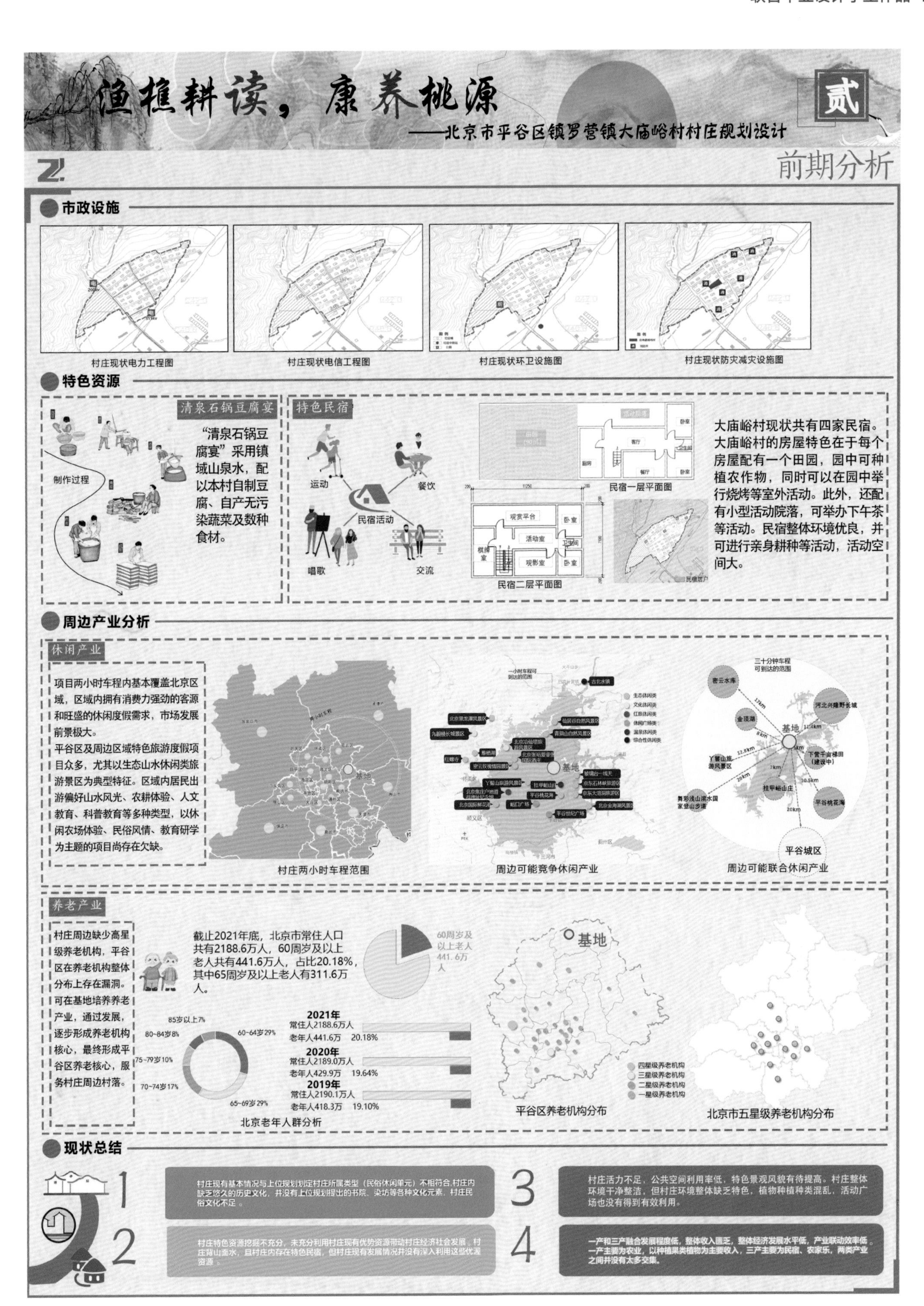

渔樵耕读，康养桃源
——北京市平谷区镇罗营镇大庙峪村村庄规划设计
贰
前期分析
市政设施
村庄现状电力工程图
村庄现状电信工程图
村庄现状环卫设施图
村庄现状防灾减灾设施图
特色资源
清泉石锅豆腐宴
"清泉石锅豆腐宴"采用镇域山泉水，配以本村自制豆腐、自产无污染蔬菜及数种食材。
制作过程
特色民宿
运动
餐饮
民宿活动
唱歌
交流
民宿一层平面图
民宿二层平面图
观赏平台
活动室
观影室
棋牌室
卧室
卫生间
客厅
餐厅
厨房
大庙峪村现状共有四家民宿。大庙峪村的房屋特色在于每个房屋配有一个田园，园中可种植农作物，同时可以在园中举行烧烤等室外活动。此外，还配有小型活动院落，可举办下午茶等活动。民宿整体环境优良，并可进行亲身耕种等活动，活动空间大。
周边产业分析
休闲产业
项目两小时车程内基本覆盖北京区域，区域内拥有消费力强劲的客源和旺盛的休闲度假需求，市场发展前景极大。
平谷区及周边区域特色旅游度假项目众多，尤其以生态山水休闲类旅游景区为典型特征。区域内居民出游偏好山水风光、农耕体验、人文教育、科普教育等多种类型，以休闲农场体验、民俗风情、教育研学为主题的项目尚存在欠缺。
基地
村庄两小时车程范围
周边可能竞争休闲产业
三十分钟车程可到达的范围
密云水库
河北兴隆野长城
金顶湖
丫髻山旅游风景区
下营千亩梯田（建设中）
挂甲峪山庄
舞彩浅山滨水国家登山步道
平谷桃花海
平谷城区
周边可能联合休闲产业
养老产业
村庄周边缺少高星级养老机构，平谷区在养老机构整体分布上存在漏洞。可在基地培养养老产业，通过发展，逐步形成养老机构核心，最终形成平谷区养老核心，服务村庄周边村落。
截止2021年底，北京市常住人口共有2188.6万人，60周岁及以上老人共有441.6万人，占比20.18%，其中65周岁及以上老人有311.6万人。
60周岁及以上老人441.6万人
85岁以上7%
80~84岁8%
75~79岁10%
70~74岁17%
65~69岁29%
60~64岁29%
2021年
常住人2188.6万人
老年人441.6万 20.18%
2020年
常住人2189.0万人
老年人429.9万 19.64%
2019年
常住人2190.1万人
老年人418.3万 19.10%
北京老年人群分析
四星级养老机构
三星级养老机构
二星级养老机构
一星级养老机构
平谷区养老机构分布
北京市五星级养老机构分布
现状总结
1 村庄现有基本情况与上位规划划定村庄所属类型（民俗休闲单元）不相符合，村庄内缺乏悠久的历史文化，并没有上位规划提出的书院、染坊等各种文化元素，村庄民俗文化不足。
2 村庄特色资源挖掘不充分，未充分利用村庄现有优势资源带动村庄经济社会发展。村庄背山面水，且村庄内存在特色民宿，但村庄现有发展情况并没有深入利用这些优渥资源。
3 村庄活力不足，公共空间利用率低，特色景观风貌有待提高。村庄整体环境干净整洁，但村庄环境整体缺乏特色，植物种植种类混乱，活动广场也没有得到有效利用。
4 一产和三产融合发展程度低，整体收入匮乏，整体经济发展水平低，产业联动效率低。一产主要为农业，以种植果类植物为主要收入，三产主要为民宿、农家乐，两类产业之间并没有太多交集。

3 规划定位

本次规划致力于将大庙峪村打造为康养旅游村。依托大庙峪村现有生态本底，深入挖掘清泉石锅豆腐宴、特色民宿等村庄现有特色资源，全面分析村庄居民需求和村庄周围资源竞合可能性，形成“需求定主题，主题定功能，功能定项目，项目推实施”的产业规划模式，以此带动地区产业之间的良性循环，充分发挥村庄现有的生态资源，实现村庄持续、稳定、高效发展。

4 规划图纸

村域相关规划

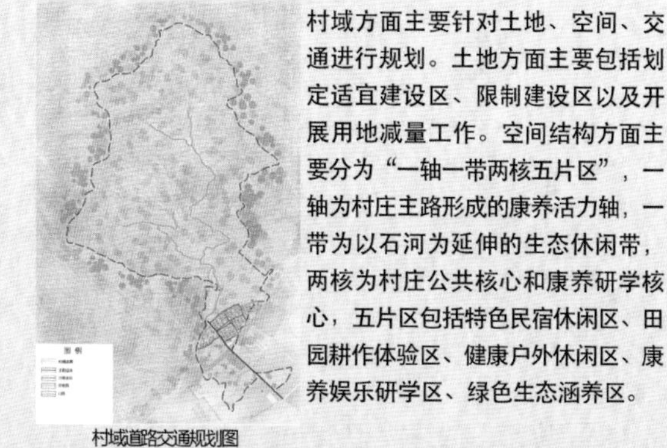
村域空间管控图　村域土地利用规划图　村域空间结构规划图　村域道路交通规划图

村域方面主要针对土地、空间、交通进行规划。土地方面主要包括划定适宜建设区、限制建设区以及开展用地减量工作。空间结构方面主要分为“一轴一带两核五片区”，一轴为村庄主路形成的康养活力轴，一带为以石河为延伸的生态休闲带，两核为村庄公共核心和康养研学核心，五片区包括特色民宿休闲区、田园耕作体验区、健康户外休闲区、康养娱乐研学区、绿色生态涵养区。

村庄相关规划

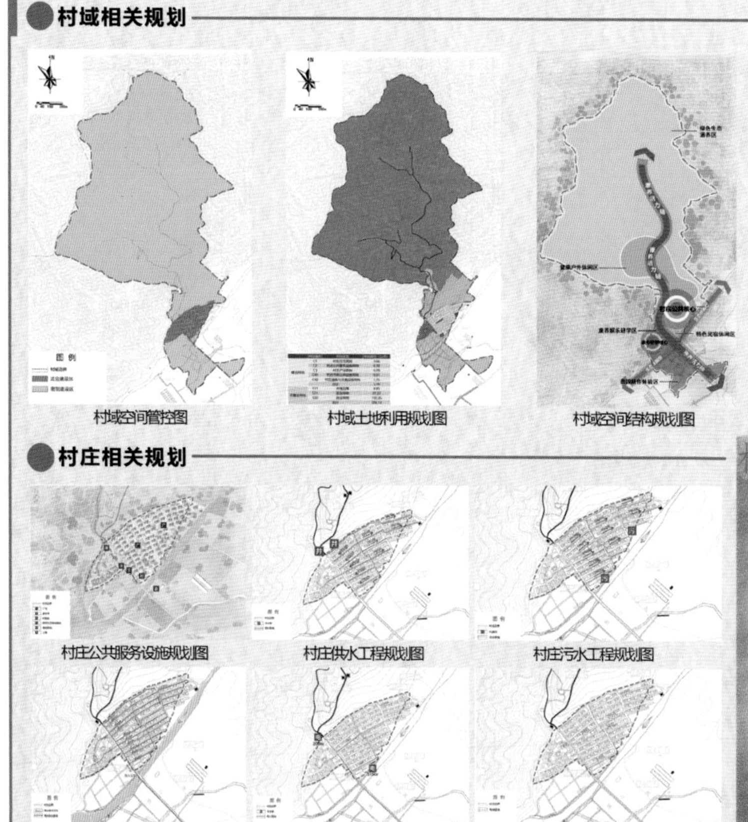
村庄公共服务设施规划图　村庄供水工程规划图　村庄污水工程规划图
村庄雨水工程规划图　村庄电力工程规划图　村庄电信工程规划图
村庄环卫设施规划图　村庄防灾减灾规划图　村庄景观结构规划图

村庄方面主要针对公共服务、市政、景观进行规划。公共服务方面主要将公厕原有位置改造成便民超市，公厕在进山口南侧新建。市政方面主要针对村庄西侧新建区域进行市政工程建设，其余地区并未进行建设规划。景观方面以北部山体和南部河道作为主要景观渗透来源，通过将村庄主要道路作为主要景观轴线，将山体和河道连接，同时以村庄两个公共活动广场作为景观核心，以村庄次街作为景观次轴将两个核心串联起来。

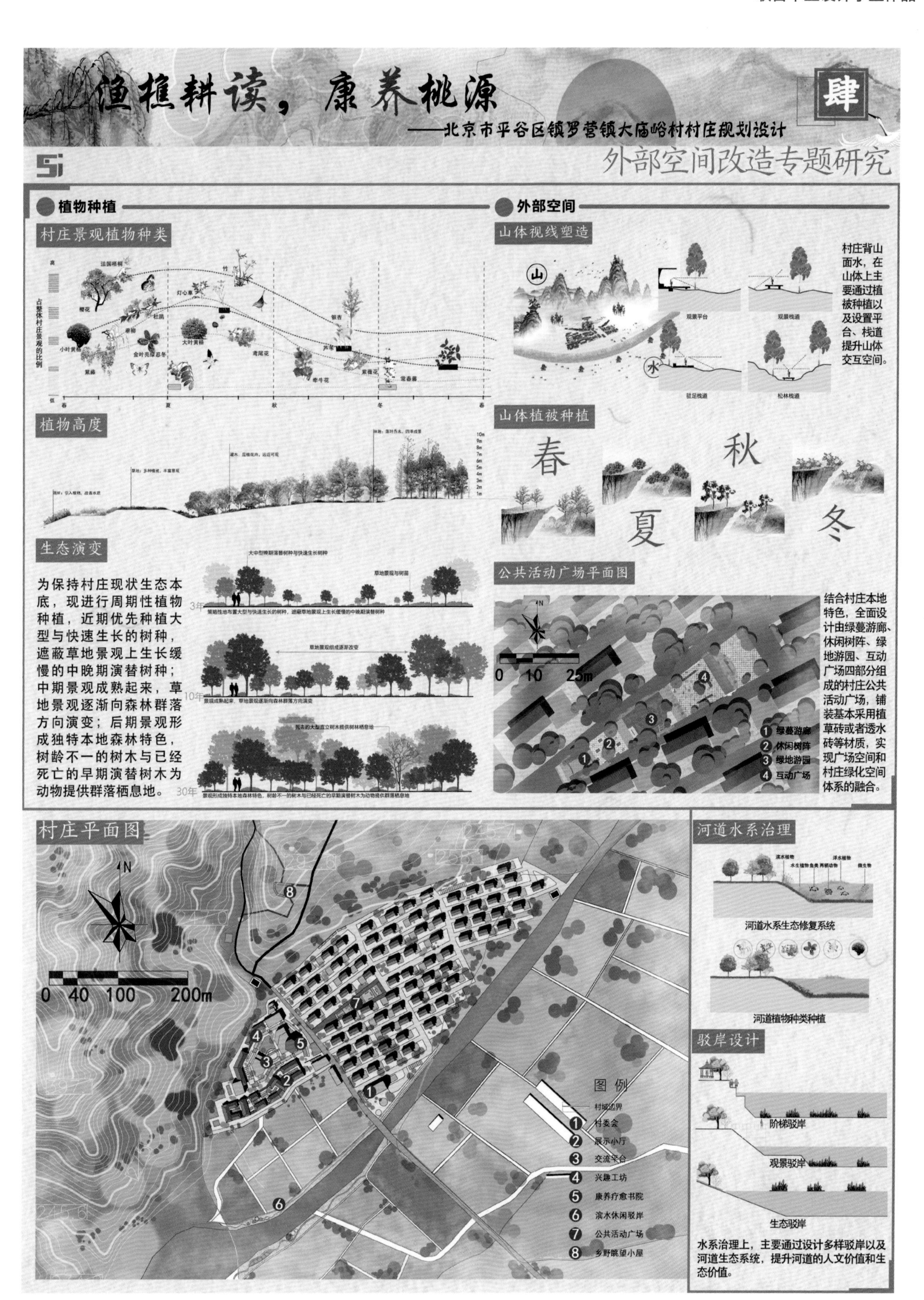
渔樵耕读，康养桃源
——北京市平谷区镇罗营镇大庙峪村村庄规划设计
肆
外部空间改造专题研究
植物种植
村庄景观植物种类
植物高度
生态演变
为保持村庄现状生态本底，现进行周期性植物种植，近期优先种植大型与快速生长的树种，遮蔽草地景观上生长缓慢的中晚期演替树种；中期景观成熟起来，草地景观逐渐向森林群落方向演变；后期景观形成独特本地森林特色，树龄不一的树木与已经死亡的早期演替树木为动物提供群落栖息地。
3年
10年
30年
外部空间
山体视线塑造
村庄背山面水，在山体上主要通过植被种植以及设置平台、栈道提升山体交互空间。
山
水
观景平台
观景栈道
驻足栈道
松林栈道
山体植被种植
春
夏
秋
冬
公共活动广场平面图
0 10 25m
N
1 绿蔓游廊
2 休闲树阵
3 绿地游园
4 互动广场
结合村庄本地特色，全面设计由绿蔓游廊、休闲树阵、绿地游园、互动广场四部分组成的村庄公共活动广场，铺装基本采用植草砖或者透水砖等材质，实现广场空间和村庄绿化空间体系的融合。
村庄平面图
N
0 40 100 200m
图例
村域边界
1 村委会
2 展示小厅
3 交流平台
4 兴趣工坊
5 康养疗愈书院
6 滨水休闲驳岸
7 公共活动广场
8 乡野眺望小屋
河道水系治理
河道水系生态修复系统
河道植物种类种植
驳岸设计
阶梯驳岸
观景驳岸
生态驳岸
水系治理上，主要通过设计多样驳岸以及河道生态系统，提升河道的人文价值和生态价值。

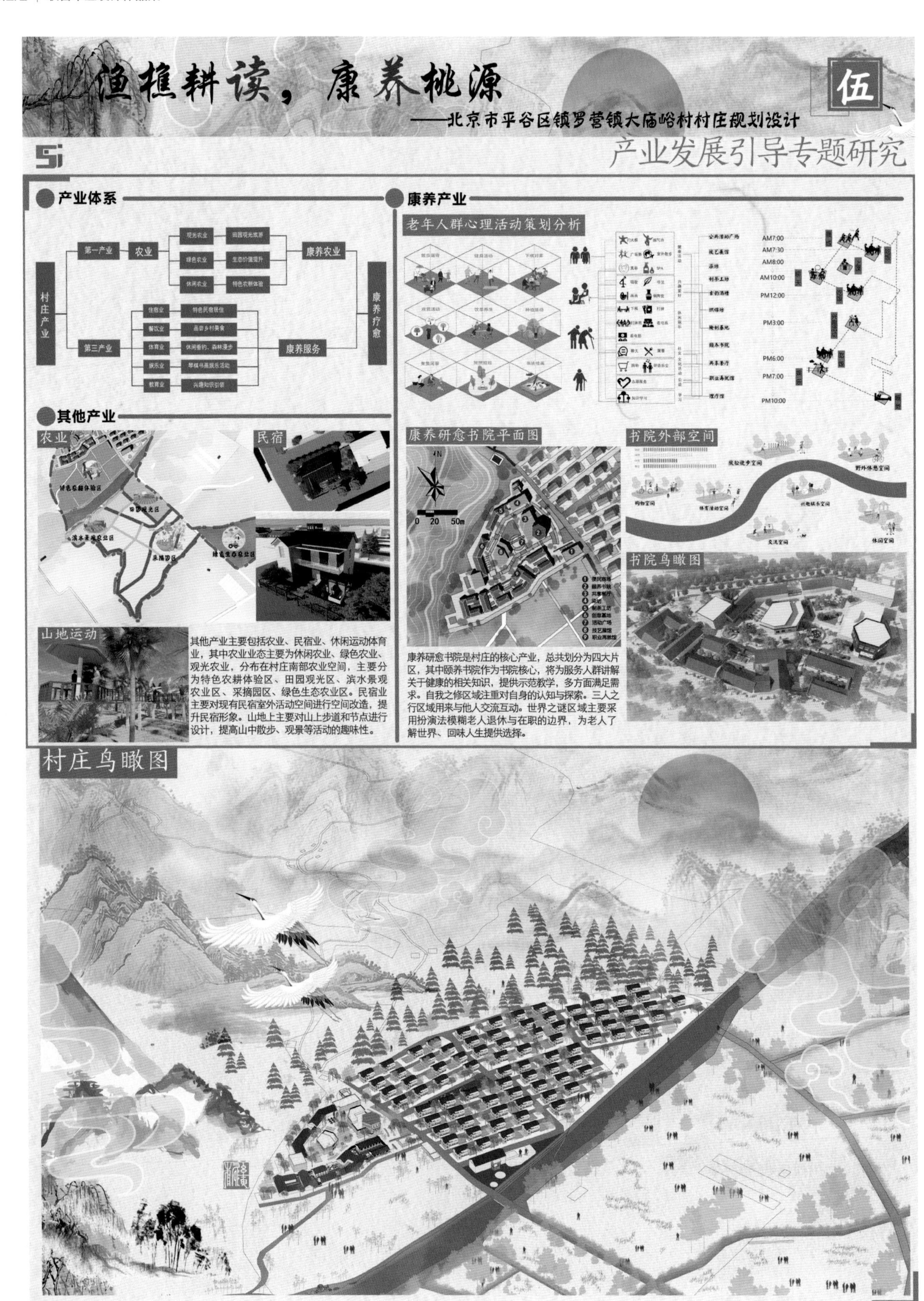
渔樵耕读，康养桃源
伍
——北京市平谷区镇罗营镇大庙峪村村庄规划设计
5i
产业发展引导专题研究
产业体系
村庄产业
第一产业
农业
观光农业
田园观光旅游
绿色农业
生态价值提升
休闲农业
特色农耕体验
康养农业
康养疗愈
第三产业
住宿业
特色民宿居住
餐饮业
品尝乡村美食
体育业
休闲垂钓、森林漫步
娱乐业
琴棋书画娱乐活动
教育业
兴趣知识引领
康养服务
康养产业
老年人群心理活动策划分析
AM7:00
AM7:30
AM8:00
AM10:00
PM12:00
PM3:00
PM6:00
PM7:00
PM10:00
其他产业
农业
民宿
山地运动
其他产业主要包括农业、民宿业、休闲运动体育业，其中农业业态主要为休闲农业、绿色农业、观光农业，分布在村庄南部农业空间，主要分为特色农耕体验区、田园观光区、滨水景观农业区、采摘园区、绿色生态农业区。民宿业主要对现有民宿室外活动空间进行空间改造，提升民宿形象。山地上主要对山上步道和节点进行设计，提高山中散步、观景等活动的趣味性。
康养研愈书院平面图
0 20 50m
康养研愈书院是村庄的核心产业，总共划分为四大片区，其中颐养书院作为书院核心，将为服务人群讲解关于健康的相关知识，提供示范教学，多方面满足需求。自我之修区域注重对自身的认知与探索。三人之行区域用来与他人交流互动。世界之谜区域主要采用扮演法模糊老人退休与在职的边界，为老人了解世界、回味人生提供选择。
书院外部空间
书院鸟瞰图
村庄鸟瞰图

“硒泉行宫，度假胜地”——北京市平谷区大华山镇挂甲峪村村庄规划设计

设计说明

设计场地位于北京市平谷区大华山镇挂甲峪村，本次毕业设计主要落实和深化北京市城市总体规划中用地减量要求、平谷区分区规划及大华山镇总体规划的相关要求，依托挂甲峪村优越的生态环境、稀有的温泉资源和富硒产业，对挂甲峪区域地理优势、资源禀赋、旅游基础、发展背景等内容进行深度分析，主要解决用地、道路、绿地、建筑风貌、游览路线等问题。增添主要道路人行步道来完善路网体系，增加村庄绿化，并完善村庄旅游设施、公共服务设施、基础设施，以旅游产业为主导，以村庄为载体，构建完整的旅游公共服务体系，发展“旅游+”模式，以“旅游+服务接待业”为主线，加快产业融合，打造休闲旅游挂甲峪温泉度假村，使挂甲峪村成为大华山镇东部旅游链条上的重要节点。

指导教师

刘泽　博士　北京工业大学城乡规划系副主任

恍然间已经连续三年带队参加“京内高校美丽乡村有机更新”联合毕业设计，也亲身见证了联合毕业设计参与院校的扩大和活动组织的成熟，并且在各校教学体系中也逐渐发挥越来越重要的作用。在本届联合毕业设计中，学生们相约线下开展实地调查，相互沟通、交流设计思路，最终呈现出丰硕的成果，非常值得欣喜与骄傲。联合毕业设计活动不仅极大地激发了学生们对乡村规划的热情，加强了高校与乡村振兴的联系，同时增进了校际交流，拓宽了高校间教学方法的互鉴渠道，希望联合毕业设计活动能越办越好。

小组成员

姓　　名：木扎帕尔 · 外力
学　　校：北京工业大学
专　　业：城乡规划专业
指导教师：刘泽
毕设题目：“硒泉行宫，度假胜地”——北京市平谷区大华山镇挂甲峪村村庄规划设计

非常感谢我的导师刘泽老师，在整个毕业设计过程中，刘泽老师以专业的知识、严谨的态度和亲切的关怀，指导我克服了一个又一个难题，老师宝贵的意见和建议对我毕业设计的成功完成起到了至关重要的作用。从选择挂甲峪村到线上调研，再到设计构思，最后到整体的空间规划设计，我对乡村规划的认知更加深刻，对设计手法的把握更加成熟，并且拓宽了专业视野，看到了自己的不足，这不仅仅是一次很重要的毕业设计，更是一次检验自我、完善自我、提升自我的机会，我在这个过程中得到的收获更是宝贵的财富，为开启新的方向铺设好道路。

“硒泉行宫，度假胜地”——北京市平谷区大华山镇挂甲峪村村庄规划设计 1

1 1.1 政策背景

“十九大工作报告”——实施乡村振兴战略

习近平总书记在**党的十九大会议**工作报告中提出：实施乡村振兴战略，以**产业兴旺、生态宜居、乡风文明、治理有效、生活富裕**为总要求，促进农村一二三产业融合发展，拓宽增收渠道。必须始终把解决好“**三农**”问题作为全党工作重中之重。

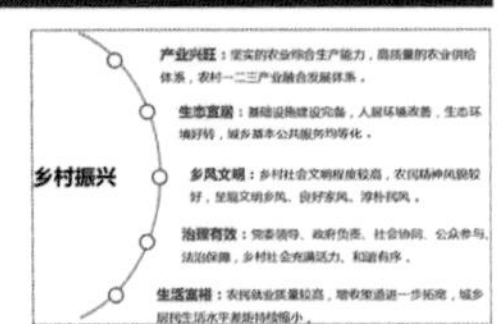

“二十大工作报告”——生态文明建设

习近平总书记在**党的二十大会议**工作报告中指出：中国式现代化是人与自然和谐共生的现代化，明确了我国新时代生态文明建设的战略任务，必须牢固树立和践行**绿水青山就是金山银山**的理念，坚持山水林田湖草沙一体化保护和系统治理，统筹产业结构调整、污染治理、生态保护、应对气候变化，协同推进降碳、减污、扩绿、增长，**推进生态优先、节约集约、绿色低碳发展。**

1 1.2 上位规划

《北京城市总体规划（2016年—2035年）》

平谷区位于**生态涵养区**，是**生态屏障和水源保护地**，是**城乡一体化发展的敏感区域**，挂甲峪村作为平谷区大华山镇的下属村庄，应遵循《北京城市总体规划》中对于平谷区的建设方针，应将保障首都生态安全作为主要任务，**坚持绿色发展，强调城市建设对自然环境的尊重**，顺应山形水势，强化建筑体量控制，形成**城景合一、山水互动**的特色风貌。

《平谷分区规划（国土空间规划）（2017年—2035 年）》

《平谷分区规划（国土空间规划）（2017年—2035年）》中指出，建设**生态环境优良、绿色创新发展、生活服务职能完善的**大华山小镇；而挂甲峪村作为大华山镇的下属村庄，应遵循平谷区中对于大华山镇的建设方针，以**农产文旅融合发展**为目标，布局**农旅体验、文化休闲、山林康养、温泉度假、山地运动**等业态，打造生态康养旅游村镇。

《平谷区大华山镇镇域规划（2006—2020年）》

《平谷区大华山镇镇域规划（2006—2020年）》中提出，在大华山镇范围内构建“**一线、两生态带、三产业分区**”的城镇空间结构。挂甲峪村属于大华山镇空间结构中的**东侧生态旅游景观带，山区旅游度假产业区。**

挂甲峪村作为大华山镇下属村，应充分利用自身资源，在不破坏山区生态环境的基础上，重点发展**山区旅游度假产业。**

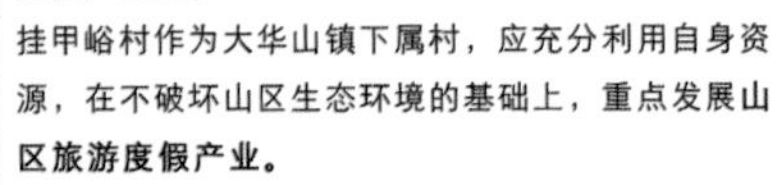

2 2.1 区位分析

挂甲峪村位于北京市平谷区西北部，大华山镇镇域东南部，村域总面积约为267公顷。现状对外交通仅有一条紧邻村庄北部的胡熊路，村庄周边旅游资源丰富，交通便利。

北京市区位层面

平谷区区位层面

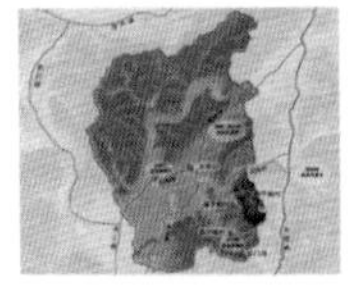

大华山镇区位层面

2 2.2 历史沿革

挂甲峪村历史文化悠久，相传成村于明崇祯年间，因宋代名将杨延昭抗辽凯旋在此挂甲休息，后人便取村名为挂甲峪，发展史分四个阶段。

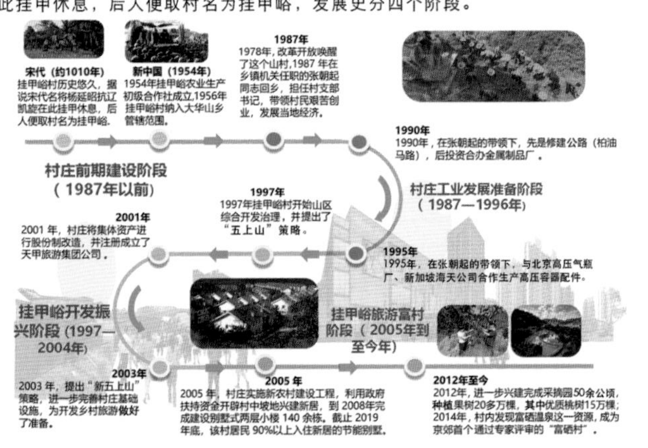

2 2.3 村庄基本信息

村域面积：挂甲峪村村域总面积约为267公顷。

山场面积：挂甲峪村村域山场面积约为500公顷。

本村人口：至2023年初，挂甲峪村村民户数139户，户籍人口410人，属于中型村庄。

主要产业：挂甲峪村集体产业形式以**果蔬种植业和旅游业**为主。

2 2.4 村庄产业发展现状

挂甲峪村目前集体产业形式以**果蔬种植业**和**民俗旅游业**为主，已形成具有一定规模的旅游产业链。通过挂甲峪村景区3A级认证，先后建成富硒果品观光采摘园、旋转餐厅、六郎挂甲等景点，修复五福街等人文景观和观景台等旅游基础设施，从**吃、喝、住、玩、赏、购**六个方面增强游客体验，进一步形成**集餐饮、住宿、娱乐、休闲、观光**为一体的挂甲峪山庄度假村。

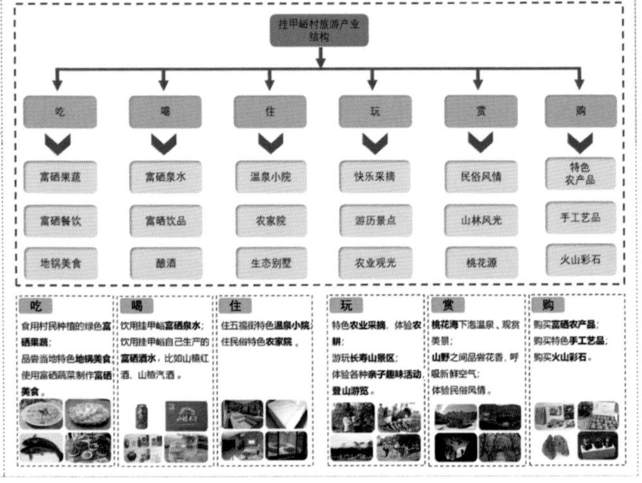

“硒泉行宫，度假胜地”——北京市平谷区大华山镇挂甲峪村村庄规划设计 2

2 2.5 产业发展机遇与挑战

1.产业转型

随着注重**生态保护**，清退**低端污染产业**等要求的提出，挂甲峪村原有的工业、养殖业等已逐步退出了历史的舞台。这也使挂甲峪村的旅游资源面临升级换代。

2.区域内竞争

随着挂甲峪村周边景区的开发，借助**高质量、高服务、多样化的旅游资源**，局部地区村庄的旅游接待业得到了有力的发展，分散了原有挂甲峪村旅游的客流量。

3.游客品位变化

游客越来越青睐**高质量服务、舒适性、高端性及居住条件的特色性**，而现在挂甲峪村传统的农家乐、民宿已不受当今游客的追捧，因此也制约了挂甲峪的旅游产业发展。

4.旅游业短暂衰退

近年来，疫情导致**人口流动减少**，旅游营业收入大幅下降，挂甲峪村**旅游业衰退**，因而村民积极性下降、配合度不够，这些都阻碍了乡村旅游的发展。

2 2.6 村庄特殊资源

特色一：优越的自然环境

挂甲峪村三面环山，植被茂密，经过多年的环境治理，负氧离子达到6 级以上。

特色二：稀有的温泉资源

挂甲峪村于2014年打出了神奇的火山富硒温泉，经专家检测，温泉水是13.5亿年前的火山地热，并底温度为 70℃，水中含有硒、锶、铁、锰、偏硅酸等多种有益矿物质，特别是富含硒元素，硒被称为“抗癌之王”“天然解毒剂”，具有提高人体免疫力、防癌抗癌、抗氧化延缓衰老、治疗糖尿病、预防三高疾病等功能。

挂甲峪村已建成山下五福街四合院室内温泉、山间十二生肖潭露天火山温泉、山上长寿山五朵金花潭桃花源温泉等三个温泉。

特色三：富硒产业

挂甲峪村地理位置、土质独特，这里的土壤属于微性沙质透气性土壤，周围群山储藏着大量富含钾的火山岩，由中国冶金地质总局地球物理勘查院实施的《平谷区挂甲峪部分地区土壤（风化壳）地球化学调查评价》项目通过专家评审，挂甲峪村土壤富硒含量均值高于国家标准值16.4个百分点，部分地区高于国家标准值1.9 倍。因此，挂甲峪村成为京郊首个通过专家评审的“富硒村”。

挂甲峪村可利用“富硒村”这一金字招牌大力发展和推广富硒水果、富硒餐饮和富硒温泉等项目，以大桃产业为基础，发展观光采摘、温泉度假等农村特色旅游产业。

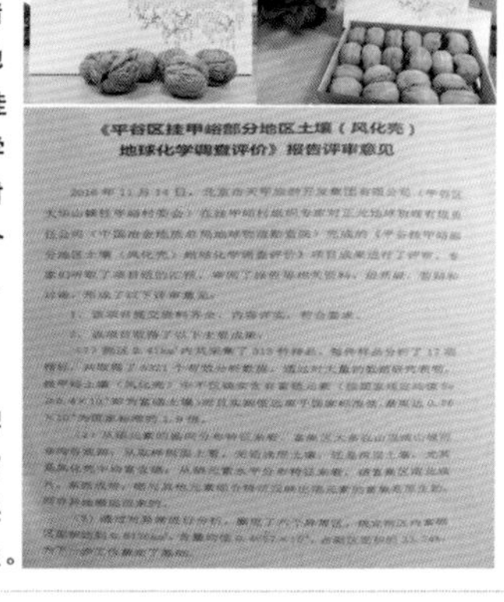

《平谷区挂甲峪部分地区土壤（风化壳）地球化学调查评价》报告评审意见

2 2.7 用地现状

村域现状用地主要为村庄建设用地和非建设用地。现状建设用地面积约为 29.2 公顷，占整个村域面积的10.93%，以居住用地为主。目前村庄人均建设用地面积约 712平方米/人。

村域土地使用现状平衡表

	用地编号	用地类型	用地面积(公顷)	百分比(%)
建设用地	CI	村民住宅用地	11.7	4.38
	C2	村庄公共服务设施用地	1.1	0.41
	C3	村庄产业用地	8.2	3.07
	CA1	村庄市政共用设施用地	0.1	0.04
	CA2	村庄道路与交通设施用地	8.1	3.03
		小计	29.2	10.93
非建设用地	EI	水域	1.8	0.67
	E21	农业用地	93.4	35
	E22	林业用地	142.6	53.4
		总计	267	100

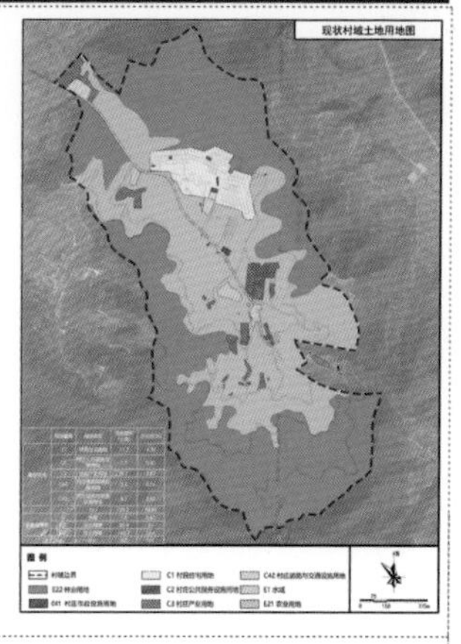

2 2.8 公共服务设施现状

村庄内公共服务设施较齐全， 能满足村民日常生活需求，主要包括村委会（兼多功能厅）、医疗卫生室、便利店、村史馆、室外健身活动场地等， 养老设施在建设中。

类别	项目	公共设施项目配置
		中型村庄
一、行政管理	1.村委会	应设
	2.其他管理机构	可设
二、教育机构	3.小学	可设
	4.幼儿园	可设
	5.托儿所	可设
三、文化科技	6.文化站、点	可设
	7.青少年、老年活动中心	可设
四、体育设施	8.体育活动室	可设
	9.健身场地	应设
	10.运动场地	可设
五、医疗卫生	11.社区卫生服务中心	可设
	12.村卫生室	应设
六、社会保障	13.村级养老院	可设
七、商业服务	14.小卖部	应设
	15.小型超市	可设
	16.餐饮小吃店	可设
	17.公共浴室	可设
	18.旅馆、招待所	旅游型村庄可设置

存在的问题：村庄内现有的小卖部满足不了购物需求，缺乏大型商业服务设施，需要加快老年驿站的建设。

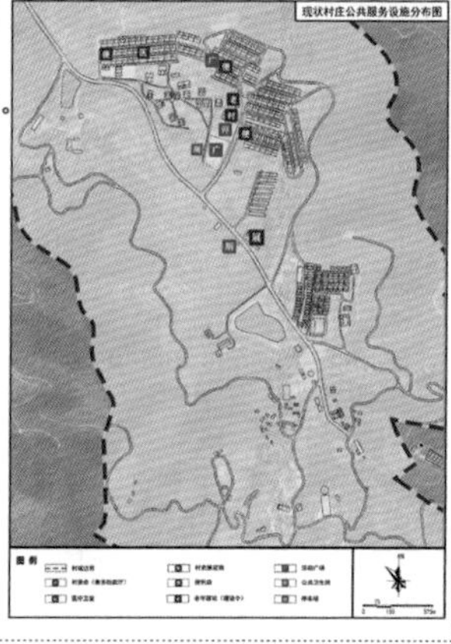

2 2.9 道路交通设施现状

现状道路分级：村庄道路分为四级，即村庄主干路、村庄次干路、村庄支路和山路。村庄主路已完成整治改造，均为柏油路；村庄内部宅间路为水泥路。挂甲峪路是村庄与外界连通的主要道路，也是村民日常生活中重要道路。

交通设施：村域内有两处停车场、三处公交站，主要分布在挂甲峪路上，村庄公交交通方便，是村民主要出行方式 。

存在的问题：村庄主要道路人行步道狭窄，道路绿化不足，游客步行舒适性较差；村庄内局部道路出现裂痕。

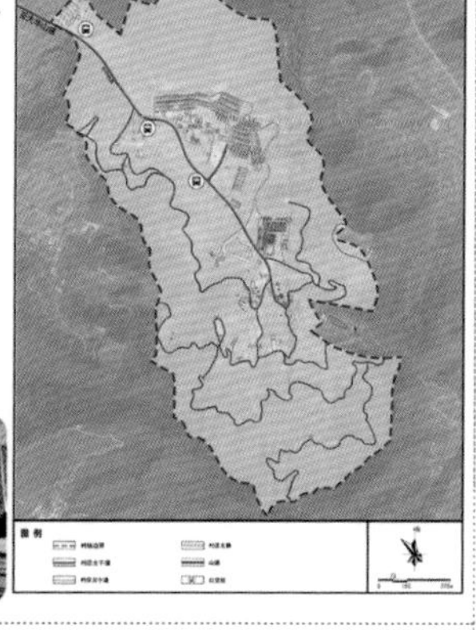

2 2.10 基础市政设施现状

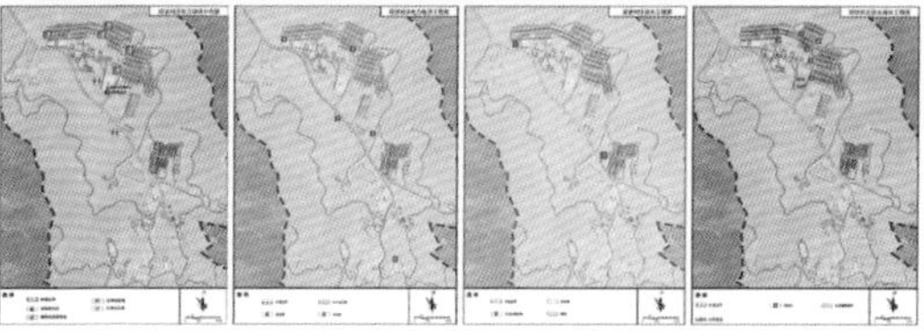

存在的问题：垃圾桶分布不足，排水管道管网设计不合理，容易堵塞，村内部分区域电线杂乱，飞线明显。

“砺泉行宫，度假胜地”——北京市平谷区大华山镇挂甲峪村村庄规划设计 3

2 2.11 发展现状问题总结

村庄风貌问题

1.村庄公共空间还需完善（活动场地缺少辟荫）；
2.街巷空间缺少绿化，宅旁和庭院也缺少绿化；
3.老村区部分房屋墙体破败、道路维护状况较差；
4.村庄内存在一些风貌不协调建筑，影响整体景观；
5.村庄部分区域乱拉电线，影响村庄景观天际线。

部分风貌不协调建筑

村庄设施问题

1.缺乏老年服务设施和较大的商业设施；
2.村庄排水、污水处理设施设计不合理；
3.村域垃圾桶布置不足，有外来游客乱扔垃圾现象；
4.村委会旁的卫生间位置不合理，实用性差；
5.村庄主路人行道狭窄，旅游旺季游客体验差。

部分公共服务设施现状

村庄产业问题

1.疫情缘故，村庄旅游业衰退，客源大大减少；
2.现有部分景点的开发及维护相对薄弱，没有卖点；
3.部分服务类设施相对陈旧，有待升级；
4.现有农家院旅游接待户较普通，无特色。

部分旅游设施现状

3 3.1 规划目标

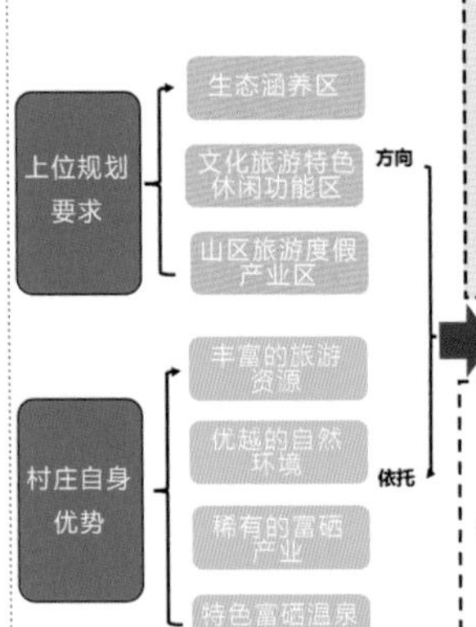

◆目标一：融入村域内多个景点，和周边景区形成旅游链条，提升村庄整体风貌，建设为游客提供全方位旅游体验的**休闲旅游度假村**，成为大华山镇东部旅游链条上的重要节点。

◆目标二：以旅游产业为主导，以村庄为载体，以“高端温泉民宿，富晒产业（温泉，果蔬，餐饮），休闲农业”为核心品牌的乡村**生态康养温泉度假村**，推动休闲产业纵深发展。

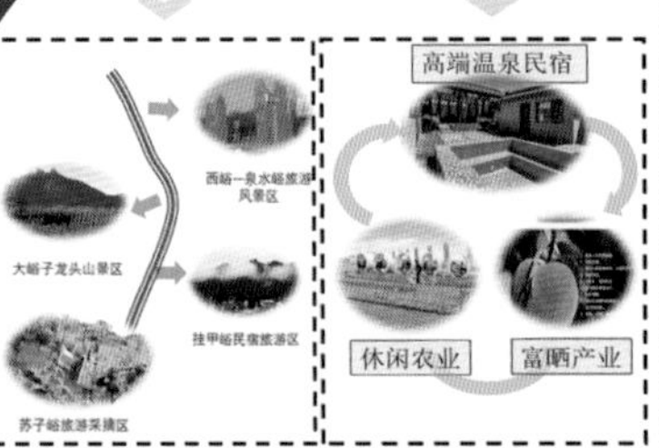

3 3.2 用地规模规划

村庄总平面图

保护村庄所依存的自然环境和地形地貌特征是保护村庄独特性的重要任务之一。村庄的山水布局、地形特点和区位条件都是导致村庄形成和发展的重要因素，即村庄未来的发展离不开对整体格局的保护。因此，规划提出对村庄的整体格局进行控制。

村域面积为267公顷，规划增加游客接待中心、温泉洗浴中心、公共活动空间、配套服务设施、生态停车场，并增加村庄内部绿化。本次村庄绿化主要是在现有环境基础上进行改造提升，规划对道路两侧、村庄巷道两侧、村庄公共活动空间、村庄水域增加绿化。

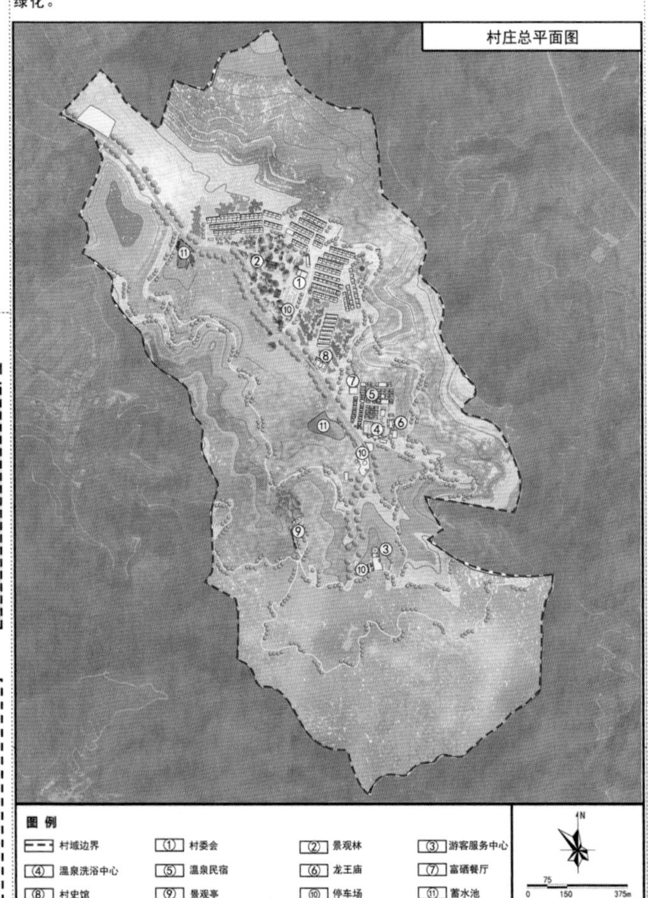

3 3.2 用地规模规划

村域土地用地规划

村域土地用地规划严格按照土地利用规划用地范围及用地指标，规划后村庄建设用地 20.12 公顷,其中村民住宅用地9.82 公顷，村庄公共服务设施用地 1.34 公顷，村庄产业用地4.08 公顷，村庄市政公用设施用地 0.1 公顷，村庄道路交通用地 4.78 公顷。

村域土地使用规划平衡表

	用地编号	用地类型	用地面积（公顷）	百分比(%)
建设用地	CI	村民住宅用地	9.82	3.67
	C2	村庄公共服务设施用地	1.34	0.5
	C3	村庄产业用地	4.08	1.53
	CA1	村庄市政公用设施用地	0.1	0.04
	CA2	村庄道路与交通设施用地	4.78	1.81
		小计	20.12	7.55
非建设用地	EI	水域	1.8	0.67
	E21	农业用地	68.42	25.63
	E22	林业用地	176.66	66.15
		总计	267	100

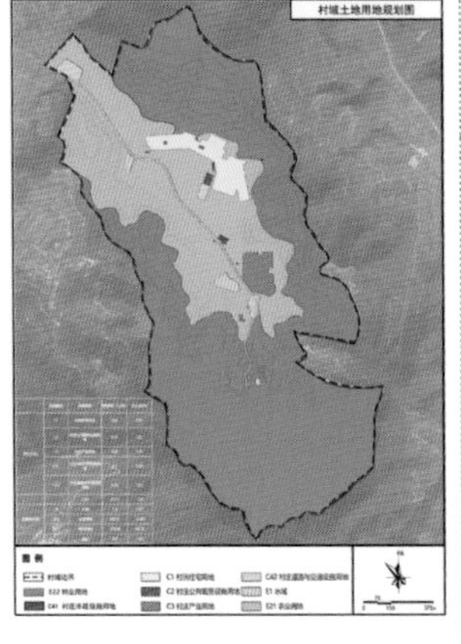

3 3.2 用地规模规划

村庄布局规划

根据规划的用地功能，村庄功能分区主要包括生态林果采摘区、村民居住区、农业观光体验区、温泉民宿体验区、休闲旅游区和山林生态涵养区。

其中，农业观光体验区、温泉民宿体验区和休闲旅游区为产业功能分区。

农业观光

温泉民宿

生态山林观光

景区休闲旅游

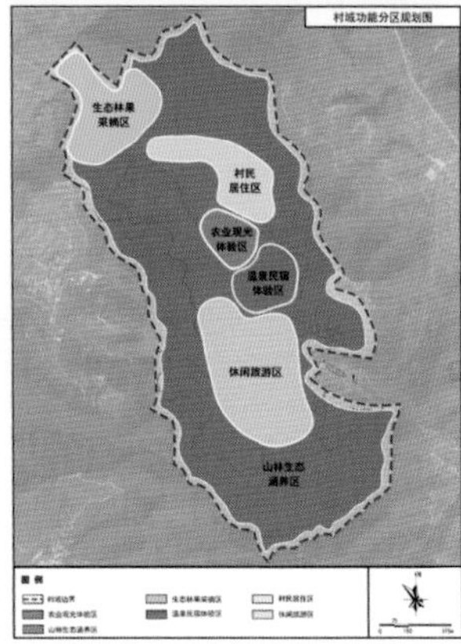

“砸泉行宫，度假胜地”——北京市平谷区大华山镇挂甲峪村村庄规划设计 4

3 3.3 公共服务设施规划

根据《北京市村庄规划导则（试行）》中村庄规模分级和村庄公共服务设施配置要求，挂甲峪村为中型村庄，已有公共服务设施规模均符合标准要求。

规划拆除原非建设用地处的公共卫生间，加快老年驿站建设，并改造内部，使其兼具便民超市和卫生间功能；将村委会前面改造，建设活动广场与一个生态篮球场，为村民提供活动场地。

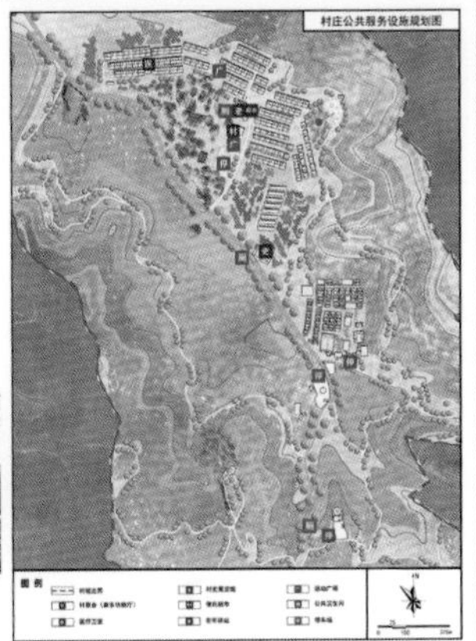

生态活动场地

3 3.4 道路交通设施规划

规划道路分级

规划村庄道路系统分为四级，分别为村庄主干路、村庄次干路、村庄支路和山路。

挂甲峪路是村庄重要的主干路，规划挂甲峪路红线宽为10米，并规划人行道。

交通设施

村域内规划三处停车场，分别在村委会前面、景区广场处和旋转餐厅处，规划沿着挂甲峪路三处公交站进行。

规划道路宽度

规划村庄主干路路面宽度为10米，村庄次干路路面宽度为6米，村庄支路路面宽度为3.5 米，山路路面宽度为 2.5 米。

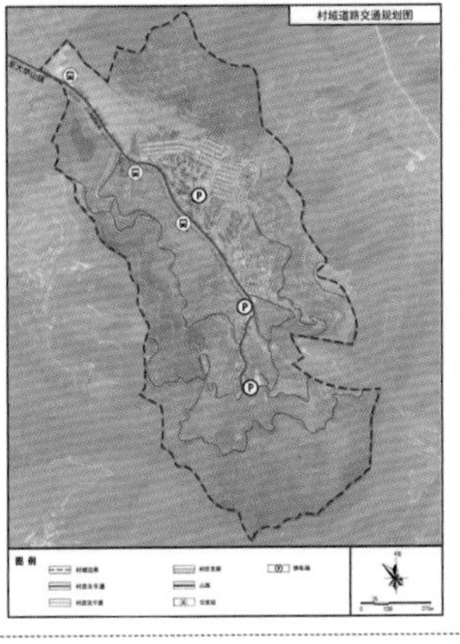

主干路的10m标准断面图

次干路的6m标准断面图

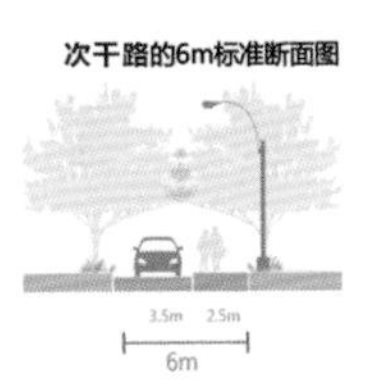

支路的3.5m标准断面图

3 3.5 市政基础设施规划

环卫设施规划图

污水处理工程规划图

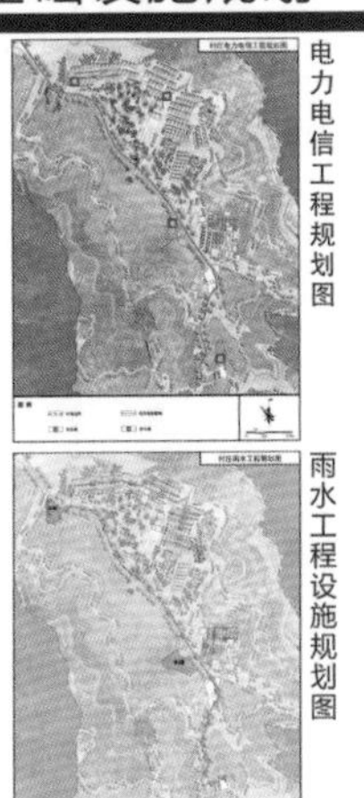

电力电信工程规划图

雨水工程设施规划图

给水工程规划图

防灾减灾工程规划图

3 3.6 村庄景观节点规划

村庄景观整体呈“一带、一环、多点”的景观结构，主要沿着挂甲峪路分布于道路两侧。

一带：村庄主要景观带
主要景观贯穿村庄核心功能区，在重要地段为村民、游客创造生态活动场地，提供良好的生态环境。

一环： 休闲观光景观环
沿村庄外围布置闭合景观环，提升景观绿化，提升村庄步行、登山、林间徒步体验。

多点： 村域主要、次要景观节点
在村域重要地段规划主要景观节点，提升村民和游客游览体验。

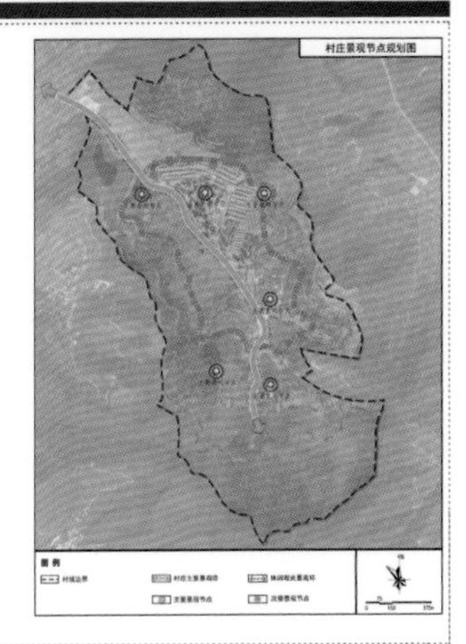

村民居住区

拆除老村区域，建造景观林，设计景观亭等设施；新村区域设计生态停车场、活动场地、篮球场等设施，为村民提供环境优美的休闲活动区。

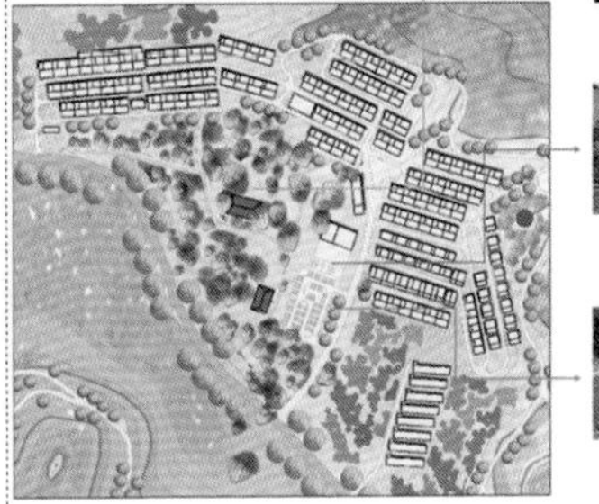

生态休闲景观林示意图

生态活动场地示意图

生态停车场示意图

滨水荷塘区

在村庄北部水塘区增设钓鱼台、休息亭、观景亭等设施，增加水塘周边绿化，给村民和游客提供休闲娱乐戏水区域。

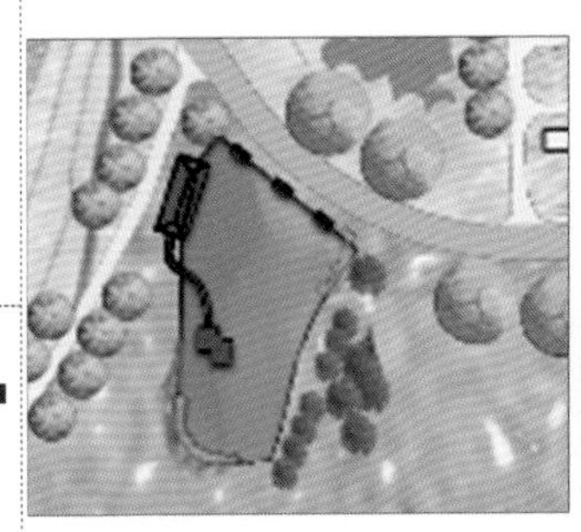

景区休闲区

保留原来的旋转餐厅，提升风貌；三层设计观望台；在景观亭左区建设观望平台，北部依托山势建设林间长廊，给游客提供鸟瞰观望全村景色体验。

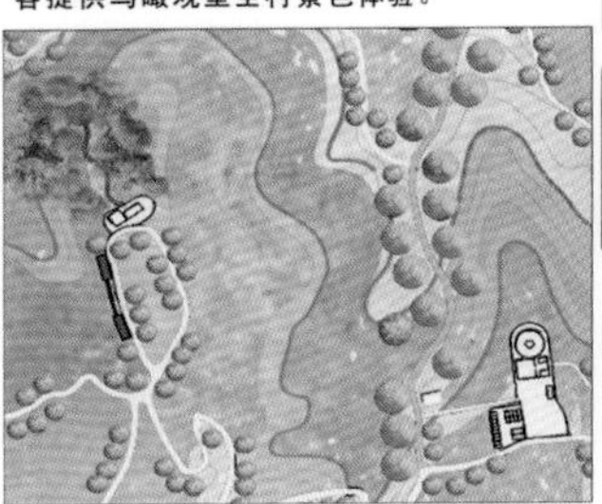

旋转餐厅

景观亭

林间长廊

“硒泉行宫，度假胜地”——北京市平谷区大华山镇挂甲峪村村庄规划设计 5

4 4.1 产业发展目标

以旅游产业为主导，以村庄为载体，构建完整的旅游公共服务体系，发展“旅游+”模式，以“旅游+服务接待业”为主线，加快产业的融合，带动村庄经济发展，改善民生。

“旅游+” 体系

产业发展引导

1.通过基础设施的提升改造，提高公共设施的旅游接待承载力。

2.通过环境整治提升，促进挂甲峪村旅游，提档升级，打造村庄名片，保证乡村旅游能够持续为村民提供长久收益。

3.通过统一、专业的民俗旅游服务培训，提升乡村民俗旅游产业的接待服务水准。

旅游+

特色农家院体验：泉水特色菜、农家院特色菜、乡村风情体验

休闲旅游体验：旋转餐厅、景区游玩、山林步道、野外拓展、山地越野

温泉民宿体验：富硒温泉民宿、温泉洗浴、康复养老

生态林果采摘体验：林果采摘、富硒果蔬

农业观光体验：农业观光、农耕体验、生态教育、富硒蔬菜

交通流线分析

根据五福街温泉民宿度假功能，规划温泉度假区交通路线，分为人流线和车流线。

车流线

游客办理完手续后，可以自驾去温泉汤屋，也可以乘坐游览车到达温泉汤屋。

人流线

游客在停车场停车后，可以徒步去游客中心办理手续，通过内部道路走到温泉度假区各个区域。

4 4.2 五福街温泉小院民宿产业规划

在现有五福街温泉民宿基础上，改造五福街为精品温泉特色民宿度假区，规划增设游客接待、温泉洗浴、富硒餐厅、咖啡厅、休闲娱乐等设施，接待游客并提供服务。

图例

1 游客接待中心
2 温泉洗浴中心
3 休闲娱乐+SPA
4 餐厅+咖啡厅
5 龙王庙
6 后勤人员宿舍
7 快餐+精品商店
8 高级富硒餐厅
9 咖啡厅+奶茶店
10 卡拉OK+电影放映
11 停车场
12 活动广场

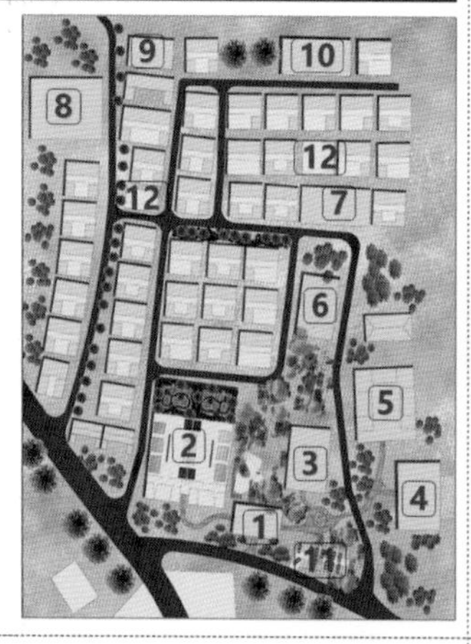

功能分区规划

根据五福街温泉民宿用地功能，把精品温泉特色民宿度假区分为五个功能分区，分别为VIP汤屋区、后勤人员区、龙王庙区、休闲娱乐区、温泉洗浴区。

VIP汤院区
给VIP游客提供室内温泉汤院、富硒餐厅、咖啡厅、休闲娱乐等服务。

后勤人员区
给工作人员提供员工宿舍，兼有布草间、设备间、管理房、储藏间等功能。

龙王庙区
在这里，游客可以游览龙王庙，进行休闲娱乐。

温泉洗浴区
给游客提供接待、售票、停车等服务；温泉洗浴分男女区域，具备淋浴、更衣、水疗、室内温泉、桑拿、室外温泉等功能。

休闲娱乐区
给游客提供休息、SPA、健身等服务。

“砺泉行宫，度假胜地”——北京市平谷区大华山镇挂甲峪村村庄规划设计 6

4 4.3 景区旋转餐厅区规划

在现有旋转餐厅基础上，改造旋转餐厅建筑，前面的两层建筑，一层改造成游客服务中心，二层改造成员工用房，把圆形的建筑改造成有观望功能的餐厅，给游客提供就餐、接待、购物等服务。

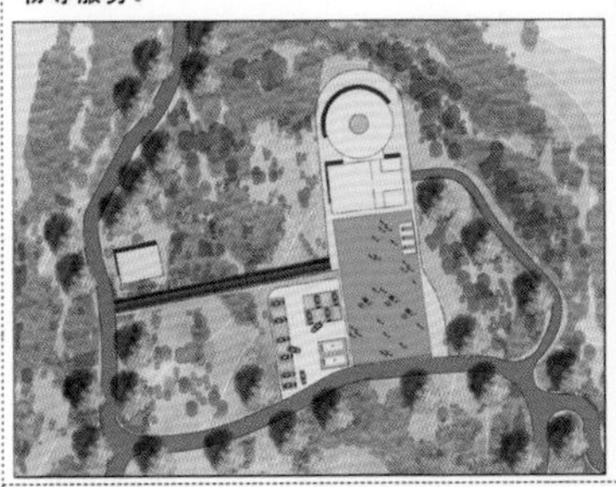

功能分区规划

根据旋转餐厅区用地功能，将其分为四个功能分区，分别为游客服务中心、旋转餐厅区、停车场区和游客集散区。

交通流线规划

根据旋转餐厅区用地功能，规划该区域交通流线，并分车流线、人流线和游览车流线。

旋转餐厅区
一、二层为餐厅，三层是观景区。

游客接待区
有游客接待、售票、特色产品展示、旅游物资销售等功能。

停车场区
共设有18个轿车车位，2个大巴车位。

游客集散区
给游客提供活动广场。

车流线：游客可以通过主路自驾来到旋转餐厅区并把车停到停车场。

人流线：游客可以通过长廊徒步上去旋转餐厅区，自驾车的游客可以直接从停车场过去。

游览车流线：游客办理完VIP手续后，工作人员通过游览车接游客游览村庄景点。

4 4.4 村域旅游路线规划

挂甲峪路为主要的旅游路线，打造挂甲峪景区八大旅游节点，以吃、住、行、游、购、娱、育七大要素产业为载体，规划村庄旅游产业节点，确定村域旅游一日游、二日游旅游路线。

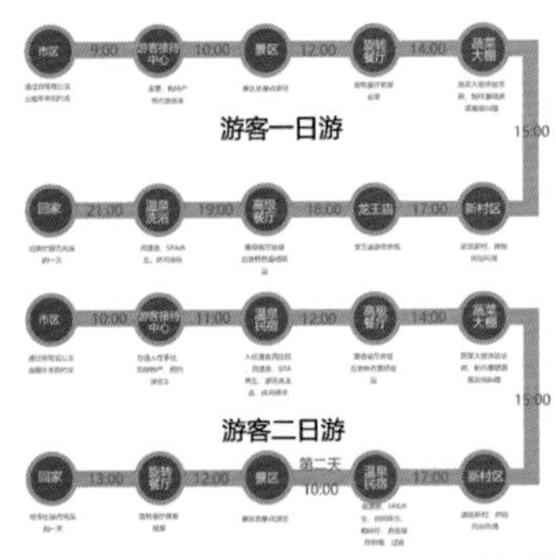

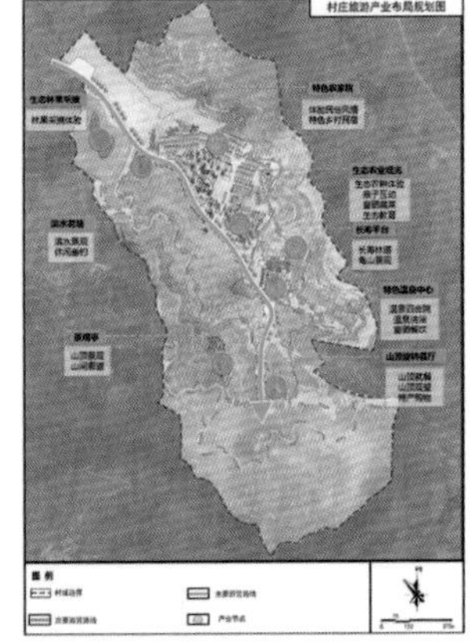

4 4.5 镇域旅游路线规划

大华山镇的旅游以生态观光、民俗村落、休闲农业等资源为主，初步形成了“桃+峪+泉”的资源体系，具备休闲度假的基本要素。利用发展较好的旅游区的资源来发展自身，成为大华山镇东部旅游链条上的重要节点。

平谷国际桃花节已经成为知名的节庆，而大华山的大桃产业及其桃文化资源已经形成一定的知名度，具备打造标杆产品的条件，将其作为全镇的旅游核心吸引物，规划镇域旅游线路。

一日游线路

桃花海畅游线：小峪老象峰景区—小金山赏花观景区—小峪子桃花海赏花—挂甲峪温泉民宿旅游区—丫髻山景区游览。

二日游线路

桃园文化康养线：西长峪中华药浴旅游区—西峪—泉水峪旅游风景区—挂甲峪温泉民宿入住—京东大溶洞景区。

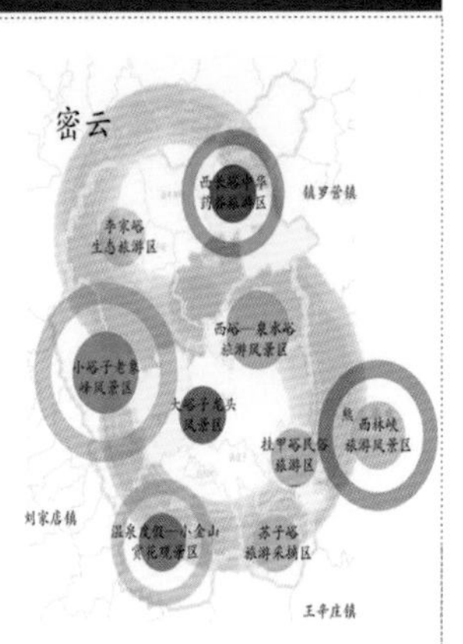

5 5.1 村庄绿化提升

虽然村域群山环抱，植被茂密，但是村庄内部绿化覆盖率不足20%。村庄街巷空间、公共空间、部分宅旁和庭院都缺少绿化。因此规划主要是在现有环境基础上进行改造提升。本次规划对道路两侧、村庄巷道两侧、村庄公共活动空间、村庄水边增加绿化，使村庄绿化覆盖率达到了38.7%，满足《北京市美丽乡村建设导则（试行）》中村庄35%的绿化覆盖率要求。

村庄绿化植物配置示意图

5 5.2 村庄标识标牌风貌引导

作为一个旅游乡村，挂甲峪村应统一设计村庄标识标牌系统，在村委会、村口、活动广场等节点设置具有村庄特色的指示牌、标牌、小型垃圾箱等街道家具，并统一使用防腐木材，保留乡村特色。

标识标牌设施示意图

5 5.3 村庄景观小品风貌引导

作为一个旅游乡村，挂甲峪村应统一设计村庄内的树池、休息座凳、健身器材、雕塑等景观小品，体现村庄特色，提高村庄景观品位。景观小品形式应简单大方、朴素自然，选材要以本土材料为主，色彩应接近自然，放置位置应统一规划。

树池可以采用石块、树桩砌筑，更贴近自然。

选取雕塑应接近自然，注意安全性。

景观节点内座椅可采用本土石材、木材；选用花岗岩与木板条相结合的材料打造的座椅，耐磨损，可延长使用寿命。

北方工业大学

稻香常乐，绿意人居 ——以生态产品价值实现为路径探讨乡村有机更新

北京市海淀区上庄镇常乐村有机更新设计

院校介绍

北方工业大学（North China University of Technology，NCUT），简称“北方工大”，位于北京市，为一所以工为主、文理兼融，具有学士、硕士、博士培养层次的多科性高等学府，是中华人民共和国教育部与北京市人民政府共建的北京市属重点高校，教育部“卓越工程师教育培养计划”高校、高校京西发展联盟成员单位，入选新工科研究与实践项目、国家级大学生创新创业训练计划、国家大学生文化素质教育基地，具有硕士研究生免试推荐资格和高水平棒垒球运动员招收资格。

北方工业大学建筑与艺术学院前身为1984年成立的建筑学部，现有建筑学、环境设计、城乡规划、视觉传达、风景园林、环境设计（空间设计方向）6个本科专业（方向），建筑学、城乡规划学、风景园林学、设计学4个一级学科硕士点和建筑学专业硕士学位授予点。建筑学专业本科和研究生教育均已通过专业评估，具有建筑学学士和建筑学硕士授予权。

指导教师

王　雷

非常荣幸能够参与“京内高校美丽乡村有机更新”联合毕业设计，这是我首次参与，是一次难得的经历。在这个过程中，我深刻地感受到了美丽乡村有机更新所蕴含的巨大潜力和挑战。乡村作为我们宝贵的资源，既承载着丰富的历史文化和自然遗产，也面临着发展不平衡、环境破坏和人才流失等方面的问题。在联合毕业设计中，非常高兴能够看到各校的学生展示出不同的视角和才华。他们通过深入分析、规划定位和设计策略，针对乡村面临的问题确定了清晰的目标，并立足现状展望未来，呈现了丰富多样的设计成果。祝愿我们的“京内高校美丽乡村有机更新”联合毕业设计活动越办越好，期待来年的再次相聚。

小组成员

尹　航

很荣幸能够参加第三届“京内高校美丽乡村有机更新”联合毕业设计。我们此次选取的基地是北京市海淀区上庄镇常乐村。此次联合毕业设计带给我很多值得学习的经验，与其他高校老师和同学们的交流也不断丰富着我对此次乡村规划的认知。

在对村庄进行规划时，我更加深刻地意识到乡村规划和城市设计的区别，不同于城市设计更加追求区域分明和设计感，在对乡村进行规划时应当始终将村民的需求和意愿放在第一位，尤其是在对村庄的集中建设用地进行规划时，涉及村民宅基地的规划更要充分尊重村民的意愿。在终期答辩中各位老师和专家针对乡村规划一针见血的点评也让我受益良多，让我对课题中规划和实际项目中规划的差异有了更清晰的认知，这都是此次联合毕业设计活动带给我的收获。

韩宇韬

很荣幸参与这次由北京建筑大学领衔举办的第三届“京内高校美丽乡村有机更新”联合毕业设计活动，在这次活动中，我们组选取的基地是北京市海淀区上庄镇常乐村基地，规划重点聚焦探索生态产品价值实现机制及相关理论，以及与大城市近郊乡村规划融合的可行性。

为期16周的联合毕业设计活动已经结束，但在这段时间里我们一次次探访村庄、查阅论文、绘制规划图纸的经历，各个高校老师与专家的点评和指导，与其他高校同学分享设计思路和感想的过程却十分难忘。

我相信自己未来无论是走向社会还是继续深造，都将带着这份从联合毕业设计活动中得来的弥足珍贵的收获，奔赴光明的未来。

稻香常乐，绿意人居——以生态产品价值实现为路径探讨乡村有机更新

北京市海淀区上庄镇常乐村有机更新设计

01

目标定位

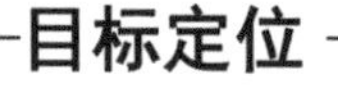

定位分析

环境禀赋	区位条件	发展基础	产业优势
耕地资源丰富，农业文化和水文化底蕴深厚	距离中关村科学城最近的保留村，位于六环和五环之间，地理位置优越	农业基础良好；海淀区乡村旅游基础良好，具有发展潜力	以京西稻为特色主产业，已经申请非物质文化遗产和“淀玉”商标

上位规划

上庄镇“十四五”时期经济社会发展规划：新型农村社区

发展定位

结合自身优势，以京西稻为主产业，以生态产品价值实现为路径，发展农业科创与实验、乡村文化旅游为一体的

智慧农业示范村

休闲旅游生态村

发展目标

近期目标：整治村域环境，保障基础设施，提升生态环境 → 远期目标：以生态带发展，完成“生态+”产业链

规划概念

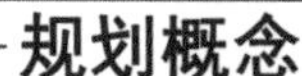

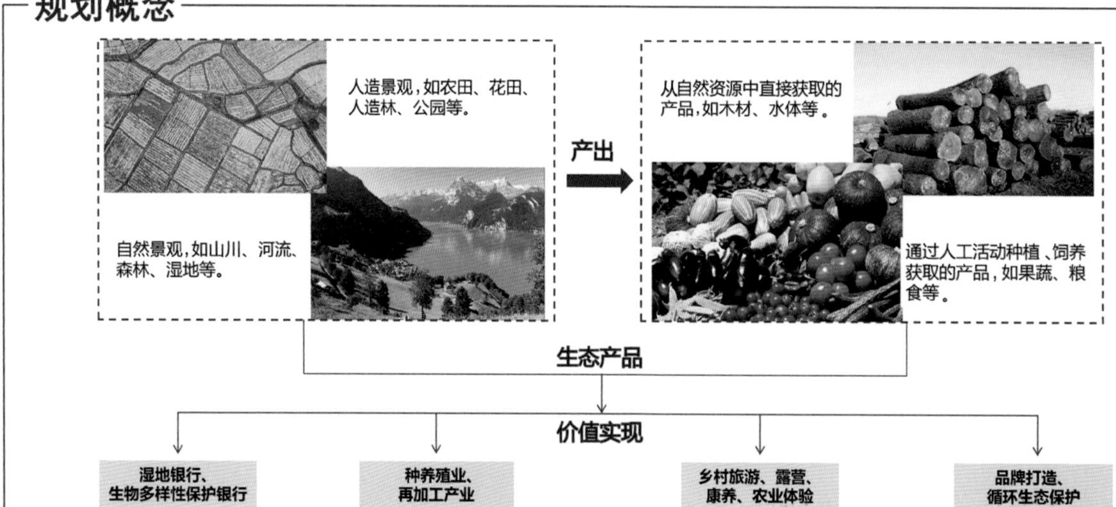

价值实现

湿地银行、生物多样性保护银行

种养殖业、再加工产业

乡村旅游、露营、康养、农业体验

品牌打造、循环生态保护

发展策略

推进村域资源整合，优化村域空间格局

通过对常乐村和东马坊村村域“水、林、田、村”资源要素梳理整合，合理划定四大空间，优化空间结构，活化生态资源，提升宅基地利用效率；通过生态红线、村庄建设边界的划定，明确乡村空间保护与发展格局，实现空间资源集约高效利用与发展。

促进产业融合发展，做大做强优势产业

以农业为基础，以京西稻为主导产业，推进智慧农业建设，依托京西稻农业品牌，促进乡村旅游发展。加快智慧农业产业培育，重点发展种植产业、休闲旅游产业，大力推进产业融合，推动体验农业、观光农业与乡村旅游产业相结合，打造上庄镇具有引领示范作用的农旅特色村庄。

加强生态环境整治，提升生态环境品质

对规划地块北部南沙河进行全面水质治理与保护，结合翠湖湿地公园与水厂保证水循环；保护特色农田景观，守住耕地红线；增加林下空间利用的同时保障林地生态环境，避免出现垃圾污染现象；加强村庄乡村风貌、建筑特色、村庄肌理、绿化景观等风貌塑造和引导，保护村庄特色风貌。

稻香常乐，绿意人居——以生态产品价值实现为路径探讨乡村有机更新

北京市海淀区上庄镇常乐村有机更新设计

02

发展模式

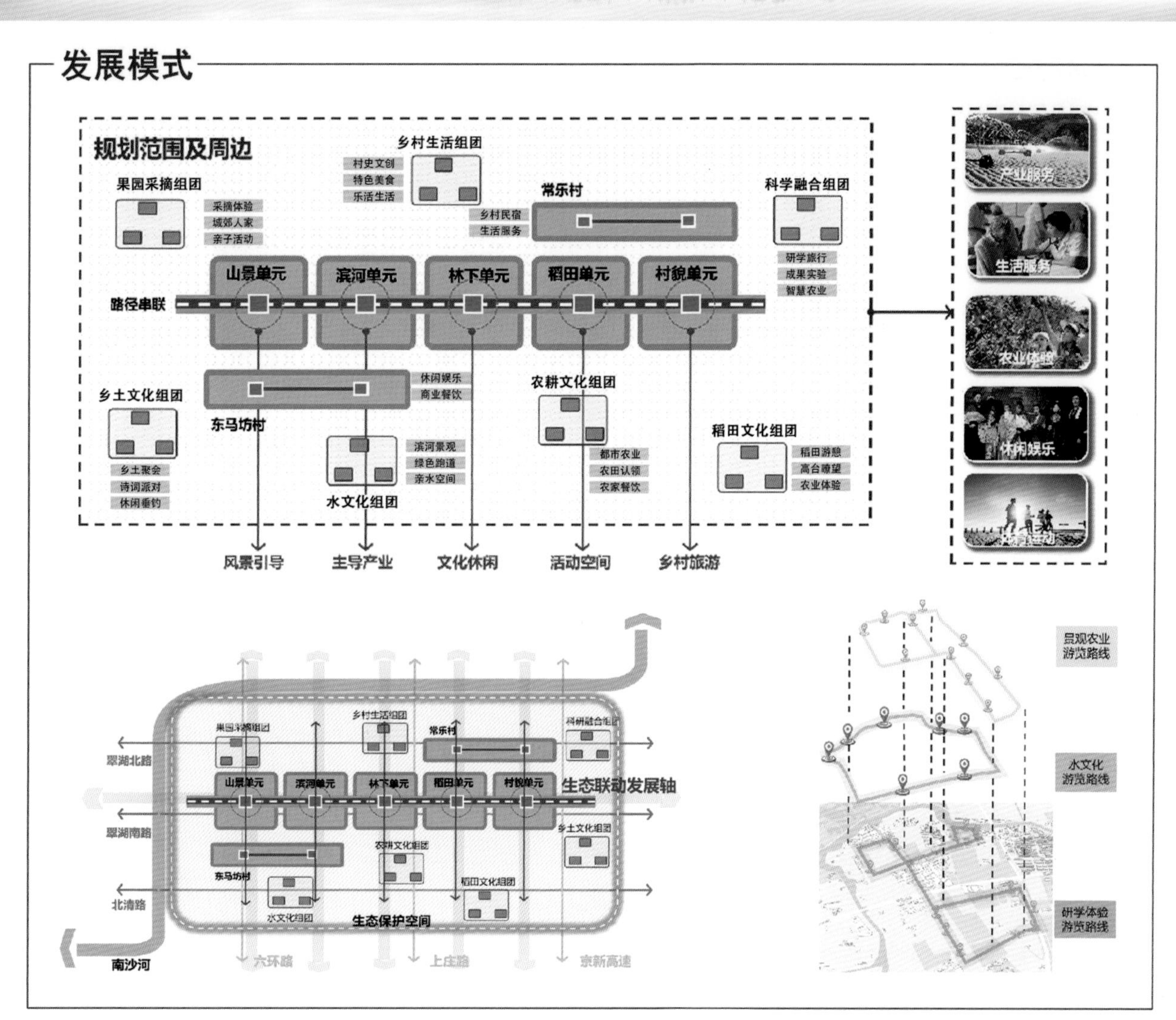

空间格局

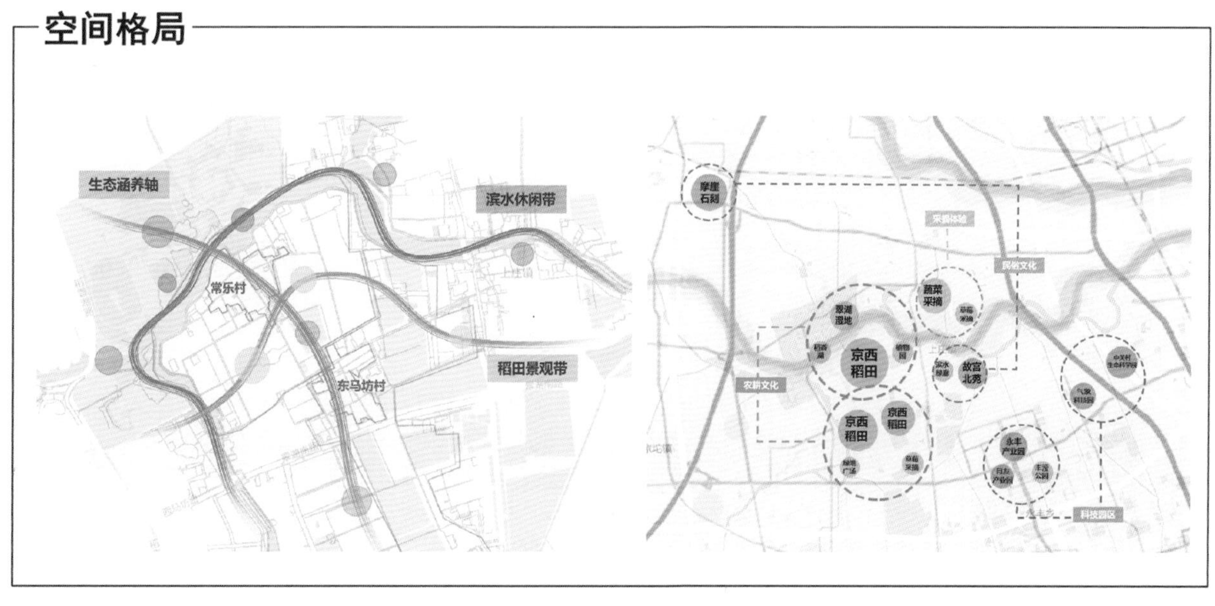

稻香常乐，绿意人居——以生态产品价值实现为路径探讨乡村有机更新

北京市海淀区上庄镇常乐村有机更新设计

03

常乐村及东马坊村平面图与鸟瞰图

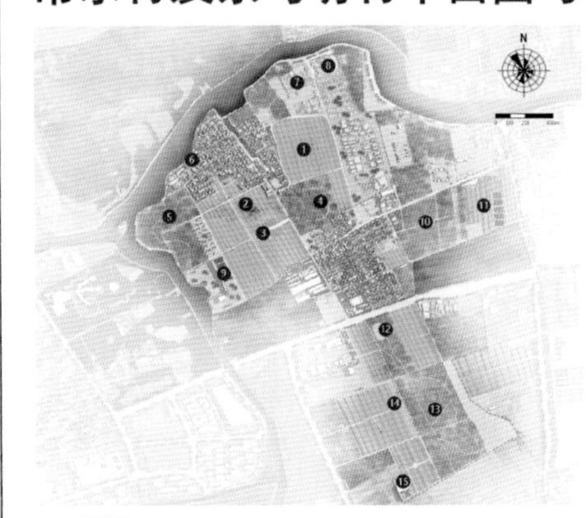

图例

❶ 景观稻田 ❷ 稻田体验区 ❸ 稻田活动区 ❹ 林下休闲区 ❺ 林下游览步道 ❻ 滨河公园 ❼ 京西稻加工厂 ❽ 滨河广场 ❾ 设施农业园区 ❿ 林下景观区 ⓫ 智慧农业产业园 ⓬ 林下运动区 ⓭ 林下露营区 ⓮ 油菜花田 ⓯ 京西稻博物馆

常乐村村域总平面图与鸟瞰图

常乐村村庄总平面图与村域鸟瞰图

设计说明

近郊村庄是联系城市中心地区和城市外围乡村的重要区域，是城乡融合问题最为突出的地区，也是城镇化发展最前沿的地区。近郊村庄在当前发展中面临着发展目标与定位同质化严重、基础设施与市区相比较差、盲目发展加盖多层建筑等突出问题。近郊村庄是乡村振兴战略和城镇化战略中极为重要的地区，探索其规划发展方向对于乡村发展具有重要意义。本设计以北京市海淀区上庄镇常乐村为研究对象，以生态保护与资源利用为切入点，结合新兴热点生态产品价值实现理论，系统梳理了常乐村现状优势与存在问题，确定常乐村作为市区“近郊绿心”的目标定位，提出“单元+介质=网络”的发展模式，并提出规划策略，为同类型村庄的规划方向与发展模式提供参考。

稻香常乐，绿意人居——以生态产品价值实现为路径探讨乡村有机更新

北京市海淀区上庄镇常乐村有机更新设计

04

常乐村村域土地利用规划图

村域用地调整：村域总用地面积约188.68公顷。

村庄建设用地：41.74公顷，占总用地面积的22.12%。

村庄非建设用地：121.25公顷，占总用地面积的64.26%。其中农林用地83公顷，占非建设用地面积的68.45%。

用地类别		用地编码	用地名称	现状用地面积（公顷）	现状用地占区域总用地比例（%）	建筑面积	占村庄总建筑规模比例（%）
村庄用地		村庄建设用地		41.74	22.12	19.5	96.92
	其中	C1	村民住宅用地	11.69	6.2	9.83	48.86
		C21	村庄公共服务设施用地	2.15	1.14	0.89	4.42
		C23	村庄广场用地	0.15	0.08		
		C3	村庄产业用地	19.48	10.33	8.31	41.30
		C41	村庄公用设施用地	0.18	0.1	0.07	0.35
		C42	村庄交通设施用地	1.24	0.66	0.03	0.15
		C43	村庄道路用地	6.35	3.37	0.25	1.24
		C9	村庄其他建设用地	0.5	0.24	0.12	0.6
		村庄非建设用地		121.25	64.26	0.1	0.05
	其中	E1	水域	32.85	17.42		
		E21	农业用地	48.35	25.64	0.01	0.05
		E22	林业用地	34.39	18.36	0.09	0.45
		E23	农村道路	5.46	2.89		
		小计		162.99	86.38	19.6	97.42
其中		其他建设用地		25.69	13.62	0.52	2.68
	其中		区域用地	21.28	11.28	0.51	2.53
			待定水用地	4.41	2.34	0.01	0.05
		合计		188.68	100	20.12	100

常乐村村域土地利用规划图

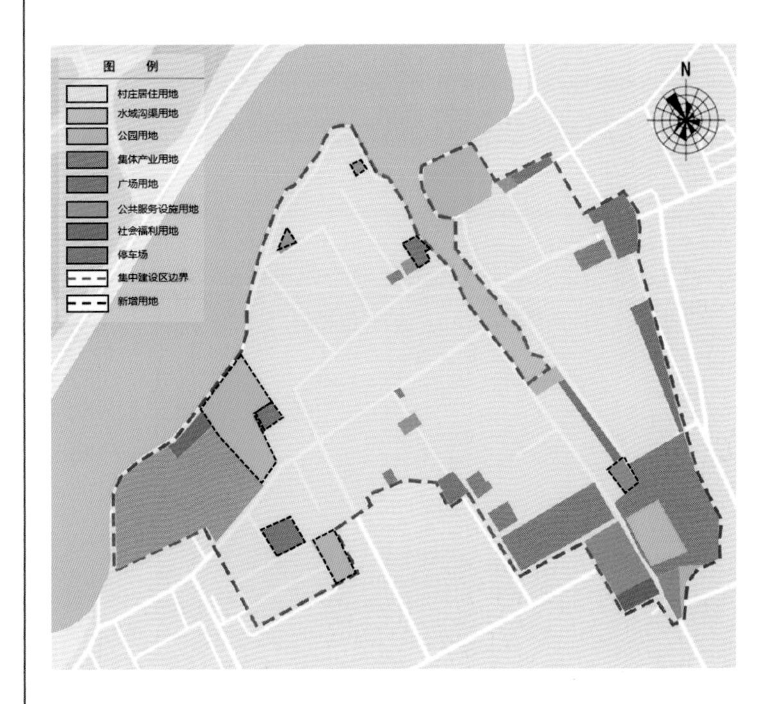

村庄用地调整：村庄集中建设面积41.74公顷。

公共服务设施用地：新增一处养老服务中心，一处文化活动室，一处幼儿园，一处广场。

交通设施用地：新增两处停车场。

公园用地：新增两处公园。

用地编码	用地名称	现状用地面积（公顷）	现状用地占区域总用地比例（%）	建筑面积（万平方米）	占村庄总建筑规模比例（%）
村庄建设用地		41.74	22.12	19.5	96.92
C1	村民住宅用地	11.69	6.2	9.83	48.86
C21	村庄公共服务设施用地	2.15	1.14	0.89	4.42
C23	村庄广场用地	0.15	0.08		
C3	村庄产业用地	19.48	10.33	8.31	41.30
C41	村庄公用设施用地	0.18	0.1	0.07	0.35
C42	村庄交通设施用地	1.24	0.66	0.03	0.15
C43	村庄道路用地	6.35	3.37	0.25	1.24
C9	村庄其他建设用地	0.5	0.24	0.12	0.6

稻香常乐，绿意人居——以生态产品价值实现为路径探讨乡村有机更新

北京市海淀区上庄镇常乐村有机更新设计

05

规划结构分析图

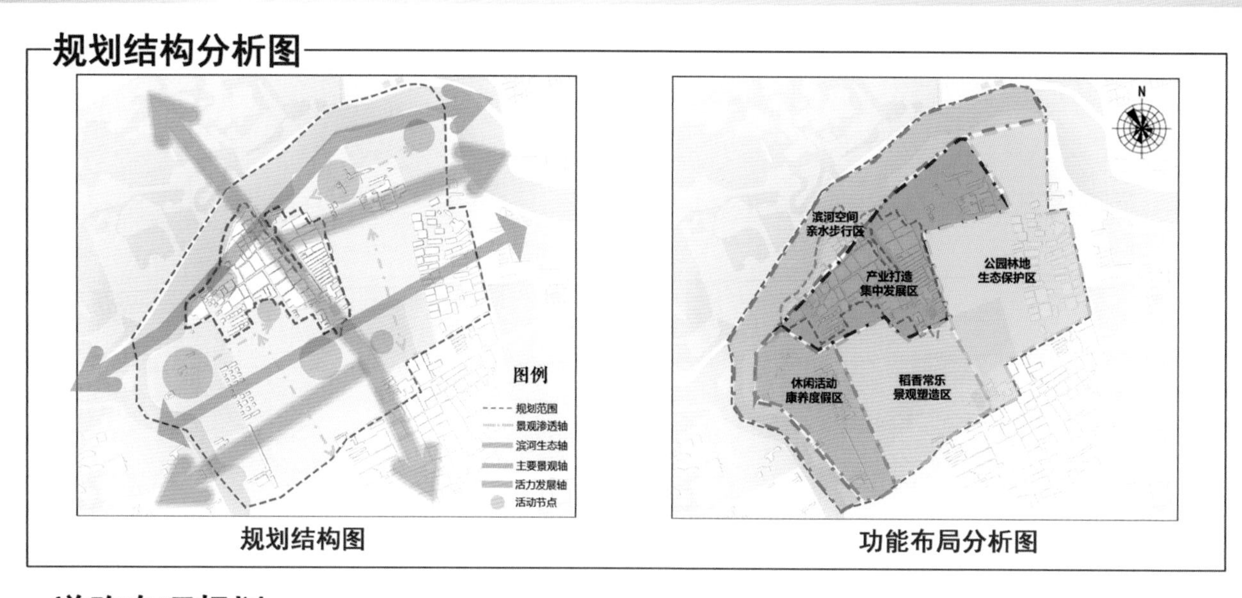

规划结构图　　功能布局分析图

道路专项规划

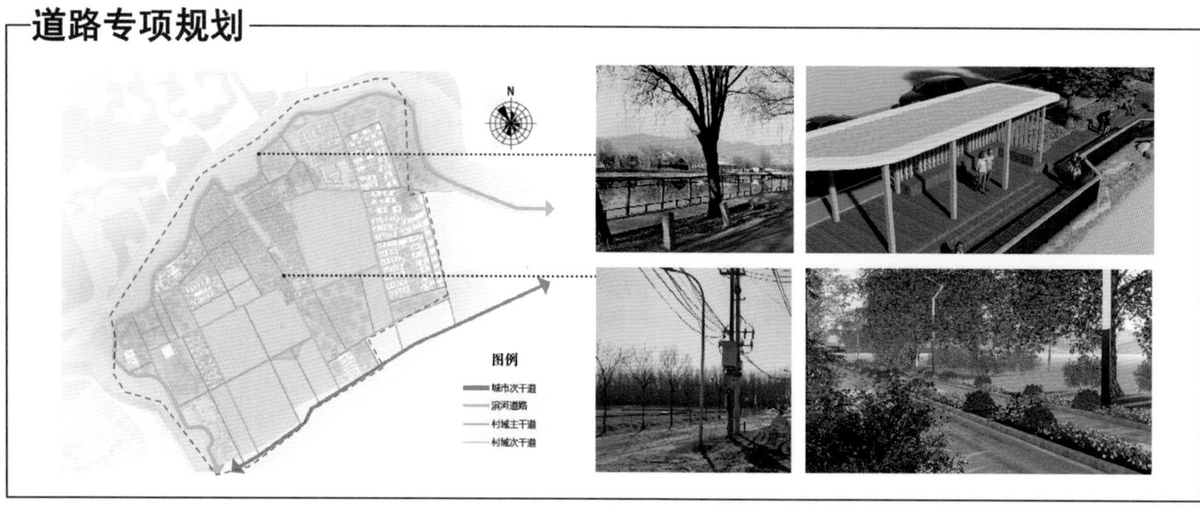

公共服务设施专项规划

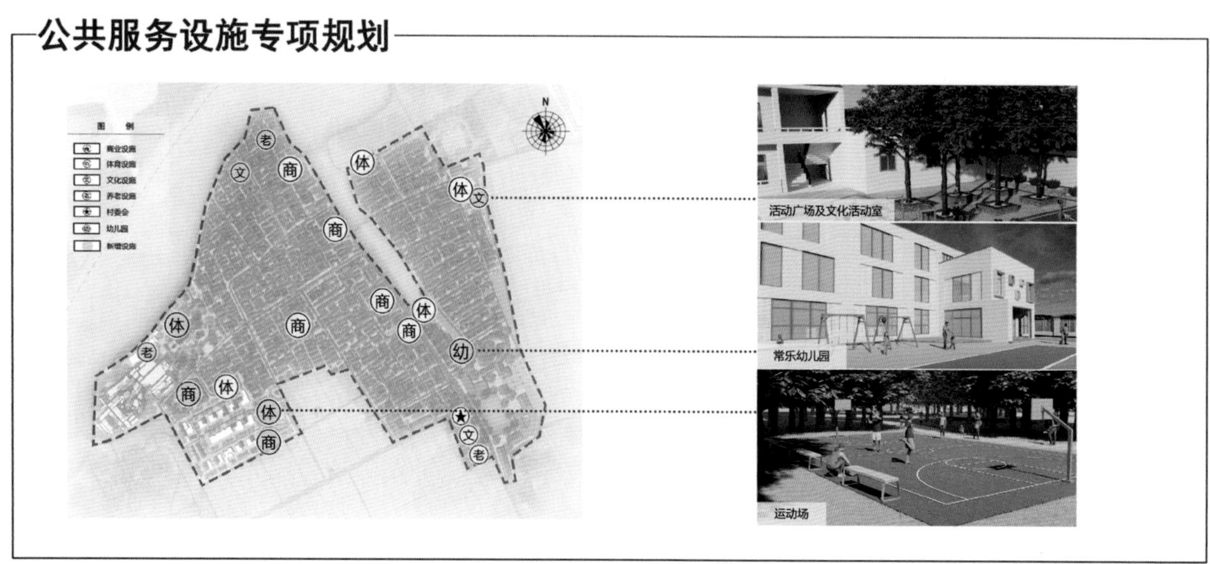

稻香常乐，绿意人居——以生态产品价值实现为路径探讨乡村有机更新

北京市海淀区上庄镇常乐村有机更新设计

06

产业专项规划

稻香常乐

以京西稻为主导的“1+4”产业发展模式

1个主产业	京西稻种植业
4个副产业	农产品加工　农业科研实验基地 休闲康养　乡村旅行体验
三生融合	生产：智慧创新的稻田实验示范村 生活：多元融合的和谐活力宜居村 生态：绿色低碳的城郊生态涵养村

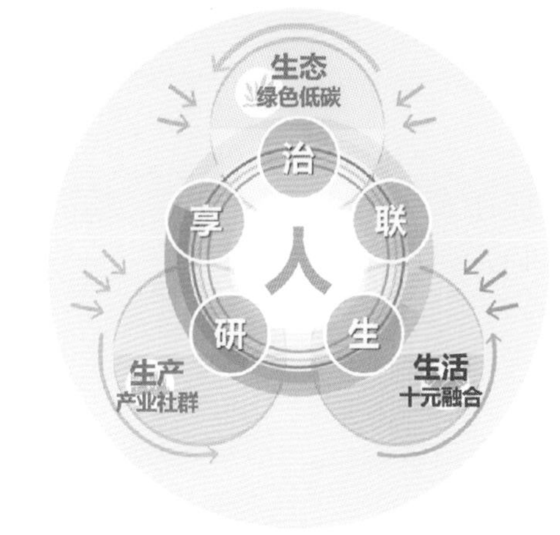

稻香常乐，绿意人居——以生态产品价值实现为路径探讨乡村有机更新

北京市海淀区上庄镇常乐村有机更新设计

07

生态专项规划

山景单元

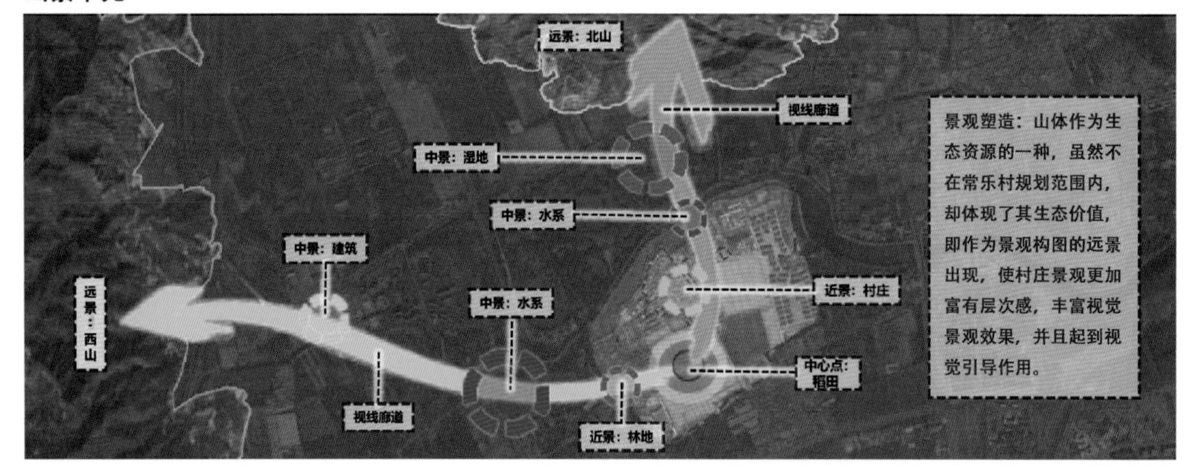

滨水单元

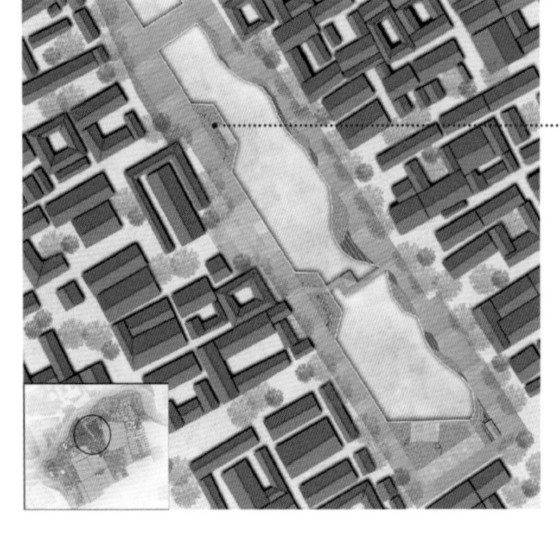

稻香常乐，绿意人居——以生态产品价值实现为路径探讨乡村有机更新

北京市海淀区上庄镇常乐村有机更新设计

生态专项规划

林下单元

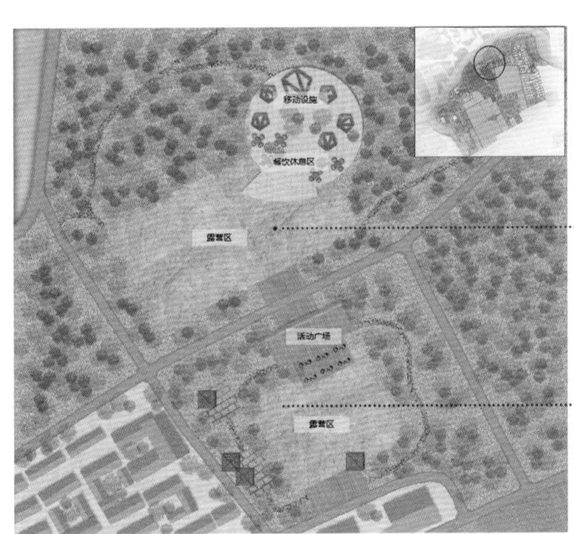

稻香常乐，绿意人居——以生态产品价值实现为路径探讨乡村有机更新

北京市海淀区上庄镇常乐村有机更新设计

09

生态专项规划

稻田单元

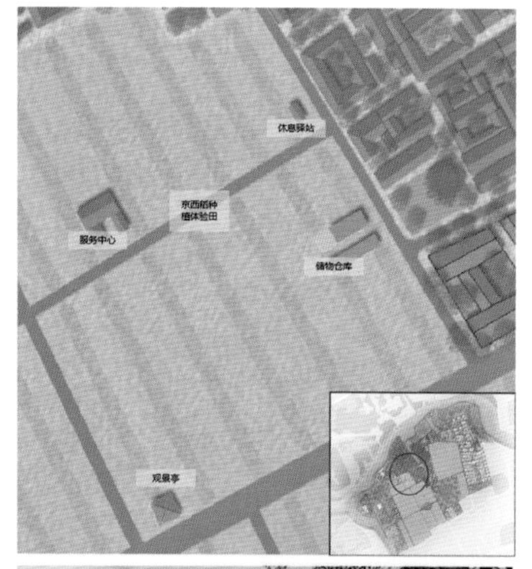

稻香常乐，绿意人居——以生态产品价值实现为路径探讨乡村有机更新

北京市海淀区上庄镇常乐村有机更新设计

生态专项规划

村貌单元

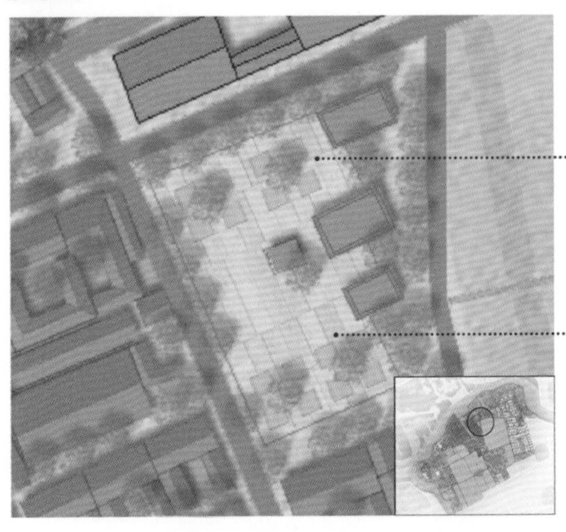

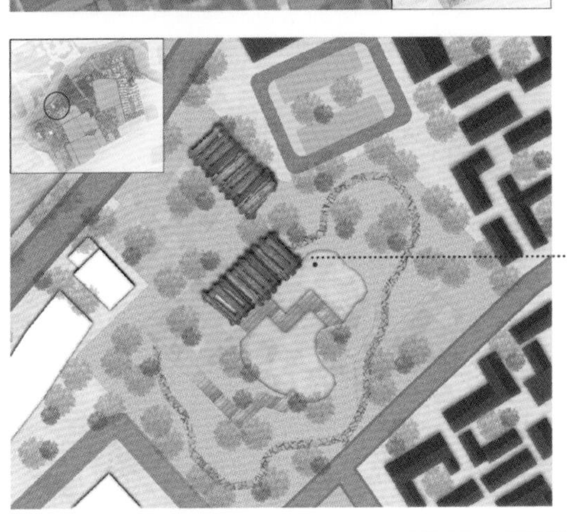

生态优先 | 融于自然
生态质朴的自然村落

在地风貌 | 乡土材料
乡土景观的创新表达

因势利导 | 功能植入
乡村振兴的在地探索

多元景观 | 多样业态
乡野人文的博物之行

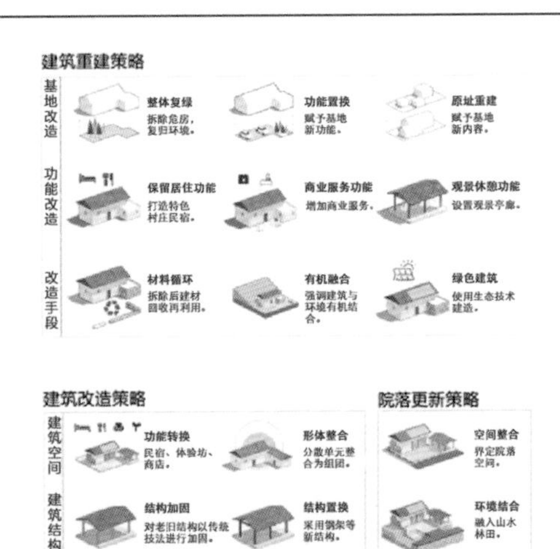

民宿建筑风格引导

建筑形式：为符合当地村庄风貌，采用围合式布局，以深色瓦的坡屋顶为主，不超三层。

空间布局：需要为游客的烧烤、野餐等活动留出充足的户外空间，可设置木质秋千等有乡村风格的游乐设施，考虑到游客需求和民宿院落空间，可在宅前屋后设置采摘菜园。

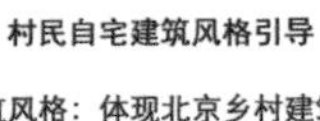

村民自宅建筑风格引导

建筑风格：体现北京乡村建筑特点，外形以简洁大方为主。

建筑高度：为保护乡村风格，应当以一层和二层为主。

建筑布局：保留村庄特色，以三面围合、四面围合的院落式布局为主。

北京城市学院

栖居山水雄关之源

——刁窝村有机更新设计

人员介绍

设计说明

本次规划设计主要考虑“人与自然”之间的和谐关系，坚持以人为本的设计理念。设计以生态环境优先为原则，充分体现对人的关怀，站在村民的角度思考问题。

基于国家政策、上位规划以及现状情况，本次更新设计主要解决了用地、道路、绿地、建筑、游览路线等问题。本次规划设计划分村庄的分区，植入不同功能，并在重要节点进行院落更新，激发村庄活力。

同时针对村庄处在长城沿线带上的独特地域优势，打造刁窝村独有的长城游览路线，便于村民以及游客了解长城要塞文化，打造刁窝村独有风格。

指导教师

刘蕊，北京城市学院城市建设学部城市规划教研室主任，副教授。

孟媛，北京城市学院城市建设学部主任，教授。

杨易晨，北京城市学院城市建设学部教师。

教师感言

美丽乡村追求的是人与环境和谐共处，如何与周边资源结合起来发展是一个深入的课题。我们不断思考，从宏观、中观和微观角度去探索，为村庄和村庄中的百姓切实解决一些问题。此次联合毕业设计让学生互相学习，是一个很好的交流平台，专家的专业指导也让大家受益匪浅，是一次难忘的经历。很荣幸能带领我校学生一起参与这次活动，为她取得的成果感到高兴，也希望她在今后的工作和学习中更上一层楼。

小组成员

李心怡

学生感言

感谢本次毕业设计中帮助过我的老师和同学，他们让我在此期间进一步提升自己，在专业上得到了很大的提高。通过本次联合毕业设计，我体会到要有目的、有计划、有分工地做事，前期分析准备做齐全，中期要厘清设计思路和策略，后期明确每天的任务量和分工，这样才能为此次毕业设计画上圆满的句号。

旅居山水雄关之源
——刁窝村有机更新设计
壹
析古问今
政策背景
规划缘起：平谷区推进村庄有机更新，全面打造“美丽乡村”。
十九大报告：实施乡村振兴战略。
《北京市“十四五”时期乡村振兴战略实施规划》：坚持乡村振兴和新型城镇化双轮驱动，准确把握北京“大城市小农业”“大京郊小城区”的市情和乡村发展规律。
平谷区人民政府：2023年，平谷在“农业中关村”建设上打算启动升建国家农业高新区。此外，全面推进农文旅融合发展，打造传统农事体验，丰富乡村休闲产品供给，加快推进一二三产业联动也是目前平谷区的发展目标。
村庄荣誉
刁窝村是北京美丽乡村联合会会员村，2009年被评为“北京最美乡村”。
北京市首批民俗旅游村名单
大兴：留民营村
通州：大营旅游度假村
顺义：焦庄户村
海淀：车耳营村
密云：石城旅游民俗村、石塘路旅游民俗村、遥桥峪旅游民俗村、曹家路民俗旅游村
门头沟：爨底下村
平谷：刁窝村、黄草洼村、鱼子山村、挂甲峪村
昌平：麻峪房子民俗村、德陵民俗村、羊台子民俗村、湖门民俗村、白羊城民俗村
房山：西庄村、九渡村、韩村河村、中英水村、半壁店村、堂上村
延庆：河西村、里炮村、东小河屯村、卓家营村、水泉沟村、珍珠泉村
怀柔：北宅村、新王峪村、卢庄村、东帽湾村、西庄村
政策分析
《全国乡村产业发展规划（2020—2025年）》
乡风文明
生态宜居
治理有效
产业兴旺
生活富裕
提升农产品加工业
拓展乡村特色产业
优化乡村休闲旅游业
发展乡村新型服务业
推进农业产业化和农村产业融合发展
推进农村创新创业
《乡村振兴战略规划（2018—2022年）》
镇罗营镇
梨树沟村
塔洼村
金海湖
黄松峪村
图例
上位规划
《北京城市总体规划（2016年—2035年）》
《平谷分区规划（国土空间规划）（2017年—2035年）》
《北京市平谷区黄松峪乡国土空间规划（2019年—2035年）》
河北兴隆
自然生态休闲区
公共服务核
旅游服务核
定位：“生态休闲谷，醉美旅居镇”。
规划目标：实现功能疏解、生态保护、用地减量等发展目标，促进优质资源向乡村流动，促进村庄地区生态环境保护、资源集约节约和统筹利用，全面提升农村人居环境，充分挖潜村庄特色，激发村庄活力，有效促进首都村庄健康和可持续发展。
坚持生态环境保护与农民生活改善相协调、与山区乡镇生态化发展相促进，发挥自然山水优势和民俗文化特色，促进山区特色生态农业与旅游休闲服务融合发展。
定位：首都东部重点生态保育及区域生态治理协作区，特色休闲及绿色经济创新发展示范区，农业科技创新示范区，服务首都的综合性物流口岸。
以提升公共服务水平、加强生态保护、促进农业现代化为主要任务，在产业基础较好的小城镇有序引导产业发展类型和生产要素集聚，推动城乡融合发展。
发展目标：依托山谷幽、洞穴奇、遗迹稀等优势，营造生态共享、山水交融的人居环境；以“新时尚”为切入点，以特色休闲旅游为主导产业，形成平谷休闲旅游新名片，使人醉于山水、醉于乡土，亦旅亦游，提供环境优美、宜居宜业的生态居住之所、休憩之所、养生之所。

旅居山水雄关之源

——刁窝村有机更新设计

析古问今

区位历史

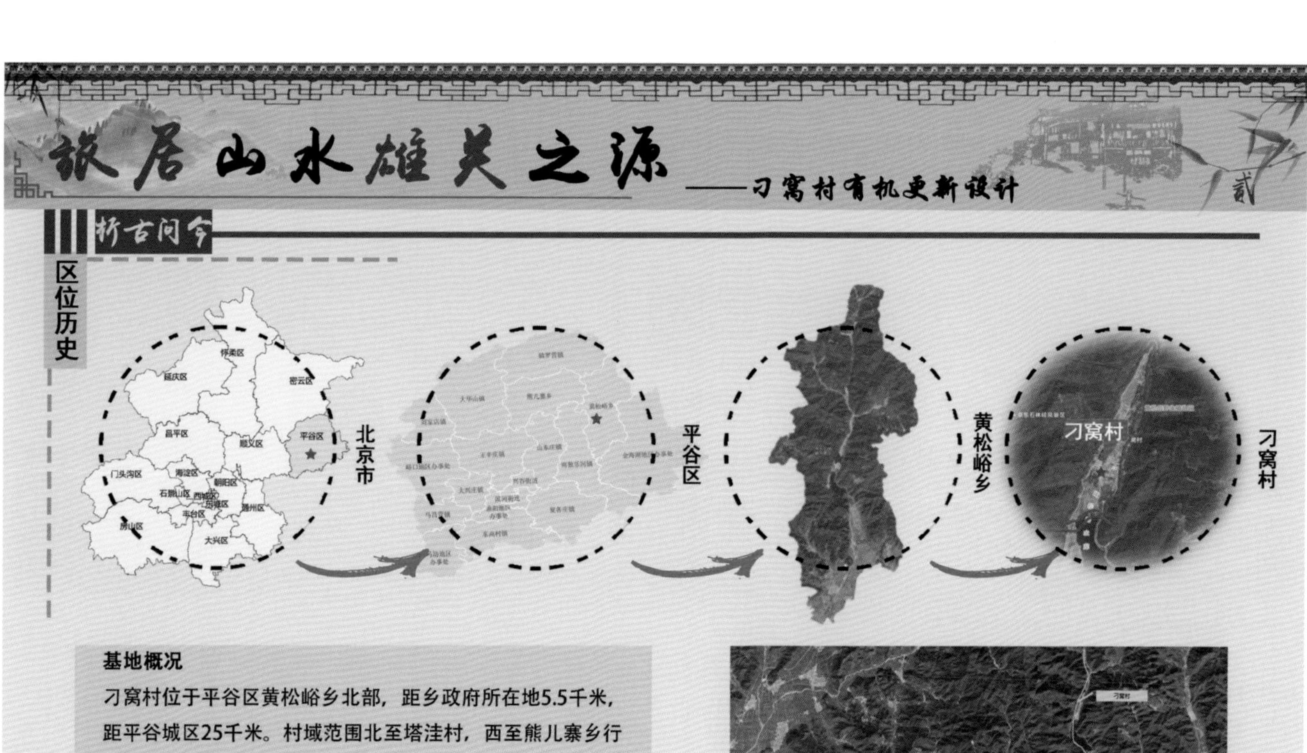

基地概况

刁窝村位于平谷区黄松峪乡北部，距乡政府所在地5.5千米，距平谷城区25千米。村域范围北至塔洼村，西至熊儿寨乡行政边界，东南接黄松峪村，西南与白云寺村毗邻。村域西部为平谷区兴谷街道飞地。

刁窝村在黄松峪乡具有重要的战略区位，是胡关路沿线重要的景区依托及旅游节点，地处交通咽喉之位。村庄旅游资源丰富，以石林峡景区为依托，北邻湖洞水景区，坐拥黄松峪水库，南望明长城。

村名由来

辽金时期，在现在的石林峡景区内有一座“刁关”（形似城堡，起到瞭望观察、御敌作用），其建筑高大雄险，又因石林峡内地形似大的鸟窝状，故称“刁窝村”。

第一个鼎盛时期

北宋大辽时期，刁窝村为兵家必争之地，村南（现黄松峪水库西北角，大西沟门口）曾摆“八宝阵”诱敌；1969年修建黄松峪水库开基挖槽时发现月牙弯刀、盾牌等文物。

第二个鼎盛时期

明代中末期，按地理位置，刁窝村属中间村落，是兵家、商家必经之道，人来人往。

第三个鼎盛时期

清末民国初期，刁窝村第三次建村至今。因村落地势低下，受洪水及泥石流的冲击，中间曾有过相隔三四百年的断代。

村名更改

直至2003年，著名作家王蒙下榻该村，发现其“刁”字有狡猾、无赖之意，在他的倡导下更改为“雕窝村”，但因村名修改审批烦琐，所以如今依旧沿用“刁窝村”村名。

社会经济

黄松峪乡户籍人口5652人，刁窝村常住人口167人，其中党员人数约29人，青壮年劳动力约95人。受景区影响，常住人口有减少的趋势。

人口

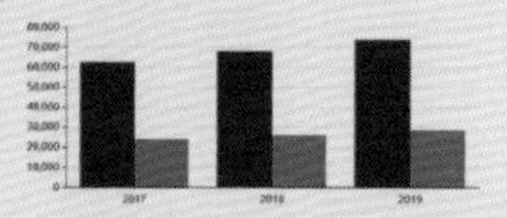

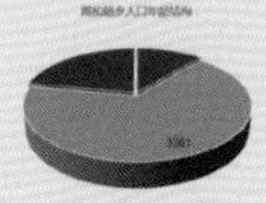

经济与产业

刁窝是最早响应平谷区旅游富民要求的村庄，自1998年何金义成为刁窝村民俗接待第一户后，依托石林峡景区，刁窝村民俗接待户蓬勃兴起，形成了远近闻名的民俗接待特色村，主要收入来源是农家乐住宿餐饮、土特产售卖，人均年收入3万~5万元。

一产：主要是林果业、畜牧业，主要农产品作物有麻核桃、柿子、山楂、花椒等，依托景区进行农产品及加工品售卖。

二产：刁窝村现状无第二产业。

三产：以传统村落观光、特色农家乐为主，开展旅游接待服务。

山水格局

三面环山，一面傍水，森林覆盖率极高

村内建筑以20世纪80年代修建的为主，大多为砖混结构，基本都在使用。

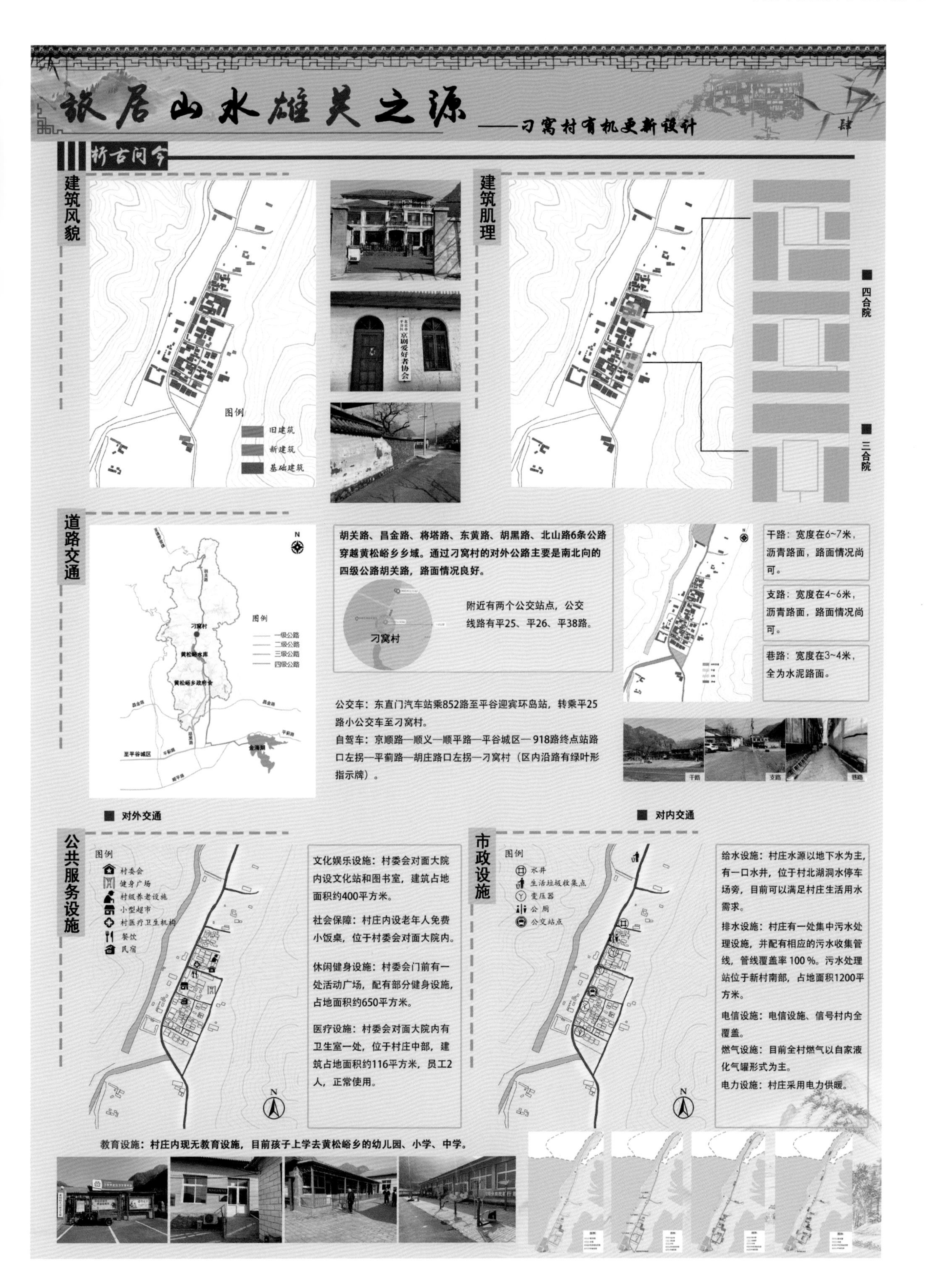

旅居山水雄关之源
——刁窝村有机更新设计
肆
析古问今
建筑风貌
图例
旧建筑
新建筑
基础建筑
京剧爱好者协会
建筑肌理
四合院
三合院
道路交通
图例
一级公路
二级公路
三级公路
四级公路
刁窝村
黄松峪水库
黄松峪乡政府驻地
至平谷城区
胡关路、昌金路、将塔路、东黄路、胡黑路、北山路6条公路穿越黄松峪乡乡域。通过刁窝村的对外公路主要是南北向的四级公路胡关路，路面情况良好。
附近有两个公交站点，公交线路有平25、平26、平38路。
刁窝村
公交车：东直门汽车站乘852路至平谷迎宾环岛站，转乘平25路小公交车至刁窝村。
自驾车：京顺路—顺义—顺平路—平谷城区—918路终点站路口左拐—平蓟路—胡庄路口左拐—刁窝村（区内沿路有绿叶形指示牌）。
干路：宽度在6~7米，沥青路面，路面情况尚可。
支路：宽度在4~6米，沥青路面，路面情况尚可。
巷路：宽度在3~4米，全为水泥路面。
干路
支路
巷路
对外交通
对内交通
公共服务设施
图例
村委会
健身广场
村级养老设施
小型超市
村医疗卫生机构
餐饮
民宿
文化娱乐设施：村委会对面大院内设文化站和图书室，建筑占地面积约400平方米。
社会保障：村庄内设老年人免费小饭桌，位于村委会对面大院内。
休闲健身设施：村委会门前有一处活动广场，配有部分健身设施，占地面积约650平方米。
医疗设施：村委会对面大院内有卫生室一处，位于村庄中部，建筑占地面积约116平方米，员工2人，正常使用。
市政设施
图例
水井
生活垃圾收集点
变压器
公厕
公交站点
给水设施：村庄水源以地下水为主，有一口水井，位于村北湖洞水停车场旁，目前可以满足村庄生活用水需求。
排水设施：村庄有一处集中污水处理设施，并配有相应的污水收集管线，管线覆盖率100%。污水处理站位于新村南部，占地面积1200平方米。
电信设施：电信设施、信号村内全覆盖。
燃气设施：目前全村燃气以自家液化气罐形式为主。
电力设施：村庄采用电力供暖。
教育设施：村庄内现无教育设施，目前孩子上学去黄松峪乡的幼儿园、小学、中学。

谈居山水雄关之源

——刁窝村有机更新设计 伍

析古问今

旅游资源

刁窝村周边有众多旅游资源，应利用自身资源优势，挖掘特色文化，加强与周边景区的产业对接，同时形成联动发展的游线。

名称	距离（千米）	类型	等级
京东大峡谷	8.3	景区	国家AAAA级
京东大溶洞景区	5.0	景区	国家AAAA级
金海湖	10.2	景区	国家AAAA级
石林峡	0.3	景区	国家AAAA级

刁窝村处于平谷区胡关路中，串联南北方向景区与村庄，交通优势显著。村旁便是国家 4 A 级景区石林峡，村域范围内有大量林地以及生态资源，可考虑发展形成景村融合、体验丰富的人文景观游览线路。

文化资源

应加强历史文化传承，强化长城意象，传承长城文化，展现长城沿线特色风貌。

长城三面环抱，属长城一类控制地带，地处交通咽喉，有明长城遗址，是北京市唯一全区境内长城墙体全部石砌的区县，号称“北京最古朴的石长城”，作为北京长城重要组成部分，是拱卫京师东部的重要屏障。

长城文物保护区：村庄基本位于长城一类建设控制地带。

发展条件

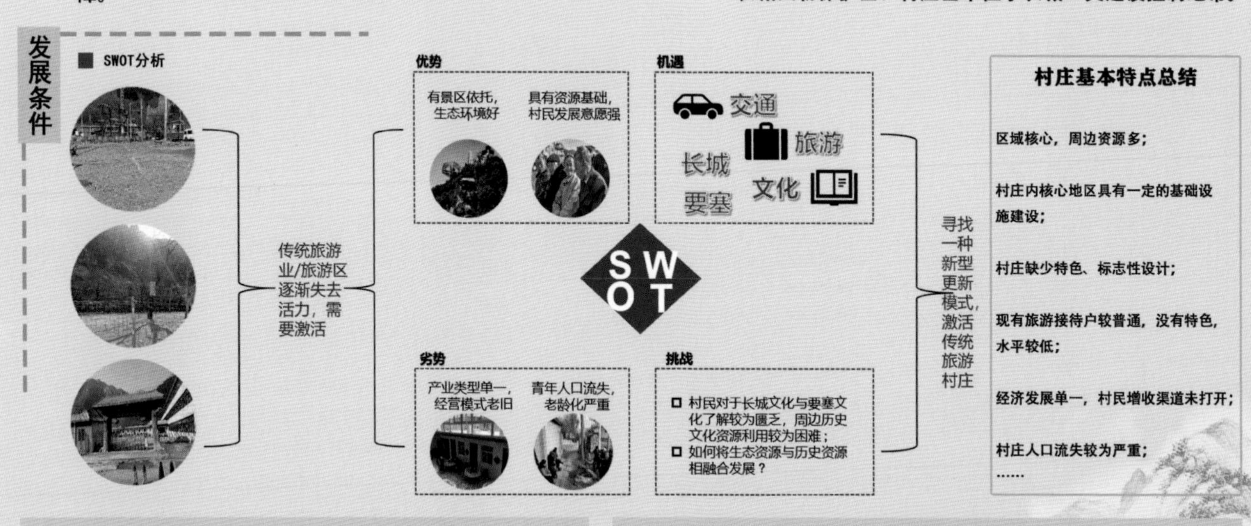

如何改善现状人口问题，吸引年轻群体？

如何在村落有机更新的同时，合理解决村民诉求，打造村庄宜居环境？

如何精准定位，引入产业，实现与周边景观资源协同发展？

如何凸显村落文化价值，延续文脉价值，强化长城意象，展现长城沿线特色风貌？

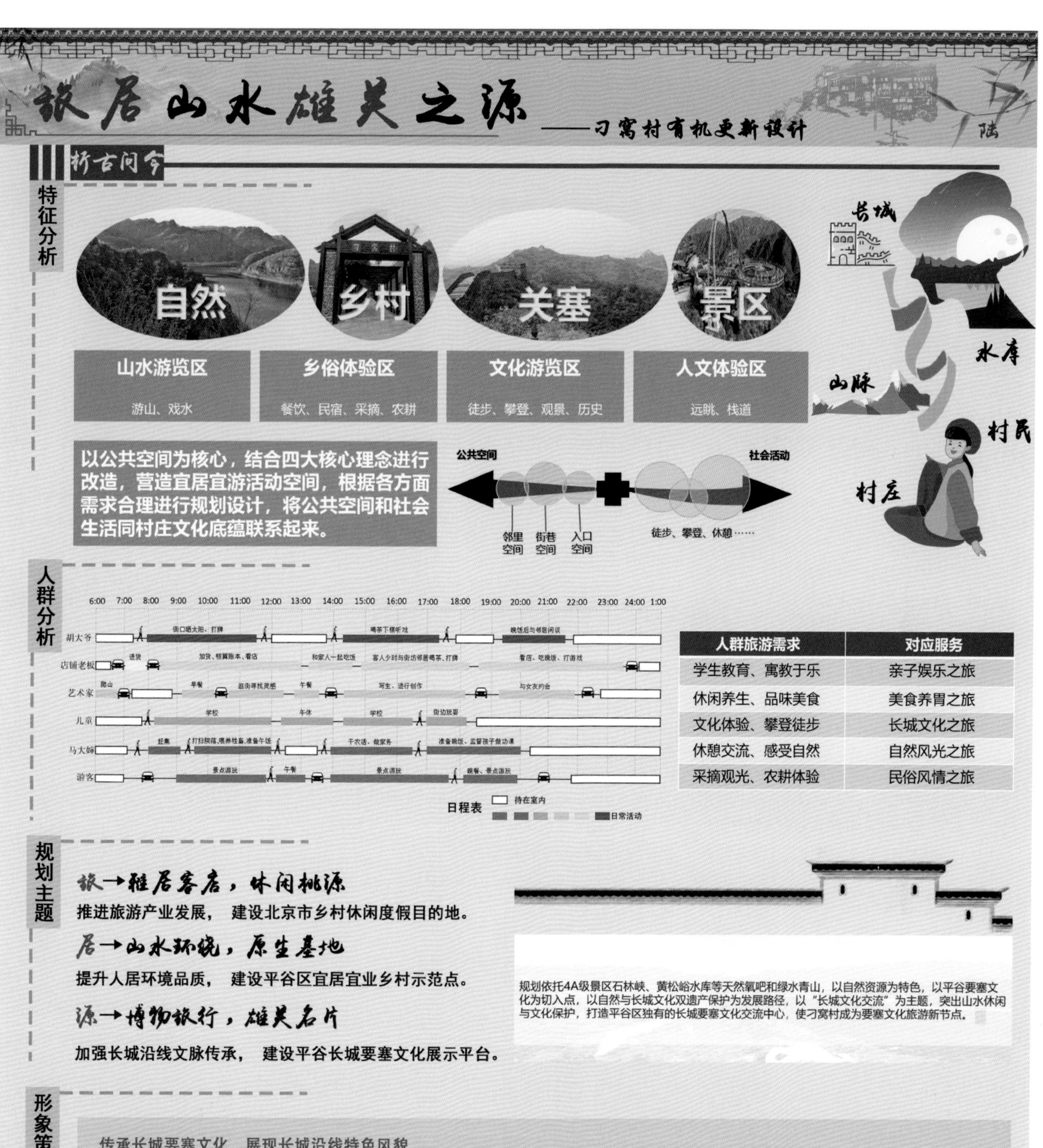

人群旅游需求	对应服务
学生教育、寓教于乐	亲子娱乐之旅
休闲养生、品味美食	美食养胃之旅
文化体验、攀登徒步	长城文化之旅
休憩交流、感受自然	自然风光之旅
采摘观光、农耕体验	民俗风情之旅

形象策划

传承长城要塞文化，展现长城沿线特色风貌

长城建设控制地带内的建筑物、构筑物应在色调、体量、造型、材质等方面，与长城风貌保持协调，鼓励采用当地砖石民居的建筑风格与色彩，延续具有山区特点的建筑形式，严格监管长城保护范围及建设控制地带内的建设行为。

完善村中公共服务设施，营造错落有致、依山傍水的特色合院

保持传统村容村貌，尊重历史文化特征，延续传统风貌格局及建筑风格；布点分散，控制建设强度，形成错落有致的聚落片区，特别是靠近景区的传统村落应形成有机聚散、景村融合的布局模式。

引入多元乡村产业，打造高品质休闲旅游目的地

立足乡镇自然资源、产业特色等条件布局，体现自然风貌的整体性、空间立体性、平面协调性，依托平谷自然景观、人文风情、历史遗迹、建筑艺术等资源，保留传统乡村特色，守住平谷乡村文化根脉，结合现代美学和宜居功能，建造风格独特、个性鲜明的精品休闲综合体。

谧居山水雄关之源
——刁窝村有机更新设计

寻忆延新

用地规划

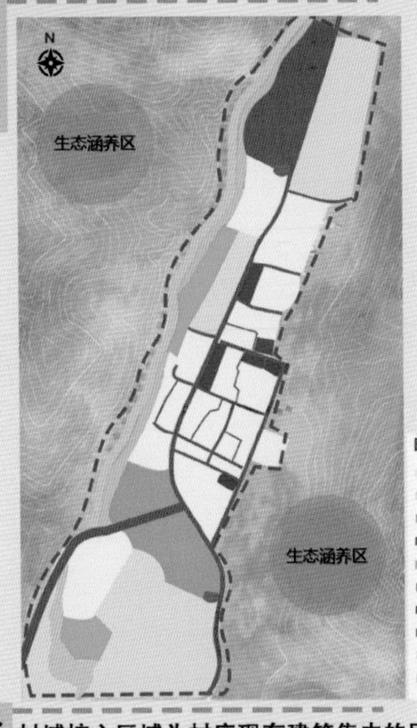

增添部分公共服务设施用地、文化设施用地和道路交通用地。

依据村庄实际情况，合理确定村庄建设用地规模。
村民住宅用地4.69公顷，占总建设用地56.56%；
公共服务用地0.82公顷，包括村委会、卫生室、广场等；
村庄基础设施用地0.36公顷，包括村庄街巷路、公厕、水井、垃圾收集点、污水站。

图例：住宅用地、耕地、文化设施用地、道路交通用地、广场用地、行政办公用地、公用设施用地、市政设施用地、水系、防护绿地

用地名称	用地面积（公顷）	占总建筑用地比例(%)
住宅用地	4.69	56.56
公共服务用地	0.82	2.41
公用服务用地	0.34	0.61
文化设施用地	0.22	0.34
绿地与广场绿地	0.21	0.33
道路交通用地	1.86	8.80
耕地	3.12	9.30
水域及水利设施用地	0.81	1.98
其他非建设用地	2.38	19.67
总计	14.45	100

设施规划

■ 市政设施

新增村级文化展览设施，宣传刁窝村发展历史以及长城要塞文化，充分展现该村地域特色。

图例：村委会、健身广场、村级养老设施、小型超市、村医疗卫生机构、餐饮、民宿、文化站

■ 公共服务设施

在村庄中部新增燃气瓶组气化调压站，保障村庄供气需求。

分区规划

村域核心区域为村庄现有建筑集中的民俗体验区及居民生活区。生态涵养区、要塞文化展览区、水库生态观光区、果蔬采摘区、智慧养殖区、特色民宿区以及滨水休闲区则利用村庄现有资源进行修整，融入生态文化，打造特色农家旅游项目。

1 生态涵养区
2 水库生态观光区
3 要塞文化展览区
4 居民生活区
5 民俗体验区
6 滨水休闲区
7 特色民宿区
8 果蔬采摘区
9 智慧养殖区

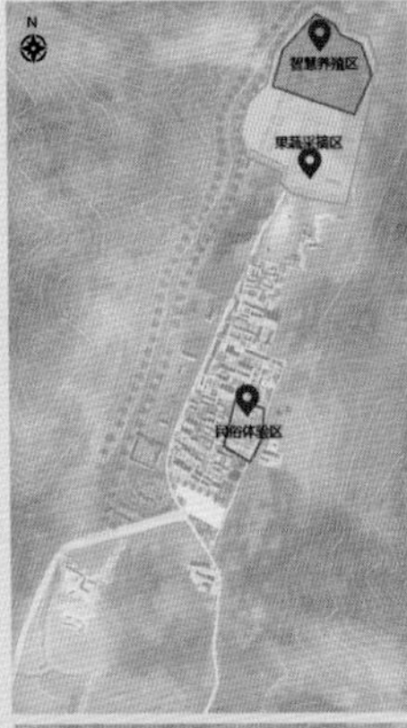

植入多元业态，激发乡村活力

智慧养殖区——动物投喂、参观

果蔬采摘区——采摘园

民俗体验区——特色工艺（书法画作展览，厨艺大赛观赏）

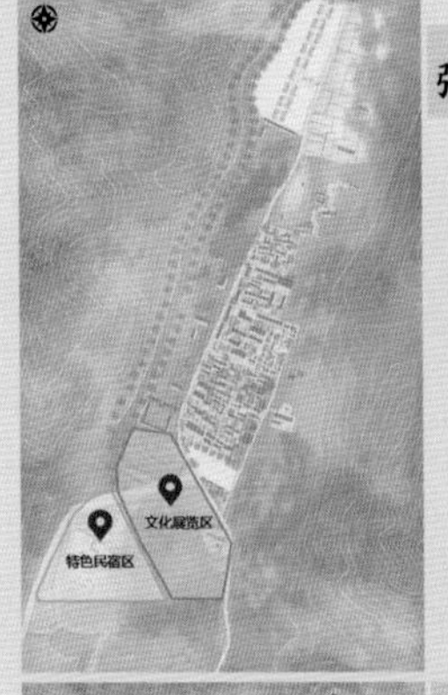

强化长城意象，延续村落文脉

要塞文化展览区

建筑修缮使用当地砖石，适当融入建筑烙画元素，体现长城文化特色。

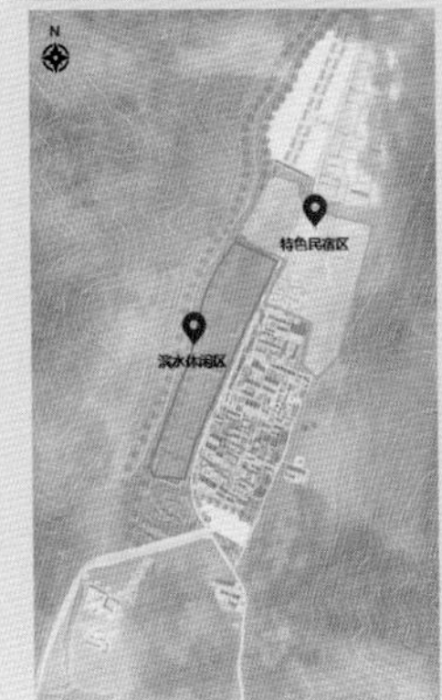

打造趣味休闲，发挥资源优势

滨水休闲区——生态廊道

观景平台
游园步道

特色民宿区——庭院景观
村景融合，打造"幽居诗画"般的特色民宿

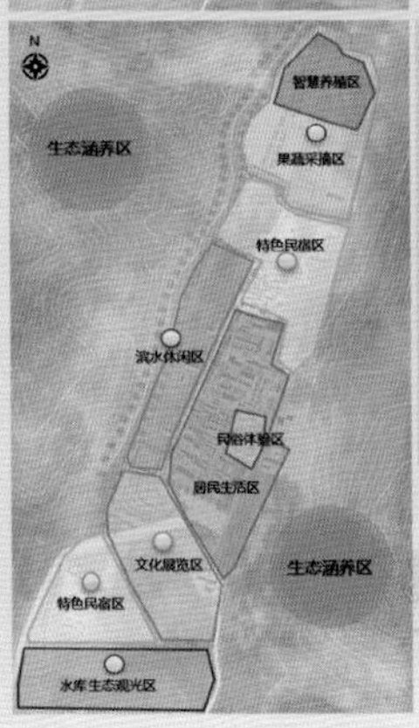

对于建设年代较近、建筑质量较好的建筑，保持其现状；对于建设年代较远、建筑质量较差的建筑，进行修缮更新；对于村内闲置、废弃建筑，进行功能植入，提高现有资源利用率；对村中违法建设建筑进行拆除，进而扩大村民的公共活动空间。

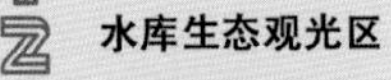
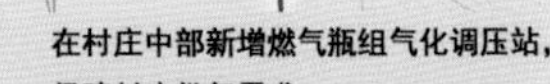

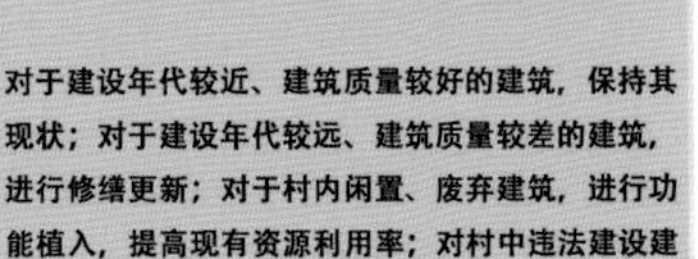
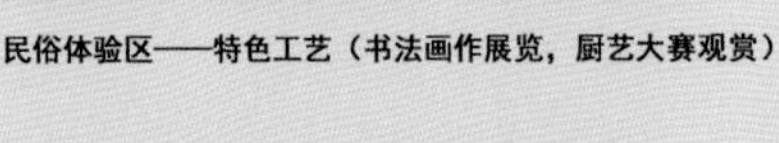

旅居山水雄关之源
——刁窝村有机更新设计
寻忆追新
总平面图
图例
① 村委会
② 卫生室
③ 民俗体验广场
④ 特色民宿（景观主题）
⑤ 滨水观赏廊道
⑥ 小吃摊一条街
⑦ 特色民宿（长城文化主题）
⑧ 小卖部
⑨ 村史馆
⑩ 采摘大棚
规划结构
老人休息、儿童玩乐
休憩、停留、娱乐
科普教育
生态涵养区
智慧养殖区
特色民宿区
滨水休闲区
文化展览区
水库生态观光区
文化展示传播
社会集会交流
户外活动
“两轴、两带、八区、多点”
以村内现有主路胡关路为发展主轴，南北向贯穿特色民宿区、水库生态观光区、文化展览区、居民生活区、果蔬采摘区、智慧养殖区等参观节点。
次轴以东西向串连民俗体验（特色工艺）、滨水休闲（生态廊道）、居民生活（村庄风貌）。
两轴分别承担黄松峪乡全乡旅游发展和生态游览的功能。村外南北两侧作为生态涵养区，不进行任何建设，以生态修复为主要任务。

敬居山水雄关之源
——刁窝村有机更新设计
玖
寻忆延新
景观规划
N
湖洞水
生态涵养区
石林峡
生态涵养区
黄松峪水库
增加大量宅前绿地
以胡关路作为景观发展轴线，依托石林峡、湖洞水、黄松峪水库等自然景观资源，发展滨水景观带。
东西方面延伸为次要景观轴线，延伸至金海湖镇。
景观设计做到“三季有花、四季有景”。
春季：迎春花、红宝石海棠、丁香花、樱花、杜鹃、山桃花、金银花；
夏季：木槿花、凌霄花、紫薇花；
秋季：山楂树、柿子树、红枫、爬山虎；
冬季：北海道黄杨、松树。
滨水景观
景观廊架
休闲空间
鸟瞰图

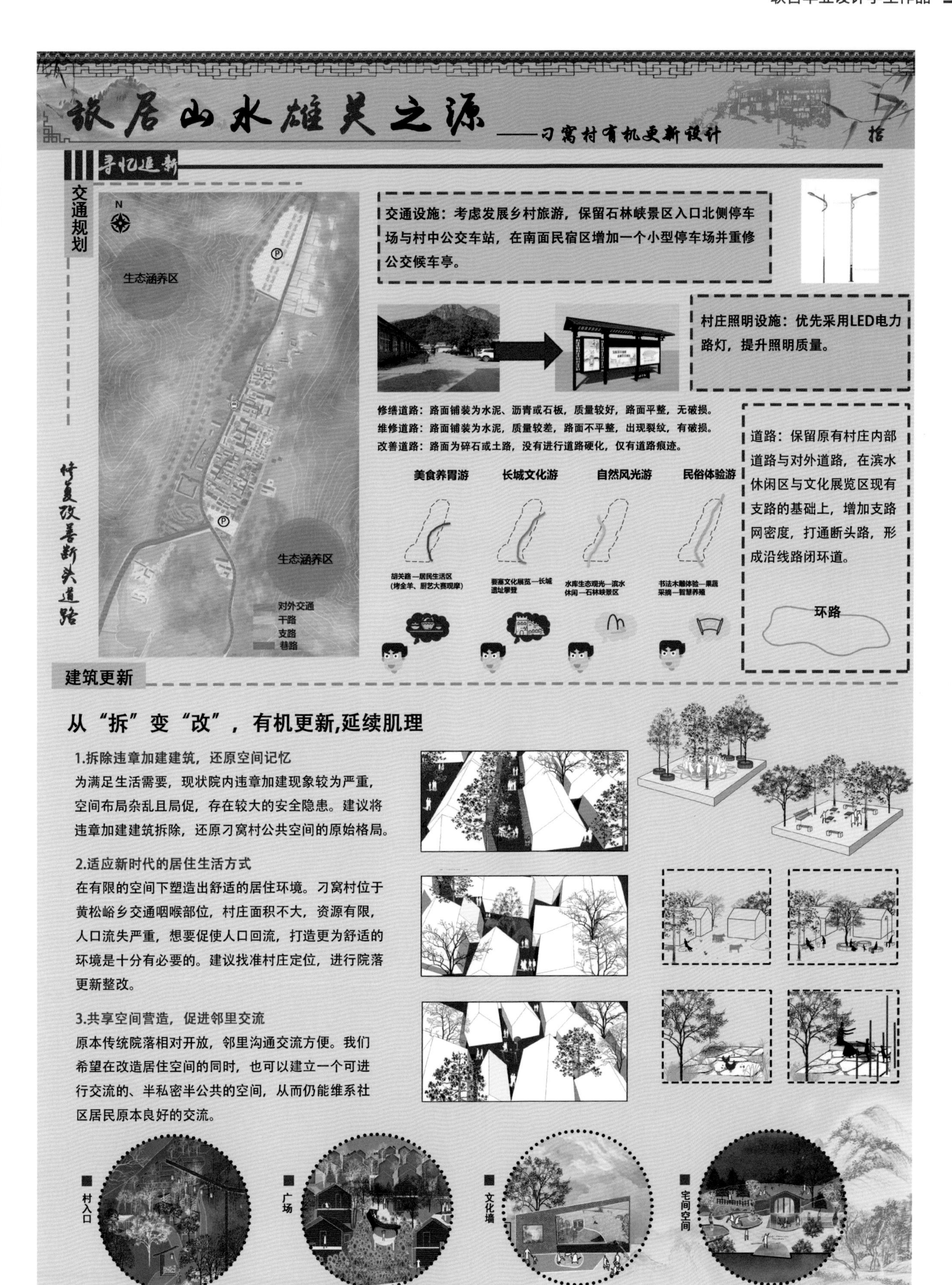

敀居山水雄关之源
——刁窝村有机更新设计
寻忆返新
交通规划
N
生态涵养区
生态涵养区
对外交通
干路
支路
巷路
交通设施：考虑发展乡村旅游，保留石林峡景区入口北侧停车场与村中公交车站，在南面民宿区增加一个小型停车场并重修公交候车亭。
村庄照明设施：优先采用LED电力路灯，提升照明质量。
修缮道路：路面铺装为水泥、沥青或石板，质量较好，路面平整，无破损。
维修道路：路面铺装为水泥，质量较差，路面不平整，出现裂纹，有破损。
改善道路：路面为碎石或土路，没有进行道路硬化，仅有道路痕迹。
美食养胃游
长城文化游
自然风光游
民俗体验游
胡关路—居民生活区
(烤全羊、厨艺大赛观摩)
要塞文化展览—长城遗址攀登
水库生态观光—滨水休闲—石林峡景区
书法木雕体验—果蔬采摘—智慧养殖
道路：保留原有村庄内部道路与对外道路，在滨水休闲区与文化展览区现有支路的基础上，增加支路网密度，打通断头路，形成沿线路闭环道。
环路
修复改善断头道路
建筑更新
从“拆”变“改”，有机更新,延续肌理
1.拆除违章加建建筑，还原空间记忆
为满足生活需要，现状院内违章加建现象较为严重，空间布局杂乱且局促，存在较大的安全隐患。建议将违章加建建筑拆除，还原刁窝村公共空间的原始格局。
2.适应新时代的居住生活方式
在有限的空间下塑造出舒适的居住环境。刁窝村位于黄松峪乡交通咽喉部位，村庄面积不大，资源有限，人口流失严重，想要促使人口回流，打造更为舒适的环境是十分有必要的。建议找准村庄定位，进行院落更新整改。
3.共享空间营造，促进邻里交流
原本传统院落相对开放，邻里沟通交流方便。我们希望在改造居住空间的同时，也可以建立一个可进行交流的、半私密半公共的空间，从而仍能维系社区居民原本良好的交流。
村入口
广场
文化墙
宅间空间

河南城建学院

径揽悠谷，水愈乡村

——基于自然疗愈的乡村规划有机更新设计

院校介绍

河南城建学院位于河南省平顶山市，是河南省唯一一所以工科为主、以“城建”为特色的多学科协调发展的省属本科高校。学校始建于1983年，历经多次升格和改革，现已成为河南省硕士学位授予重点立项建设单位。

设计说明

本次方案依托黄草洼村依山傍水的生态环境优势及现有的产业基础，挖掘在地的特色要素，以自然疗愈为理念，以空间有机更新为切入点，以小规模渐进式改造为手段，打造融合自然、设施齐全、具有空间特色的景郊型生态旅游村居。在方案设计中，首先是建筑功能的补充植入，对一些建筑进行改建及功能置换，增加疗愈空间。其次是公共空间的系统设计，一是以珍珠泉水系为脉，塑造系列功能尺度不同的带状滨水公共空间，进行“水愈”；二是以不同群体诉求为切入点，进行精细化空间设计，设计适应不同群体的空间场所，打造“个体疗愈”。最后是景观环境的视听嗅触味五感塑造，通过不同植物序列的搭配种植，营造轻松、舒适的空间氛围，使人心旷神怡，达到疗愈的效果。

指导教师

李梦迪 河南城建学院助教

很开心能够带领学生参加此次联合毕业设计，带领学生走完他们大学五年的最后一段路程。在这几个月的工作中，学生从调研到设计都很认真努力。作为老师，我很开心也很不舍，他们马上要迎来新的人生阶段，我只能好好地指导他们，传授他们更多的知识。本次针对黄草洼村的更新设计，根据毕业设计的课时安排和每个学生的能力来安排任务，根据他们存在的问题进行指导，希望他们都收获满满，且学有所用，学有所得。

小组成员

杨星荣 河南城建学院学生

很幸运能够在大学的最后阶段有这么一段特别的旅程，让我在大学最后的设计课程中受益匪浅，也收获满满，联合毕业设计的顺利完成离不开老师的耐心指导以及小伙伴的共同努力。从开题调研到中期汇报再到最终答辩，从选题构思到系统规划设计，整个过程我们的方案一步步完善，我们也希望借此机会对黄草洼村的有机更新作出一番畅想，突出黄草洼村独特的自然生态空间格局。此外，专家和老师们的点评及意见，各校学生的多元思路，可谓是带来一场专业交流与碰撞的知识盛宴。

翟嘉欣 河南城建学院学生

很荣幸能够参加本次联合毕业设计，这是我第一次接触乡村有机更新，这使我对乡村发展有了更深的认识，也了解到有机更新在城市和乡村的区别。回顾这次毕业设计之旅，除了作品本身，还有两点收获：其一是对整体设计节奏的合理把握，不能过度拖延，完成比完美更重要；其二是团队沟通协作的重要性，孤雁难飞，只有团队合力才能创作出好的作品。感谢老师的耐心指导。纵有千古，横有八荒。前途似海，来日方长。

王飞 河南城建学院学生

此次的联合毕业设计，是进入社会工作之前的一个小节点。历经几个月的艰辛工作，我们终于协作完成了此次联合毕业设计，这其中离不开老师的悉心帮助。经过这次联合毕业设计，我对乡村有机更新了解更深，我的团队合作能力也得到了加强。同时我也深深感悟到，一个好的乡村设计离不开多方协作，要想乡村发展得更美好，要充分了解村庄现状，抓准村庄特色，打造独属于该村的发展路线，万不可千村一面。

径揽悠谷，水愈乡村

01

——基于自然疗愈的乡村规划有机更新设计

区位分析

平谷区在北京市位置

金海湖镇在平谷区位置

黄草洼在金海湖镇位置

黄草洼村依山傍水、风景秀丽，位于北京市平谷区金海湖镇东北部，地处平蓟路以北，南邻金海湖，东邻天津蓟县，北接河北兴隆，地处京津冀交汇处，距平谷城区15千米，距北京城85千米，内外交通便利。

时代背景

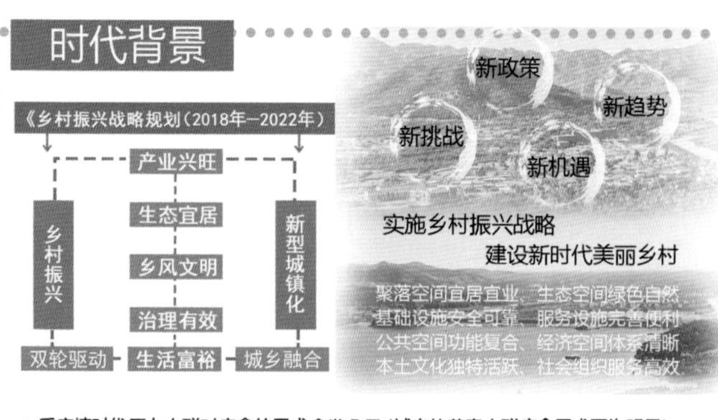

- 后疫情时代压力人群对疗愈的需求愈发凸显（城市快节奏人群疗愈需求更为明显）

- 乡村旅游几个阶段演进交替

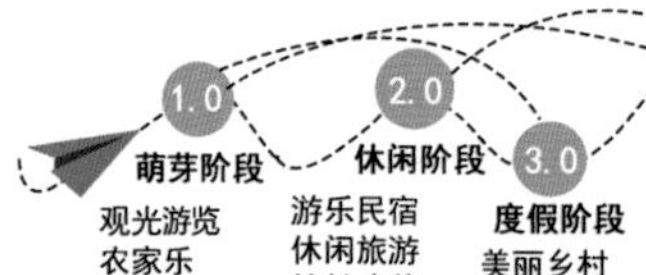

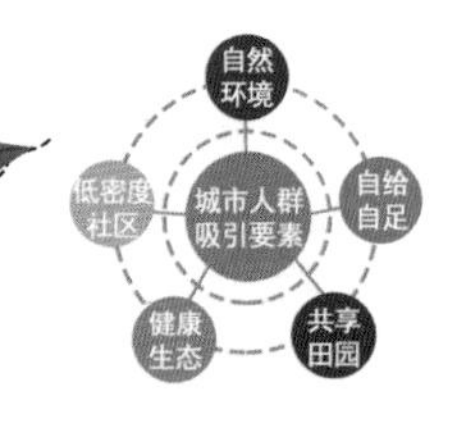

上位规划

《北京城市总体规划(2016 年—2035 年)》、《平谷分区规划(国土空间规划)（2017年—2035年）》

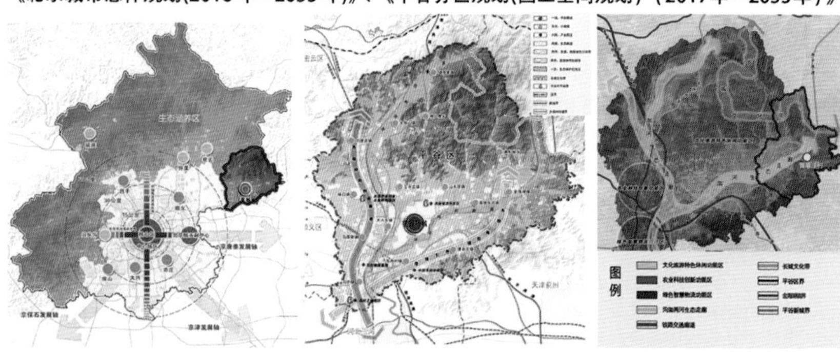

《平谷区金海湖镇国土空间规划（2019年—2035年）》

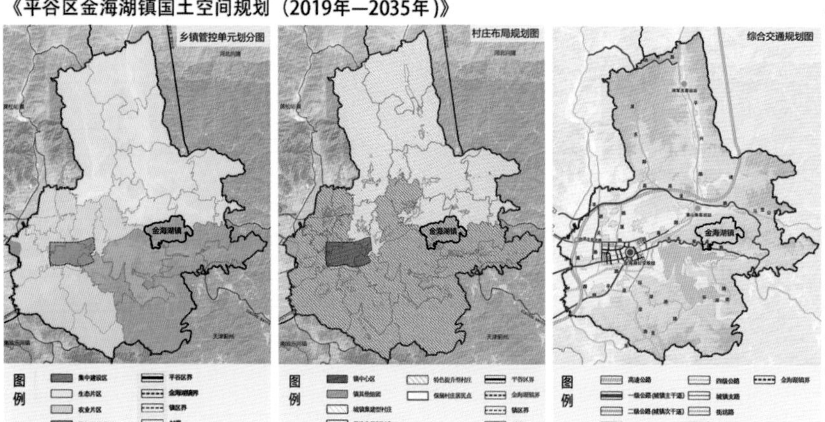

金海湖镇定位：绿色生态休闲、旅游特色小镇；黄草洼村定位：生态休闲养生旅游村居、政治完善类村庄。

高程、坡度、坡向分析

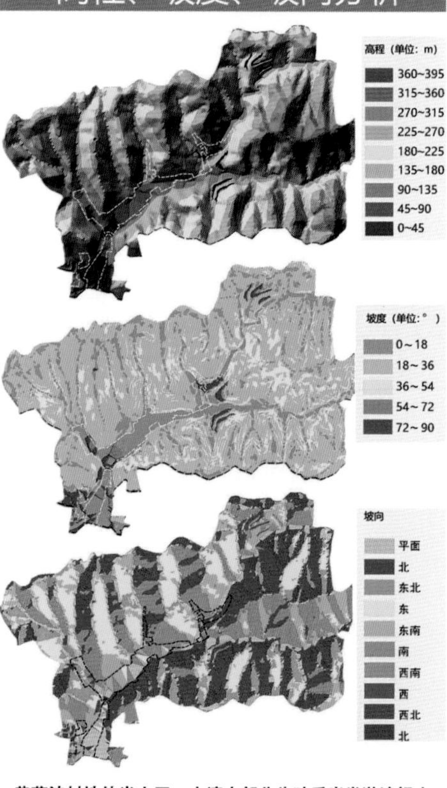

黄草洼村地处半山区，土壤大部分为硅质岩类淋溶褐土，村周围有小部分洪积冲积物褐土性土和钙质岩类粗骨土。村庄高程整体较集中，自西南向东北坡度整体较缓和。

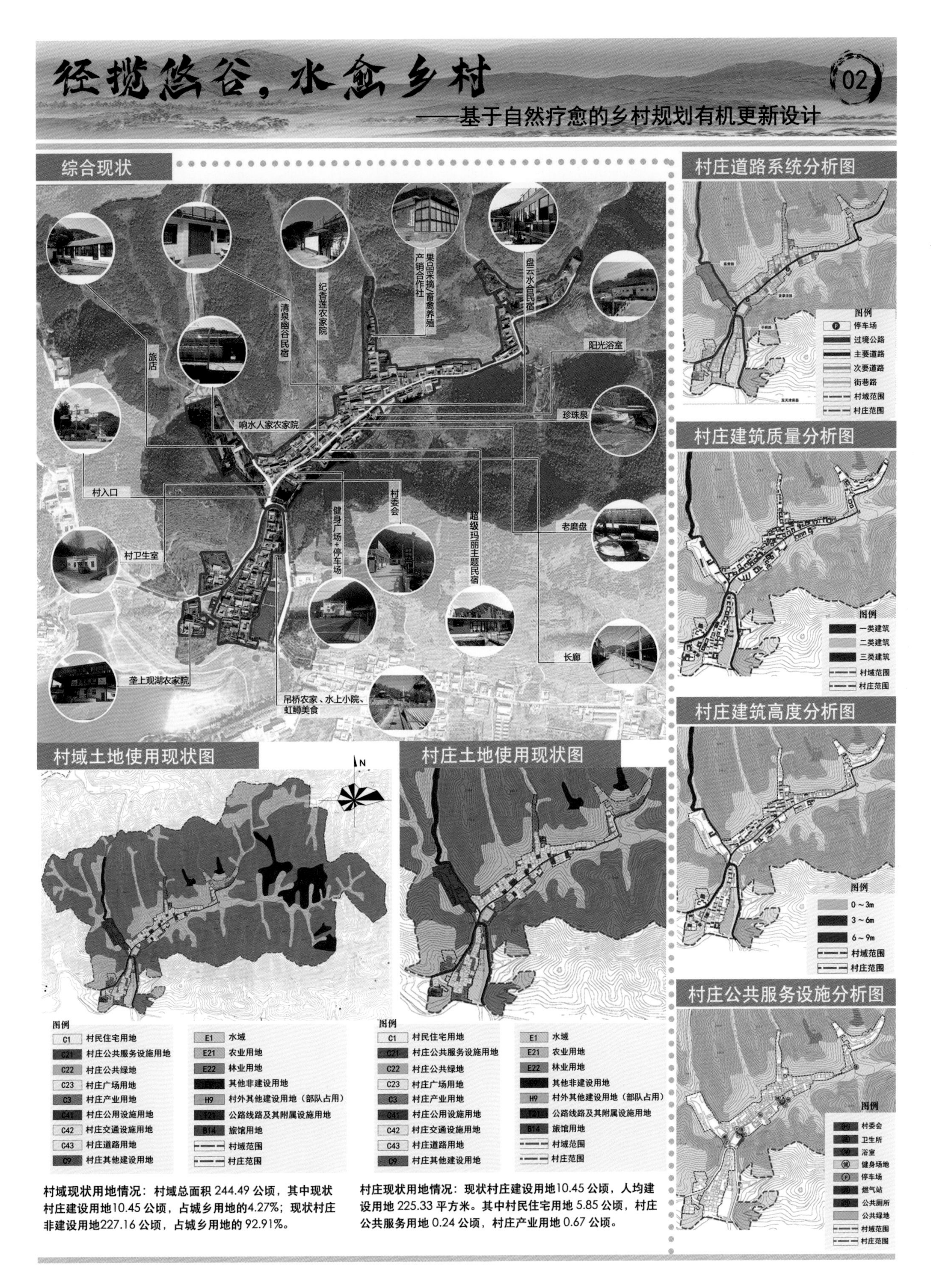

径揽悠谷，水愈乡村
02
——基于自然疗愈的乡村规划有机更新设计
综合现状
旅店
清泉幽谷民宿
纪香莲农家院
果品采摘、禽畜养殖产销合作社
盘云水合民宿
阳光浴室
响水人家农家院
珍珠泉
村入口
村委会
健身广场+停车场
超级玛丽主题民宿
老磨盘
村卫生室
长廊
垄上观湖农家院
吊桥农家、水上小院、虹鳟美食
村庄道路系统分析图
图例
停车场
过境公路
主要道路
次要道路
街巷路
村域范围
村庄范围
村庄建筑质量分析图
图例
一类建筑
二类建筑
三类建筑
村域范围
村庄范围
村庄建筑高度分析图
图例
0～3m
3～6m
6～9m
村域范围
村庄范围
村庄公共服务设施分析图
图例
村委会
卫生所
浴室
健身场地
停车场
燃气站
公共厕所
公共绿地
村域范围
村庄范围
村域土地使用现状图
N
图例
C1 村民住宅用地
C21 村庄公共服务设施用地
C22 村庄公共绿地
C23 村庄广场用地
C3 村庄产业用地
C41 村庄公用设施用地
C42 村庄交通设施用地
C43 村庄道路用地
C9 村庄其他建设用地
E1 水域
E21 农业用地
E22 林业用地
其他非建设用地
H9 村外其他建设用地（部队占用）
T21 公路线路及其附属设施用地
B14 旅馆用地
村域范围
村庄范围
村庄土地使用现状图
图例
C1 村民住宅用地
C21 村庄公共服务设施用地
C22 村庄公共绿地
C23 村庄广场用地
C3 村庄产业用地
C41 村庄公用设施用地
C42 村庄交通设施用地
C43 村庄道路用地
C9 村庄其他建设用地
E1 水域
E21 农业用地
E22 林业用地
其他非建设用地
H9 村外其他建设用地（部队占用）
T21 公路线路及其附属设施用地
B14 旅馆用地
村域范围
村庄范围
村域现状用地情况：村域总面积 244.49 公顷，其中现状村庄建设用地10.45 公顷，占城乡用地的4.27%；现状村庄非建设用地227.16 公顷，占城乡用地的 92.91%。
村庄现状用地情况：现状村庄建设用地10.45 公顷，人均建设用地 225.33 平方米。其中村民住宅用地 5.85 公顷，村庄公共服务用地 0.24 公顷，村庄产业用地 0.67 公顷。

径揽悠谷，水愈乡村

——基于自然疗愈的乡村规划有机更新设计

人群分析

人群来源

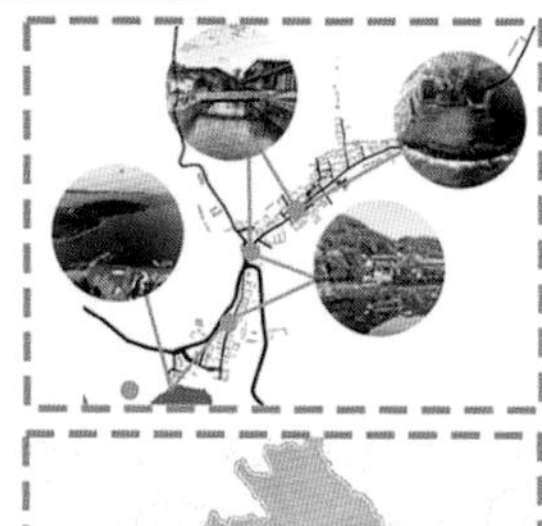

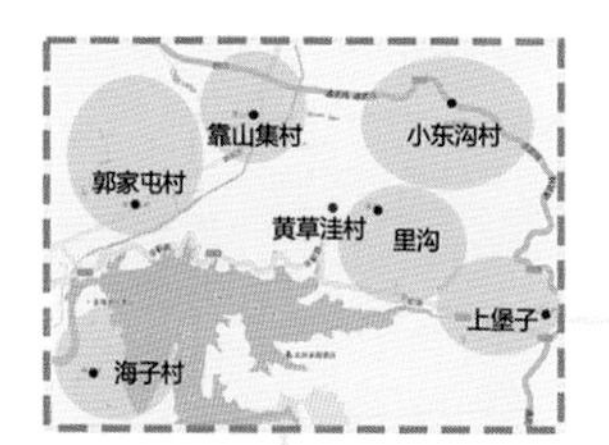

黄草洼村周边村落众多，村宅较为分散。黄草洼村具有良好的山水资源，有珍珠泉、金海湖等特色旅游资源吸引游客。同时黄草洼村地处北京平谷区，紧邻生态涵养区，能够吸引疗愈群体。

人群结构

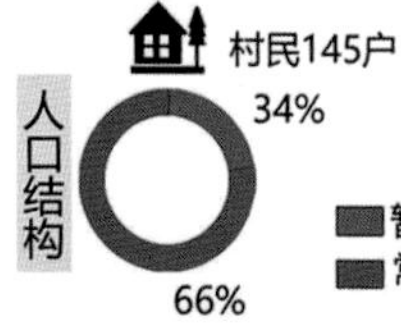
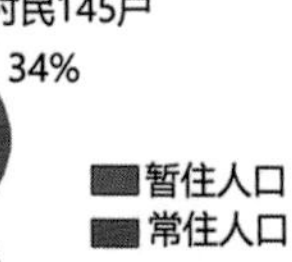

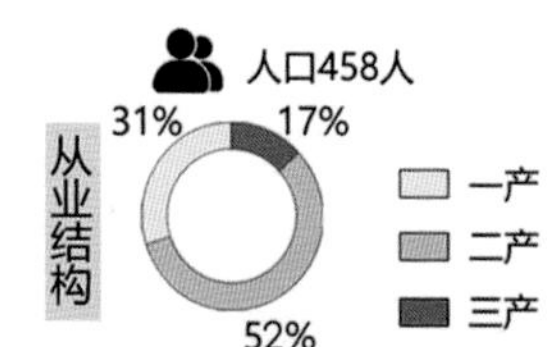

人群诉求

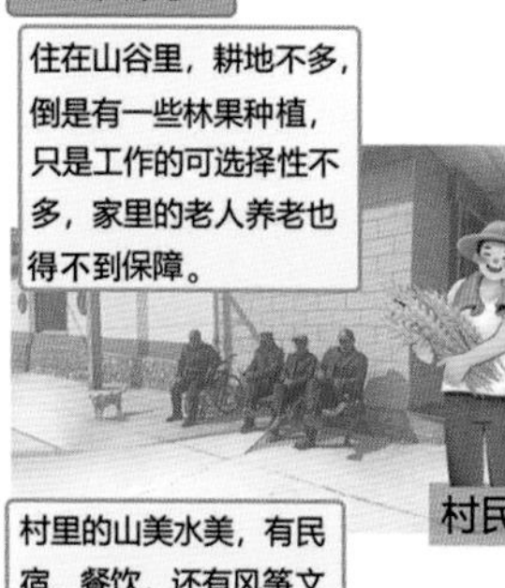

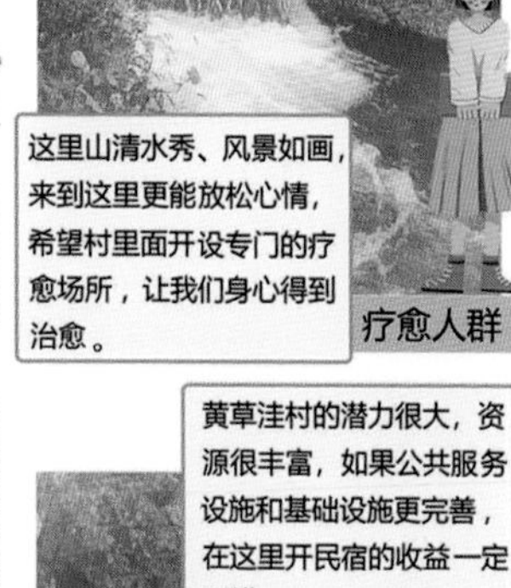

村里的山美水美，有民宿、餐饮，还有风筝文化，还能登山健身，要是能更好地利用起来发展旅游就好了。

游客

基础设施需求

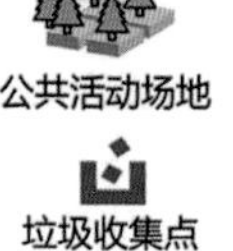

公共服务设施需求

山水格局

村庄三山围屏，六山环抱，山下涌泉交错，溪水潺潺，头枕金海波涛，背倚大山脊背，山水林田资源丰富，具有良好的生态格局。

景观因素

自然环境

绿化环境分析

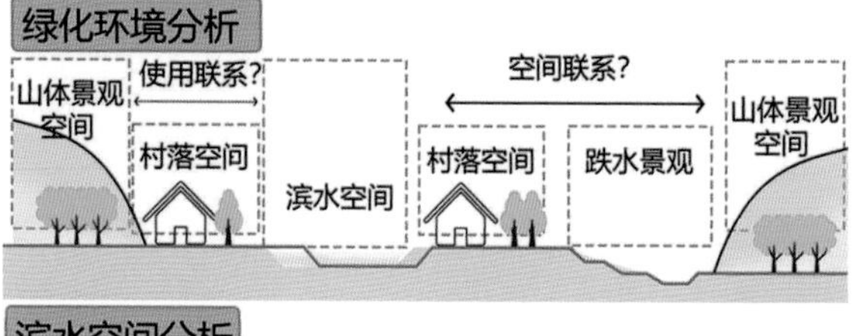

滨水空间分析

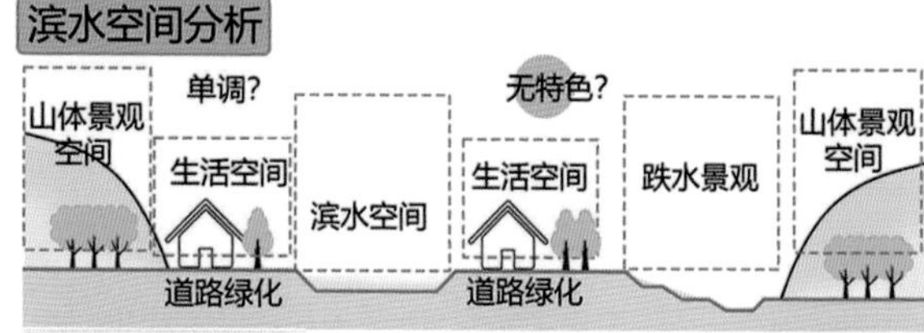

生态资源分析

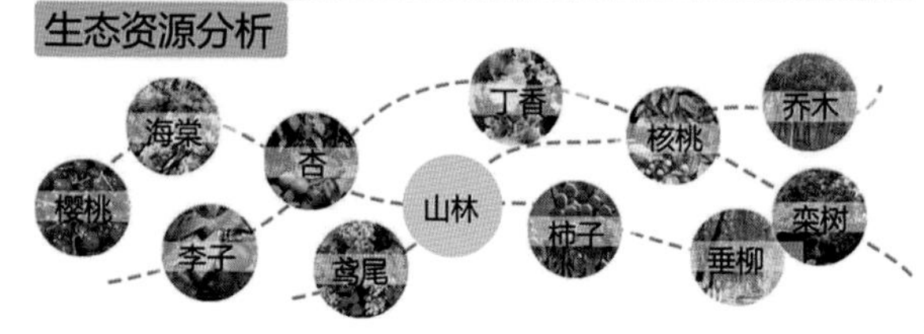

径揽悠谷，水愈乡村

——基于自然疗愈的乡村规划有机更新设计

村庄风貌

街巷格局

村庄整体位于山谷中，沿主路黄草洼路两侧分布。次要街道与主街呈树枝状相连，传统街巷格局保留较为完整。宅基地整体上自西南向东北呈线性分布，布局较为紧凑。

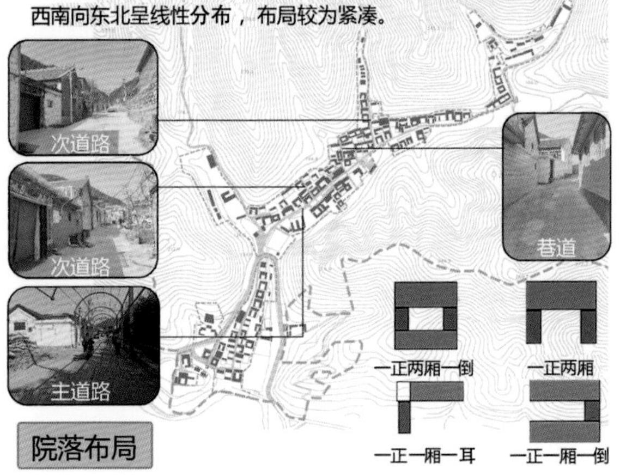

院落布局

院落：呈行列式布局，房屋朝向均与主要道路方向平行或垂直。

住宅：主要采用单朝向的院落式布局。

建筑风貌特色

色彩：红砖墙、红瓦、灰水泥墙（居多）

山石堆砌（个别）

屋顶：瓦式及彩钢坡屋顶（居多）

平屋顶（个别）

公共空间

空间具优势：村内公共空间多分布在自然水系、公共服务设施周边，具有良好的观赏性和集约性。

同质化严重：现有公共活动空间设施不齐全，利用率不足；缺少活力空间设计，精细化不足，缺乏趣味性。

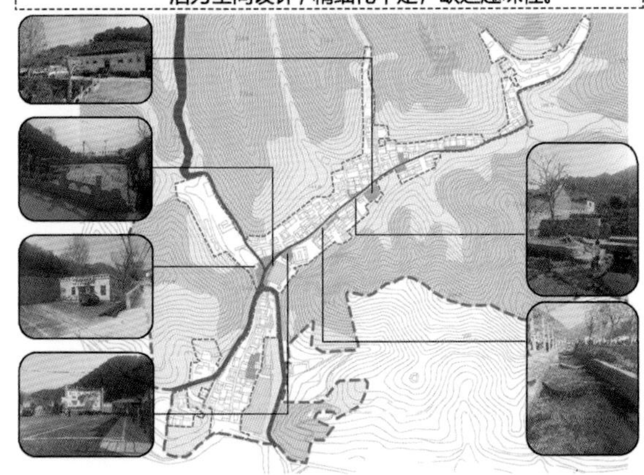

存在问题

仍存在乱堆放、乱挂贴、私搭乱建等问题；

绿化景观系统维护较差，缺乏系统性考量；

村庄环境亟待整治，部分路段沿街立面简陋，风貌有待提升。

产业分析

产业布局

在黄草洼村经济构成中，第三产业占主导地位，第一产业较弱，一、二、三产未有效互动，产业发展水平不高。

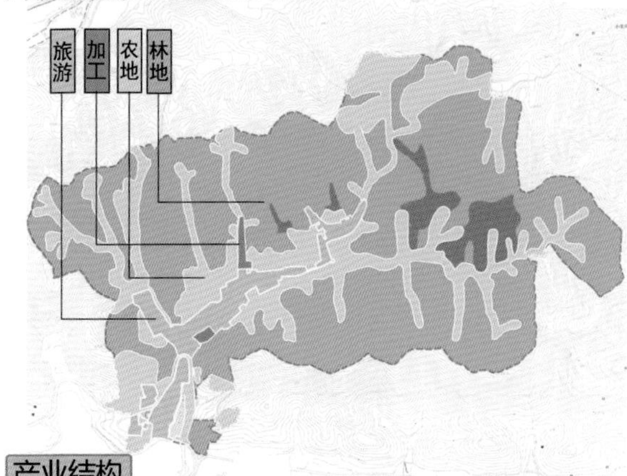

产业结构

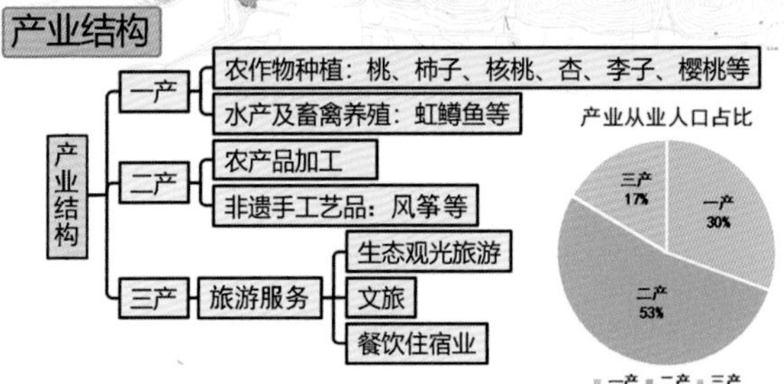

名称	产业类型	用地面积（平方米）	建筑面积（平方米）	经营情况
山泉水有限公司	住宿餐饮	1440	601	停业
幸福起来烧烤城	住宿餐饮	9436	1814	良好
虹鳟鱼烧烤城	住宿餐饮	978	294	良好
水上运动场	休闲	60000	0	良好
樱桃等基地	观光采摘	36000	0	良好

种植品种	柿子、核桃、杏、李子、樱桃等
规模	59公顷
产量	400 吨
经营模式	个人承包
个人承包	22 万元

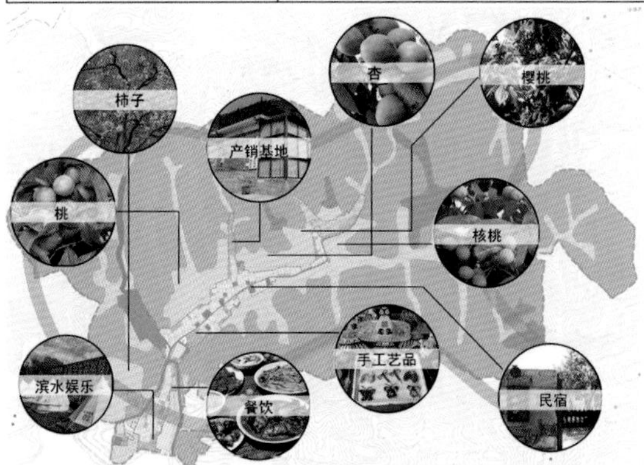

黄草洼村依山傍水，风景秀丽，被评为北京市级民俗村。村庄内有珍珠泉、农家乐旅游观光园、民俗旅店、林果采摘园、郊野公园、登山步道等配套设施，农业生产实现标准化，已建成以农家乐旅游为特色的一条龙服务。

径揽悠谷，水愈乡村

——基于自然疗愈的乡村规划有机更新设计

05

理念阐释

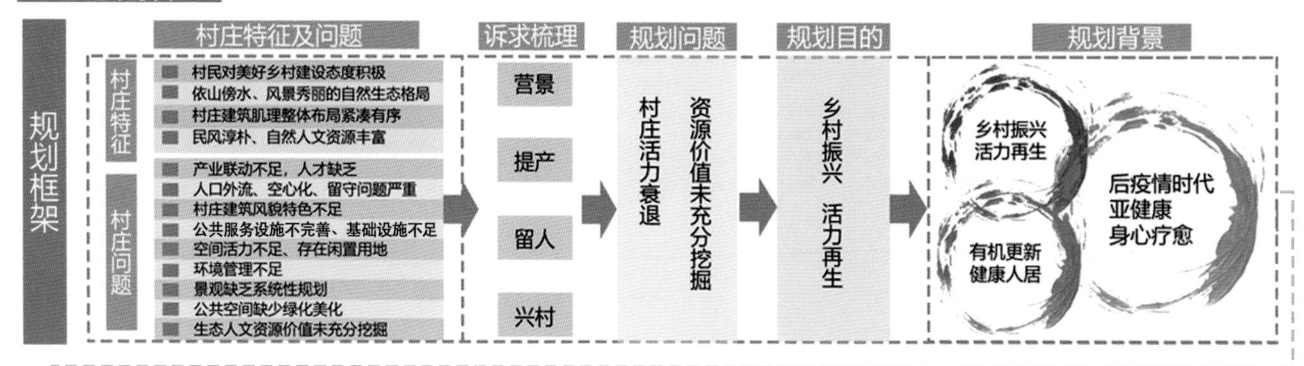

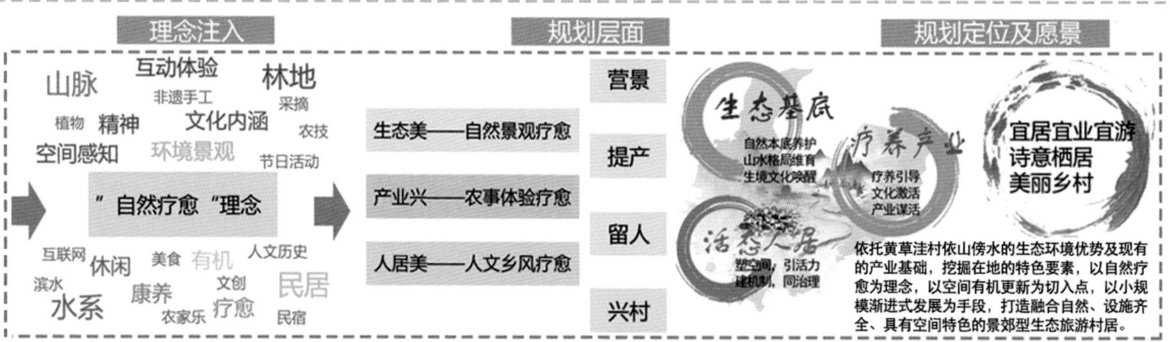

策略分析

特色产业带动策略

『自然疗愈旅游路线』

围绕核心特色产业打造的

『一核引』：特色家庭嵌入式乡村旅游产业

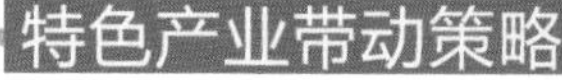

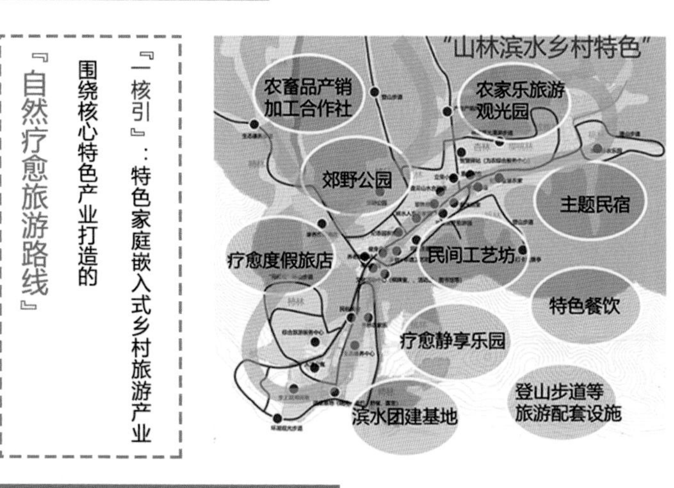

促进区域协调共进策略

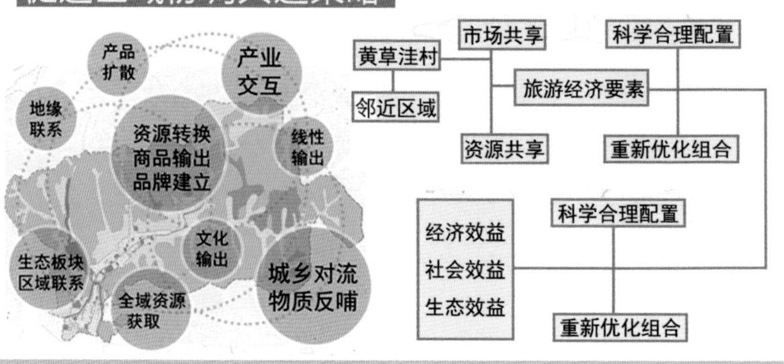

径揽悠谷，水愈乡村

——基于自然疗愈的乡村规划有机更新设计

基础产业提升策略

"三联动"：一、二、三产联动

"四递进"：核心产业、衍生产业、特色服务业、外延产业

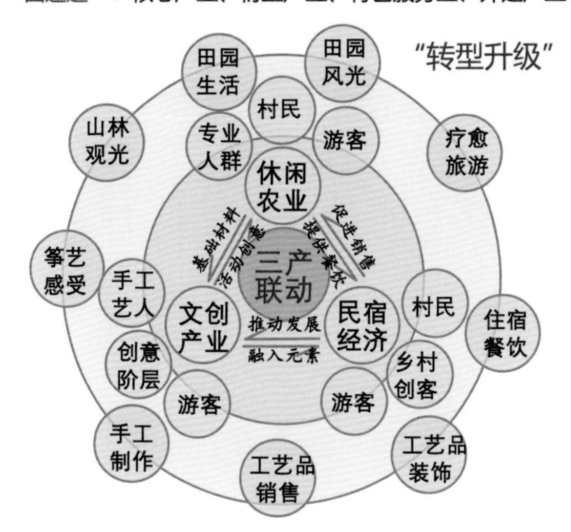

构建新型平台策略

平台搭建相关者	投入平台的资源	所承担的平台功能和相应行动	从中获取利益
政府	政策 专项资金	国家政策资金平台 推动农村产业结构升级，提升基础设施条件	促进城乡发展一体化
村民	土地 劳动力	农业和旅游合作社 培训村民获得技能，成为产业化的劳动力	土地流转受益 劳务工资
企业	资金 技术 人力 技能	区域产业发展平台 从有到优，产业化经营品牌运营，开放投资平台	完善产业链条 增加收入 品牌效应
游客	产品消费支出 服务消费支出	宣传体验平台 休闲度假，采摘体验，亲子活动，向大众宣传区域品牌	纪念品 优质服务 身心愉快

村庄格局优化策略

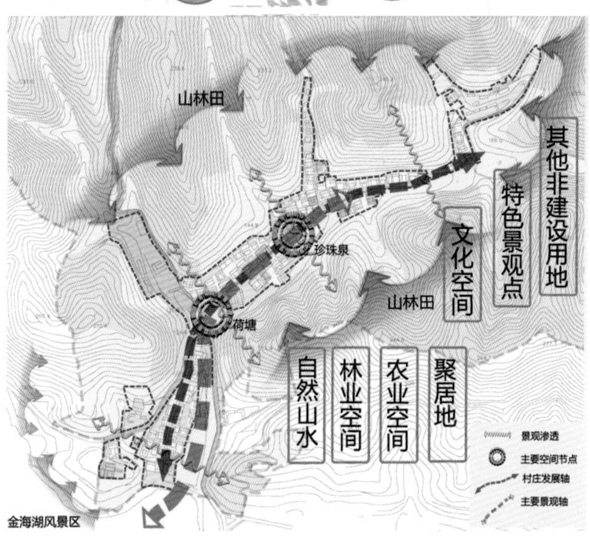

空间活力激发策略

从道路广场、建筑设施、景观绿化相互作用的角度出发，丰富乡村空间，提升活力、疗愈功能。

铺装改造

空间围合

街巷改造

路径疏通

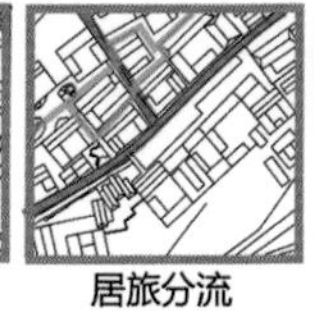

居旅分流

丰富界面

自然保留

景观设置

节点植入

径揽悠谷，水愈乡村

——基于自然疗愈的乡村规划有机更新设计

公共空间重塑策略

现有空间重塑

对现有空间进行优化更新，植入景观疗愈功能，完善公共服务设施。

碎片空间再开发

闲置空地加建利用和低效率空间改造并举，整合打造系统性疗愈空间。

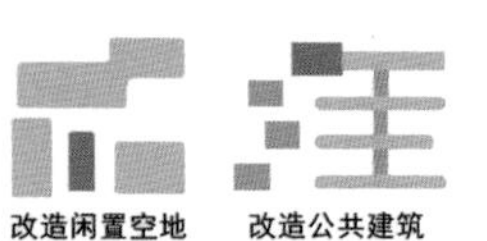

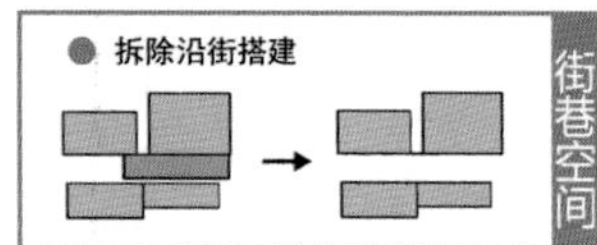

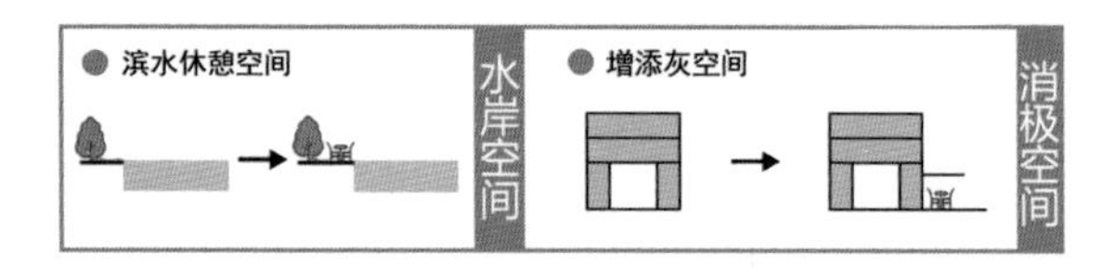

疗愈场所营造策略

乡韵乡风乡魂

置身互动体验

精神层面疗愈

『珍珠泉』疗愈馆　冥想疗愈基地　民间手工艺坊　农事体验观光　林道漫游　水上乐园　露营基地　滨水步道　农家乐　山水民宿

目标人群行为策略

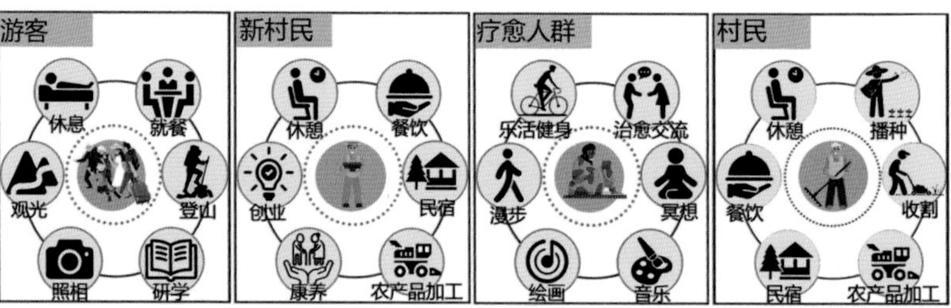

人口回流策略

村庄人口回流取决于村庄自身的吸引力和外部的驱动力，在这两种力量的共同作用下，资源重新流动。

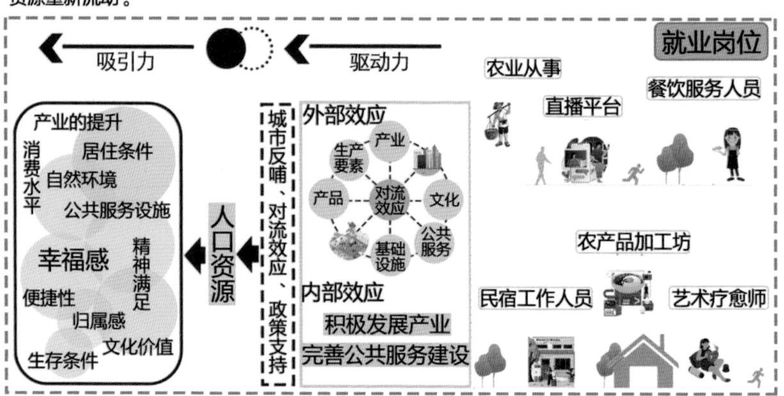

径揽悠谷，水愈乡村

——基于自然疗愈的乡村规划有机更新设计

人才引进策略

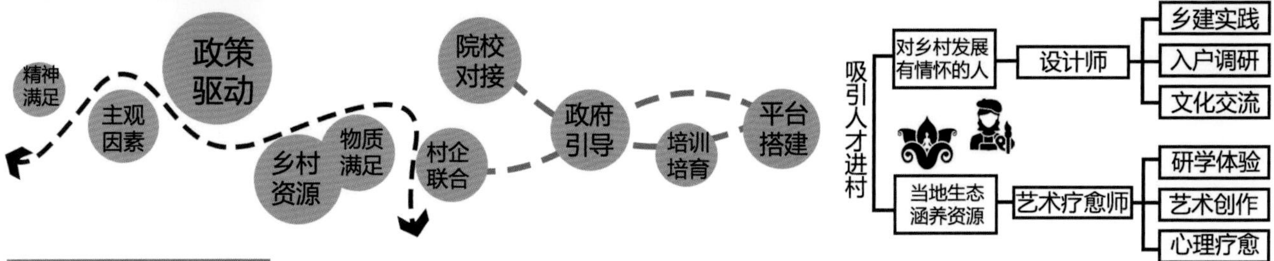

适老化策略

营造安全空间场所

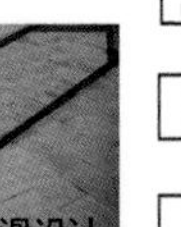

营造空间便捷性

提高空间适用性

提高空间参与性

适于老龄化的政策

建筑内部适老化改造

一站式服务建设

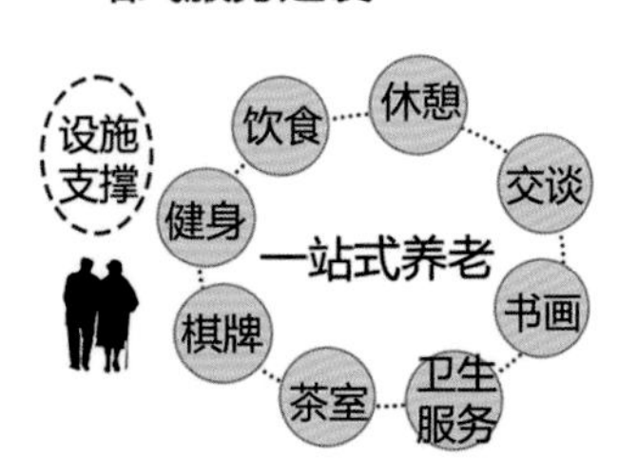

依托公共空间与村庄主要道路，打造一站式村庄养老服务中心

适老性空间营造

适老产业支撑

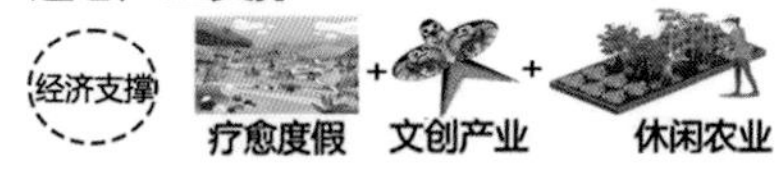

区域性老年活动组织

景产融合策略

黄草洼村三山围屏，六山环抱，山下涌泉交错，溪水潺潺，头枕金海波涛，背倚大山脊背，山水林田资源丰富，具有良好的生态格局。

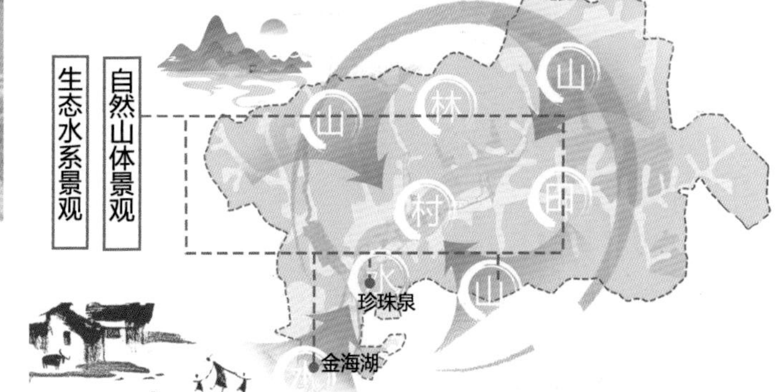

特色旅游产业观光旅游带

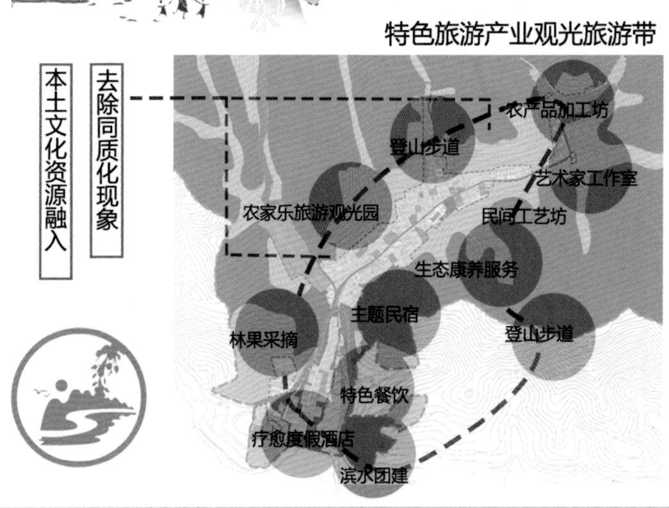

径揽悠谷，水愈乡村 09

——基于自然疗愈的乡村规划有机更新设计

村景一体生态格局塑造策略

村景一体发展

生活型景观

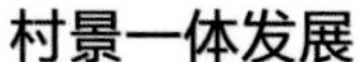
重塑乡村特色生活场景

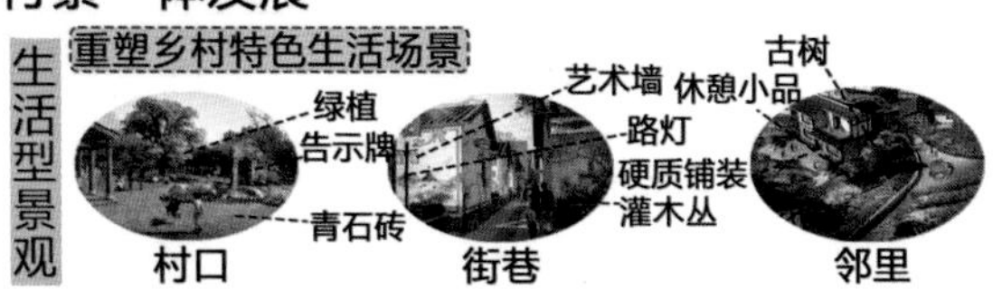

生产型景观

优化地域生产景观

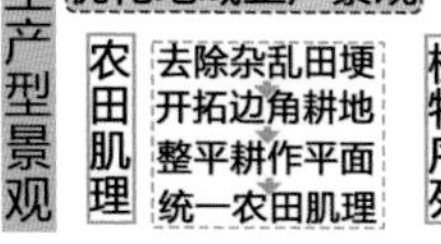

基础设施优化

生态型景观

保护乡村景观类型多样性

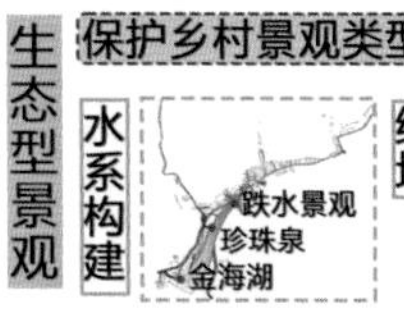

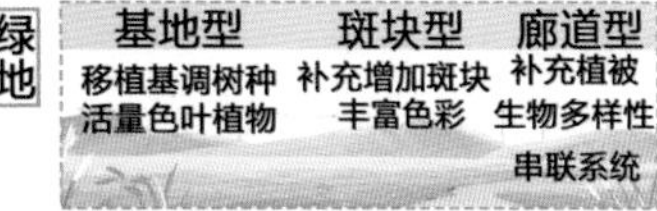

山水农田治理

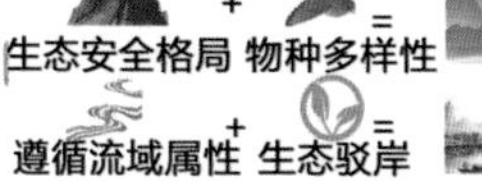

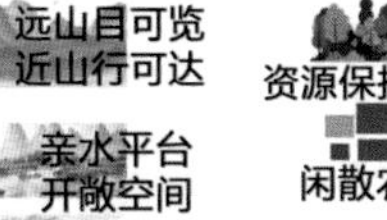

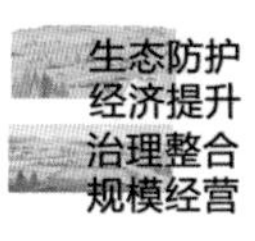

自然生态疗愈策略

山水田时空景观塑造

远景 山为界：配置周期性植物，打造山体景观。

中景 田为画

近景 水为带：根据四季变化打造亲水平台，以水为脉，依托泉眼形成的溪流、层层跌水打造景观节点。

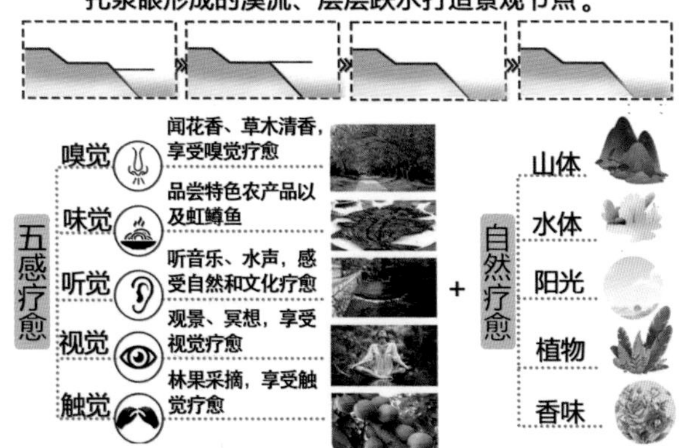

植物配置

杀菌抑菌类

净化空气类

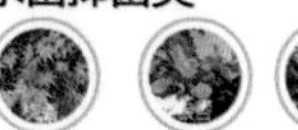

乡土景观疗愈策略

院落空间整治

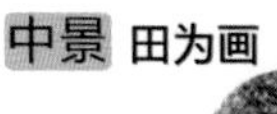

整功能——合理化
整空间——有序化
整环境——生态化

院落景观改造

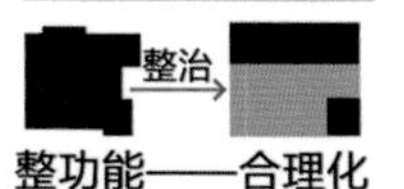

立面肌理修复

建筑色彩

控制建筑立面色彩，依据建筑功能赋予建筑立面适当的色彩，丰富村庄风貌，与自然环境相呼应。

建筑材质 提取乡土建筑材料

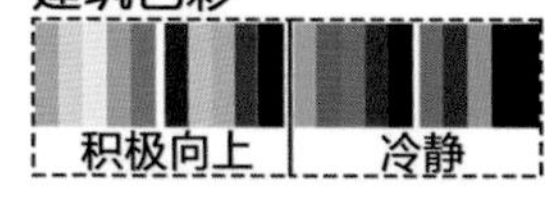

石 砖 木 竹 瓦

乡土景观疗愈

视觉

半私密空间 增加人群精神疗愈舒适度和疗愈活动隐私度

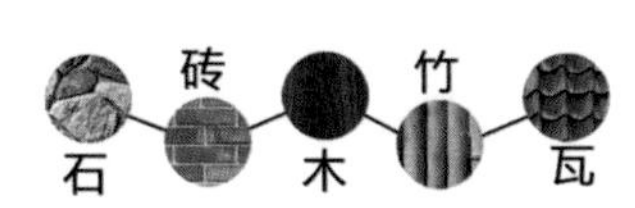

文化精神

水文化
民间艺术
食文化

乡村愿景展望

径揽悠谷，水愈乡村

——基于自然疗愈的乡村规划有机更新设计

规划总平面图

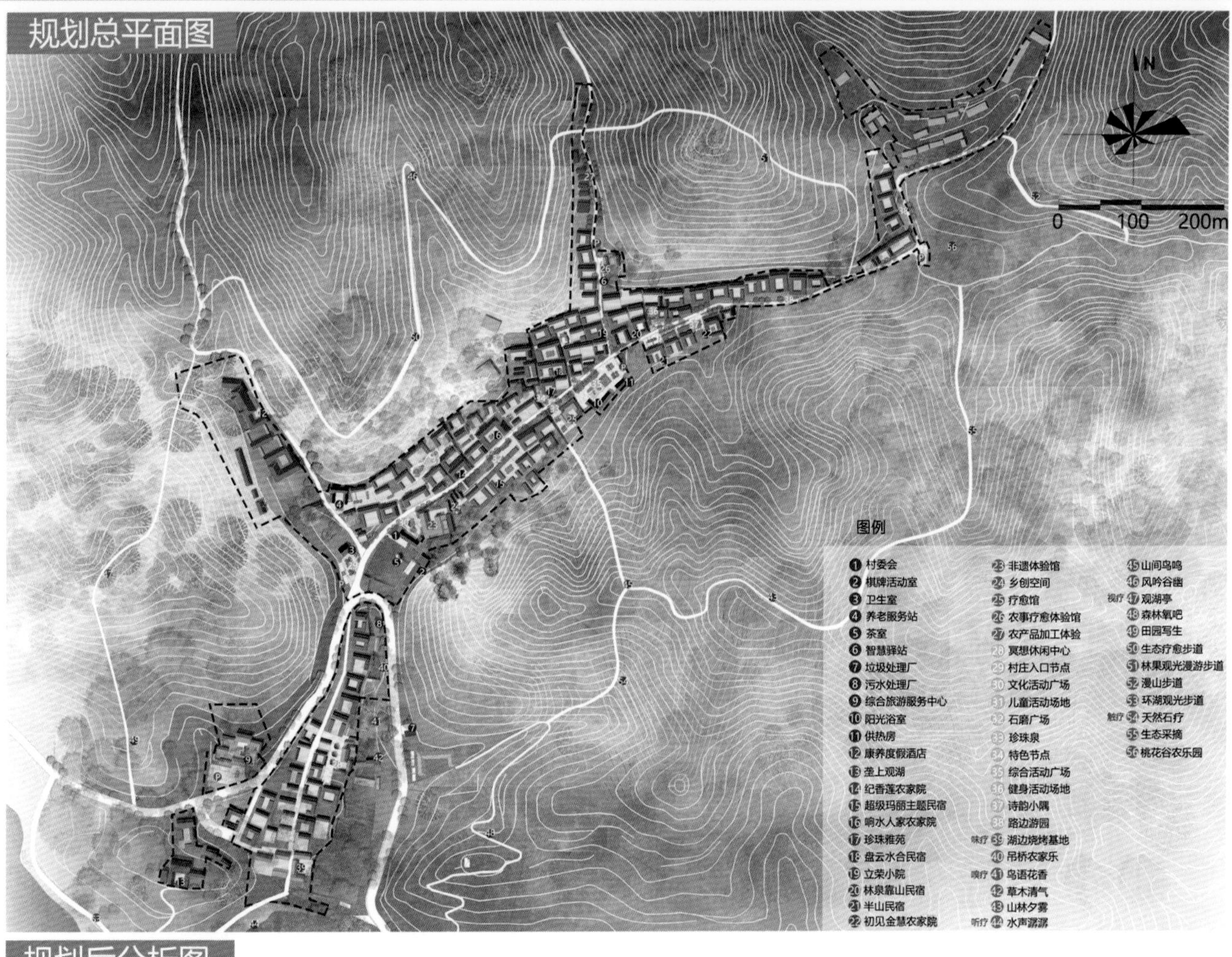

规划后分析图

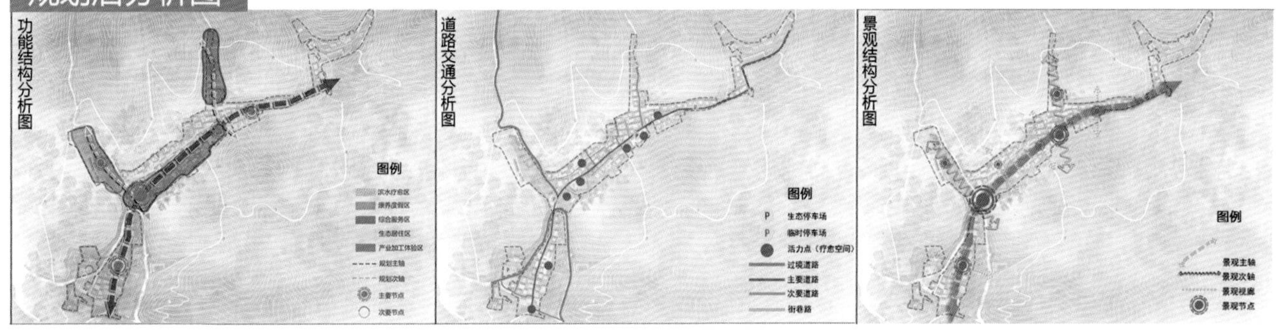

特色元素提取

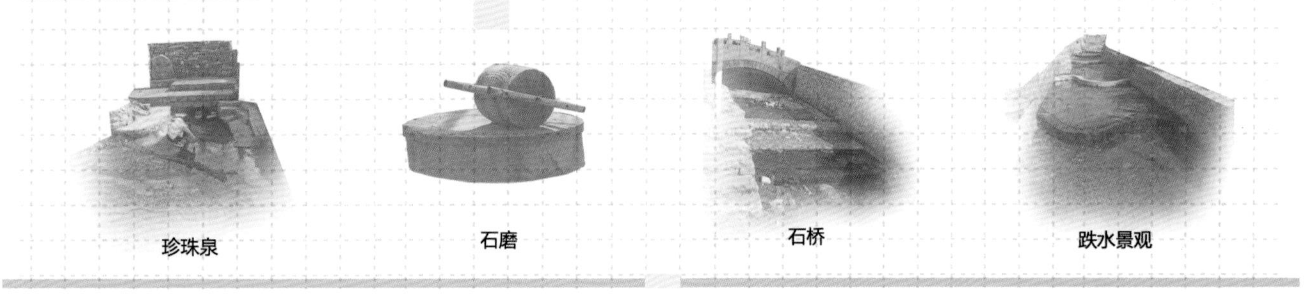

珍珠泉　石磨　石桥　跌水景观

径揽悠谷，水愈乡村

——基于自然疗愈的乡村规划有机更新设计

11

特色滨水空间及驳岸设计

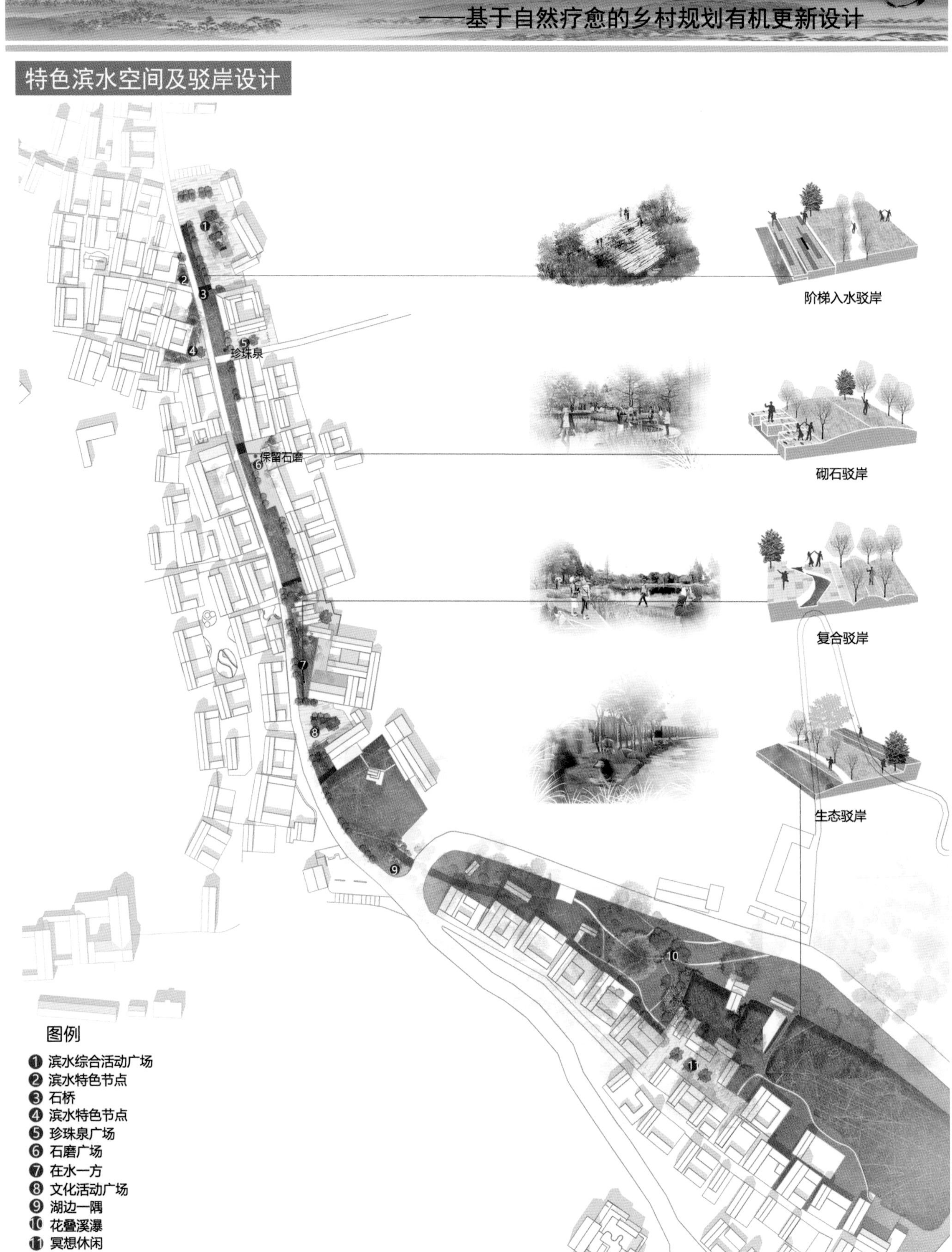

径揽悠谷，水愈乡村 12

——基于自然疗愈的乡村规划有机更新设计

建筑更新改造

改造原则

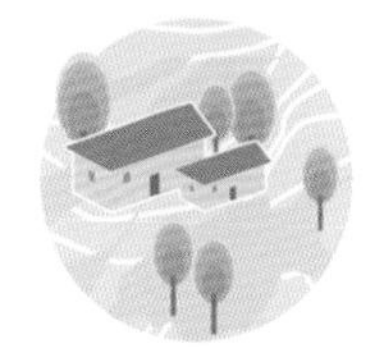

村庄整体位于山谷之间，院落肌理形态与自然地理环境在长期互动过程中形成带状分布，与山体和谐共生。

生态优先 | 融于自然

提取原有建筑肌理形态，形成在地的符号基因，将其运用于改建建筑中，同时注重本土材料的运用，形成特色风貌。

在地风貌 | 乡土材料

依据村庄发展目标定位等，植入新功能，满足多元、多层次人群需求。

因势利导 | 功能植入

建筑形制

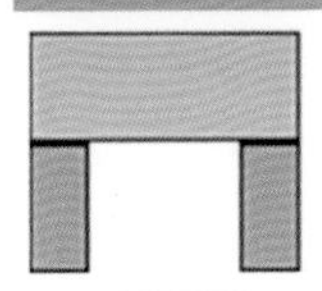

一正两厢

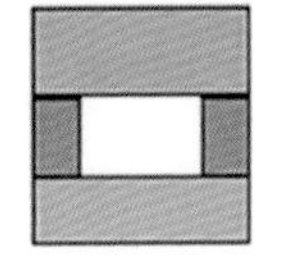

一正两厢一倒

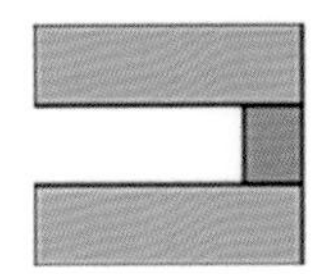

一正一厢一倒

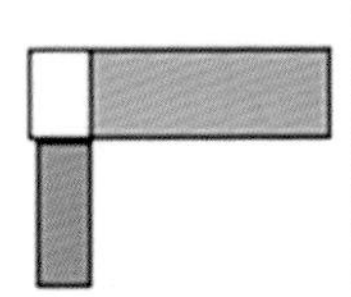

一正一厢一耳

改造方式

拆除

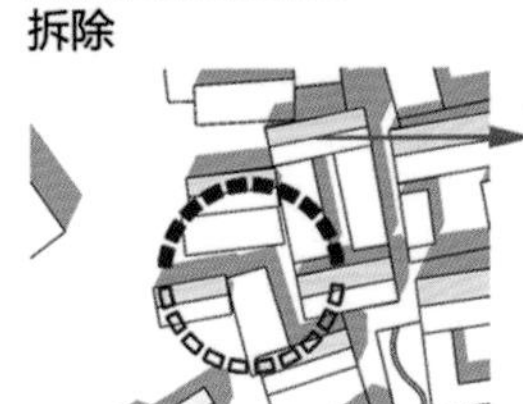

新地重建

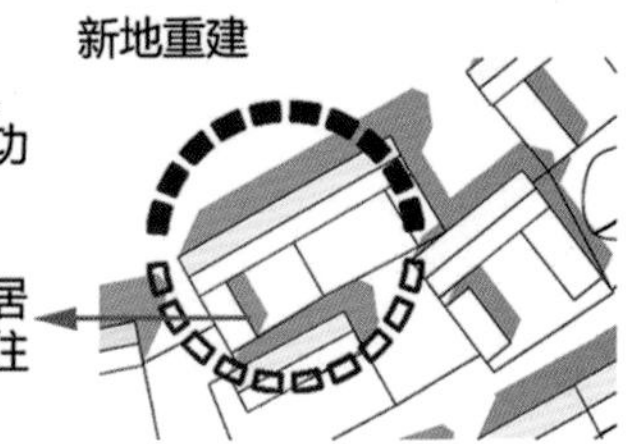

建筑质量差，不符合当前功能需求

新建部分民居满足人口居住需求

改建、功能置换

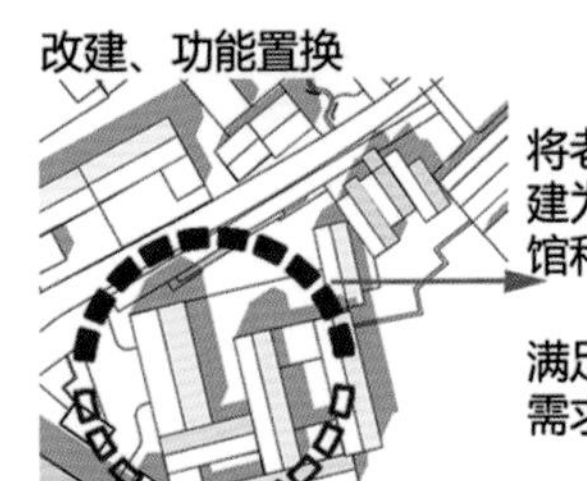

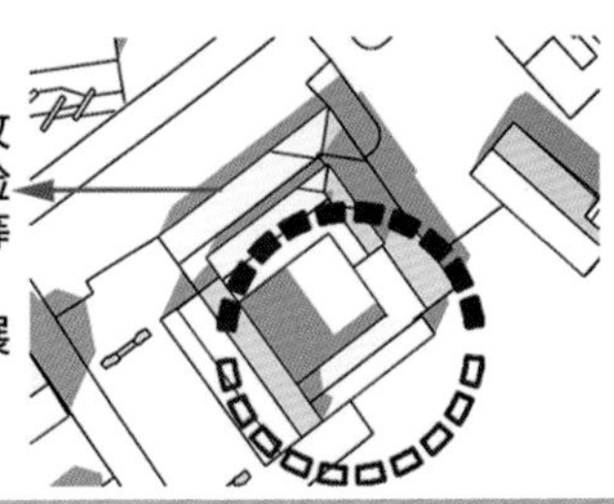

将老旧建筑改建为非遗体验馆和疗愈馆等

满足村庄发展需求

特色建筑示意及效果图

民宿组团改造示意

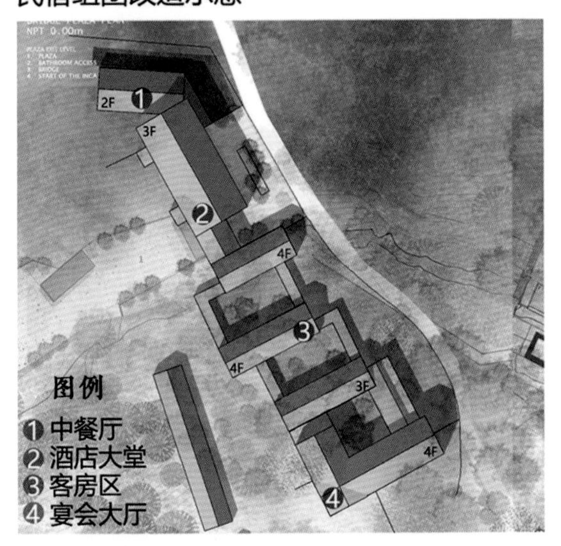

根据地形地貌，依托现有建筑，围合院落，延续肌理，最后进行景观植入，形成民宿建筑群。

特色建筑改造示意

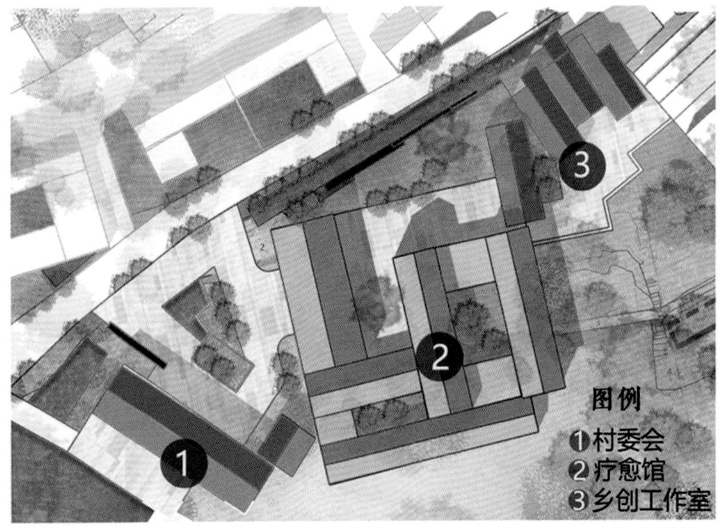

根据生态优先、融于自然的原则，依托周边景观条件，以原有建筑为基础，植入当地材料以满足村庄发展需求，形成建筑功能适当、具有空间特色的建筑群。

径揽悠谷，水愈乡村

——基于自然疗愈的乡村规划有机更新设计

疗愈场景营造

疗愈场景营造

疗愈植物设计

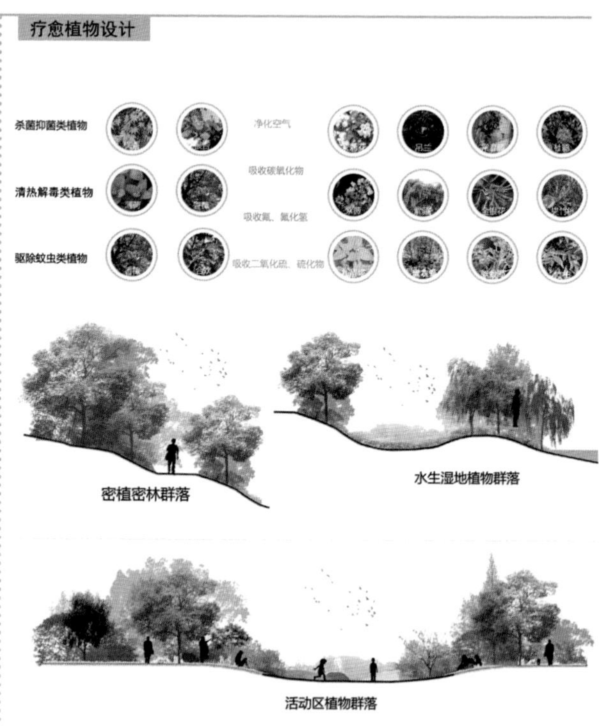

鸟瞰图

——基于村景融合理念的刁窝村更新设计

院校介绍

河南城建学院位于河南省平顶山市，是河南省唯一一所以工科为主，以“城建”为特色的多学科协调发展的省属本科高校。学校始建于1983年，历经多次升格和改革，现已成为河南省硕士学位授予重点立项建设单位。

设计说明

本次方案依托刁窝村第三产业和第一产业的现有基础，结合石林峡风景区、黄松峪水库等自然资源和地理环境，充分挖掘刁窝村自身特色和发展潜力，以“村景融合”为理念，以村庄空间、基础设施、村庄风貌等方面有机更新为手段，以产业更新为重点，对刁窝村田园景观进行塑造，合理规划刁窝村产业布局，打造刁窝村山川河谷交相辉映的空间整体形象。完善公共设施和基础设施，提升乡村景观空间，强调村庄与景观的融合发展，实现“ 业在景中生、景在业中存”的目的。

指导教师

刘会晓 河南城建学院副教授 国家注册城乡规划师

乡村有机更新是新时期城乡居民高品质生活的需要，是乡村价值高水平再造的需要，也是乡村振兴高质量发展的需要，对实现农村地区经济、社会和生态的协同发展具有重要的意义。
在此次联合毕业设计中，各校师生通过实地调研，共同研讨乡村发展解决方案，并将其真正融入乡村规划中，不仅对乡村的经济发展、文化传承、人居环境建设、生态保护、旅游开发、新技术应用等方面有了更为全面的掌握，也推进了乡村规划教学、人才培养的研究与交流。

小组成员

张金瑶 河南城建学院 城乡规划（城市设计方向）专业学生

本次联合毕业设计是大学期间最后一次设计实践，从去北京调研到与老师和小组成员讨论，再到最终的答辩，路途虽然遥远，但是看到了不同学校、不同专业同学的优秀。未来的路还有很长，毕业设计是重点，也是新生活的起点，希望我们在自己的领域继续不断学习，有更大的收获。

屈晨晨 河南城建学院 城乡规划（城市设计方向）专业学生

这次联合毕业设计给予我们一个非常好的锻炼与学习的机会，也为我们的大学生活画上了完美的句号。我们在珍惜这次机会的同时，成长了许多，也收获了许多。十分感谢老师不辞辛苦对我们团队的指导，我们也没有辜负这次机会，交出了满意的成果。

周 宇 河南城建学院 城乡规划（城市设计方向）专业学生

本次联合毕业设计是在学校期间的最后一个设计了，这既是对我们的一次锻炼，也是对我们五年学习的一次全方面的总结和展示。通过实地勘察、周边调研、文献阅读等，我们开始思考什么样的模式适合村庄发展，村庄有机更新应该赋予村庄什么样的意义。另外，在与同学们一次次的交流和学习中，在老师们一次次的指导下，我们受益良多。

——基于村景融合理念的刁窝村更新设计

认识刁窝

地理区位

游客交通区位

北京市层面

平谷区层面

黄松峪乡层面

刁窝村区位

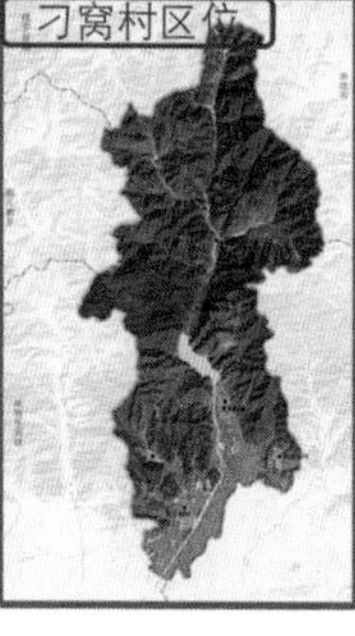

交通区位分析

多点六园、两廊两带一区空间结构

平谷区为首都东部重点生态保育及区域生态治理协作区

黄松峪乡定位为旅居示范小城镇，刁窝村位于平谷区黄松峪乡北部，打造山水休闲旅居旅游型村庄

刁窝村是胡关路沿线重要的景区依托及旅游节点，交通咽喉之位

国家层面	产业兴旺 生态宜居 乡风文明 治理有效 生活富裕	农业农村农民问题是关系国计民生的根本性问题，必须始终把解决好"三农"问题作为全党工作的重中之重，实施乡村振兴战略。
北京市层面		深入贯彻落实《北京城市总体规划（2016年—2035年）》，实现功能疏解、生态保护、用地减量等发展目标，促进优质资源向乡村流动，促进乡村地区生态环境保护、资源集约节约和统筹利用，全面提升乡村人居环境，充分挖潜村庄特色，激发村庄活力，有效促进首都村庄健康和可持续发展。
平谷区层面		2018年5月平谷区提出实施"乡村振兴战略推进美丽乡村建设"专项行动（2018—2020年），全面开展农村地区环境整治工作，以乡镇为主体，组织创建村完成建设发展规划以及环境整治和美丽乡村建设实施方案编制工作。

历史沿革

刁窝村资源挖掘

特色资源

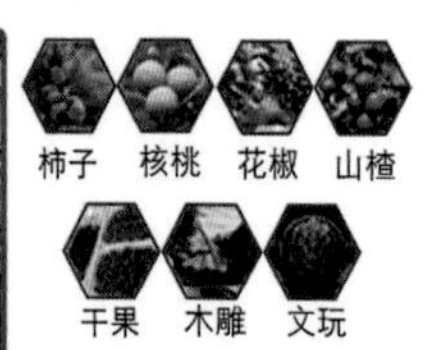
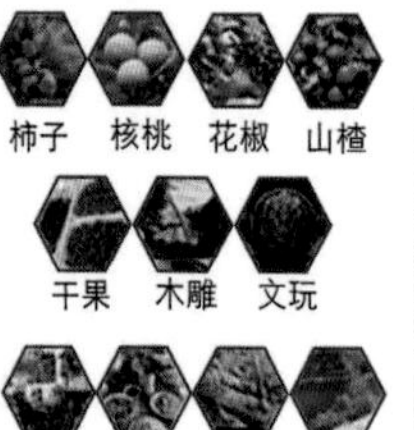

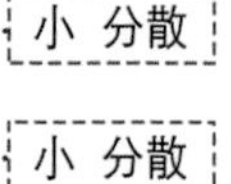

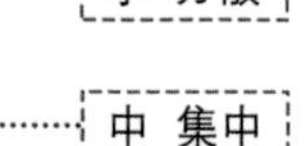

特色植物

黄杨

山杏

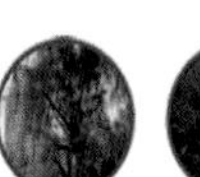
垂柳

红枫

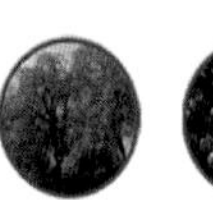
樱花

丁香花

木槿

常春藤

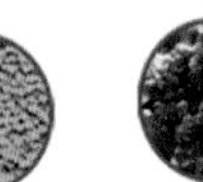
爬山虎

山桃花

金银花

迎春花

紫花地丁

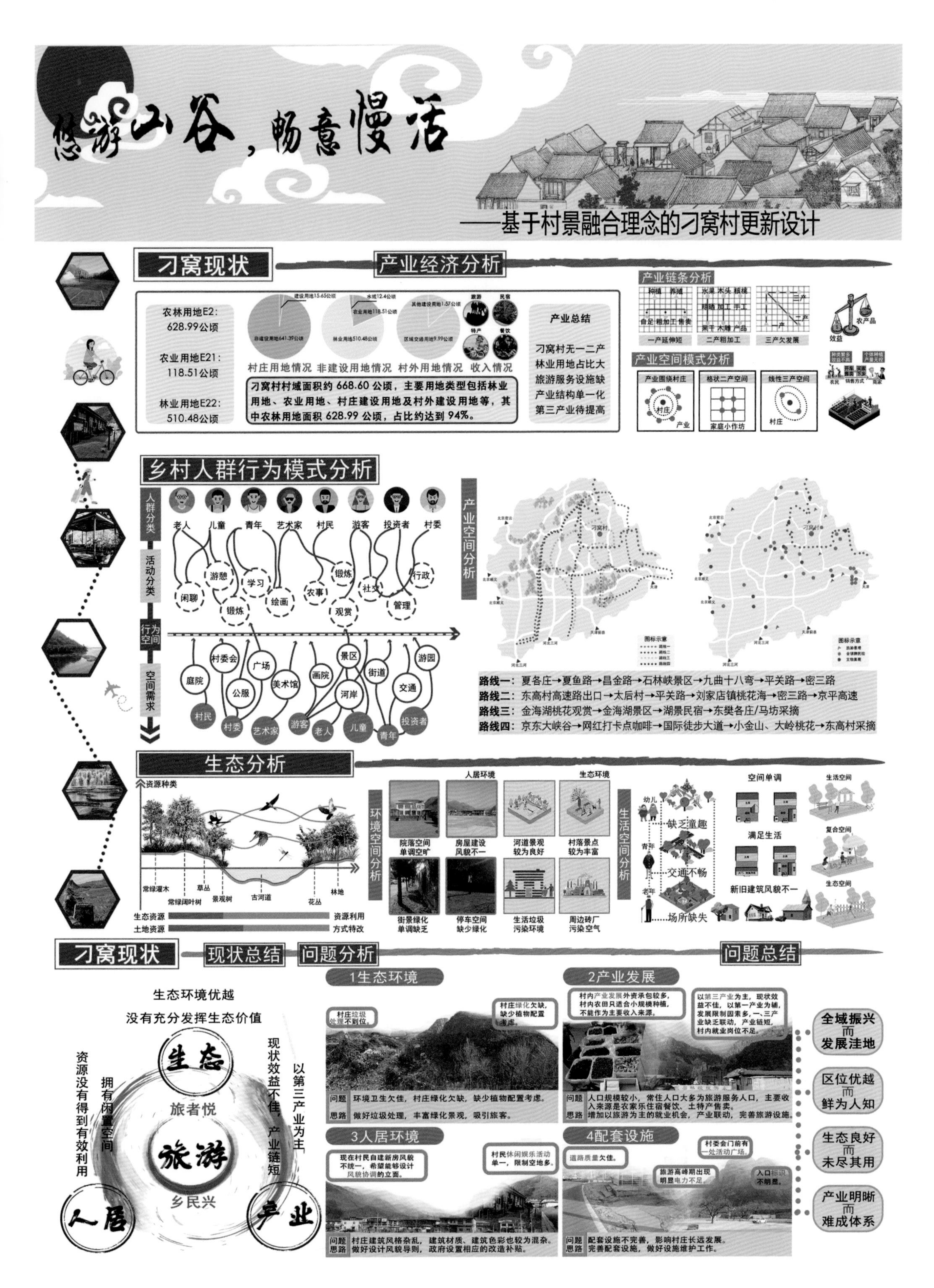
悠游山谷，畅意慢活
——基于村景融合理念的刁窝村更新设计
刁窝现状
产业经济分析
农林用地E2：628.99公顷
农业用地E21：118.51公顷
林业用地E22：510.48公顷
村庄用地情况
非建设用地情况
村外用地情况
收入情况
旅游
民宿
特产
餐饮
刁窝村村域面积约668.60公顷，主要用地类型包括林业用地、农业用地、村庄建设用地及村外建设用地等，其中农林用地面积628.99公顷，占比约达到94%。
产业总结
刁窝村无一二产
林业用地占比大
旅游服务设施缺
产业结构单一化
第三产业待提高
产业链条分析
一产延伸短
二产粗加工
三产欠发展
农产品
效益
产业空间模式分析
产业围绕村庄
格状二产空间
线性三产空间
村庄
产业
家庭小作坊
乡村人群行为模式分析
人群分类
老人
儿童
青年
艺术家
村民
游客
投资者
村委
活动分类
闲聊
游憩
锻炼
学习
绘画
农事
锻炼
观赏
社交
管理
行政
行为空间
空间需求
庭院
村委会
公服
广场
美术馆
画院
景区
河岸
街道
交通
游园
村民
村委
艺术家
游客
老人
儿童
青年
投资者
产业空间分析
刁窝村
路线一：夏各庄→夏鱼路→昌金路→石林峡景区→九曲十八弯→平关路→密三路
路线二：东高村高速路出口→太后村→平关路→刘家店镇桃花海→密三路→京平高速
路线三：金海湖桃花观赏→金海湖景区→湖景民宿→东樊各庄/马坊采摘
路线四：京东大峡谷→网红打卡点咖啡→国际徒步大道→小金山、大岭桃花→东高村采摘
生态分析
资源种类
常绿灌木
常绿阔叶树
草丛
景观树
古河道
花丛
林地
生态资源
土地资源
资源利用
方式待改
环境空间分析
人居环境
生态环境
院落空间单调空旷
房屋建设风貌不一
河道景观较为良好
村落景点较为丰富
街景绿化单调缺乏
停车空间缺少绿化
生活垃圾污染环境
周边砖厂污染空气
生活空间分析
幼儿
缺乏童趣
青年
交通不畅
老年
场所缺失
空间单调
满足生活
新旧建筑风貌不一
生活空间
复合空间
刁窝现状
现状总结
问题分析
问题总结
生态环境优越
没有充分发挥生态价值
资源没有得到有效利用
拥有闲置空间
现状效益不佳，产业链短
以第三产业为主
生态
旅游
人居
产业
旅者悦
乡民兴
1生态环境
村庄垃圾处理不到位。
村庄绿化欠缺，缺少植物配置考虑。
问题 环境卫生欠佳，村庄绿化欠缺，缺少植物配置考虑。
思路 做好垃圾处理，丰富绿化景观，吸引旅客。
2产业发展
村内产业发展外资承包较多，村内农田只适合小规模种植，不能作为主要收入来源。
以第三产业为主，现状效益不佳，以第一产业为辅，发展限制因素多，一、三产业缺乏联动，产业链短，村内就业岗位不足。
问题 人口规模较小，常住人口大多为旅游服务人口，主要收入来源是农家乐住宿餐饮、土特产售卖。
思路 增加以旅游为主的就业机会，产业联动，完善旅游设施。
3人居环境
现在村民自建新房风貌不统一，希望能够设计风貌协调的立面。
村民休闲娱乐活动单一，限制空地多。
问题 村庄建筑风格杂乱，建筑材质、建筑色彩也较为混杂。
思路 做好设计风貌导则，政府设置相应的改造补贴。
4配套设施
道路质量欠佳。
村委会门前有一处活动广场。
旅游高峰期出现明显电力不足。
入口标识不明显。
问题 配套设施不完善，影响村庄长远发展。
思路 完善配套设施，做好设施维护工作。
全域振兴而发展洼地
区位优越而鲜为人知
生态良好而未尽其用
产业明晰而难成体系

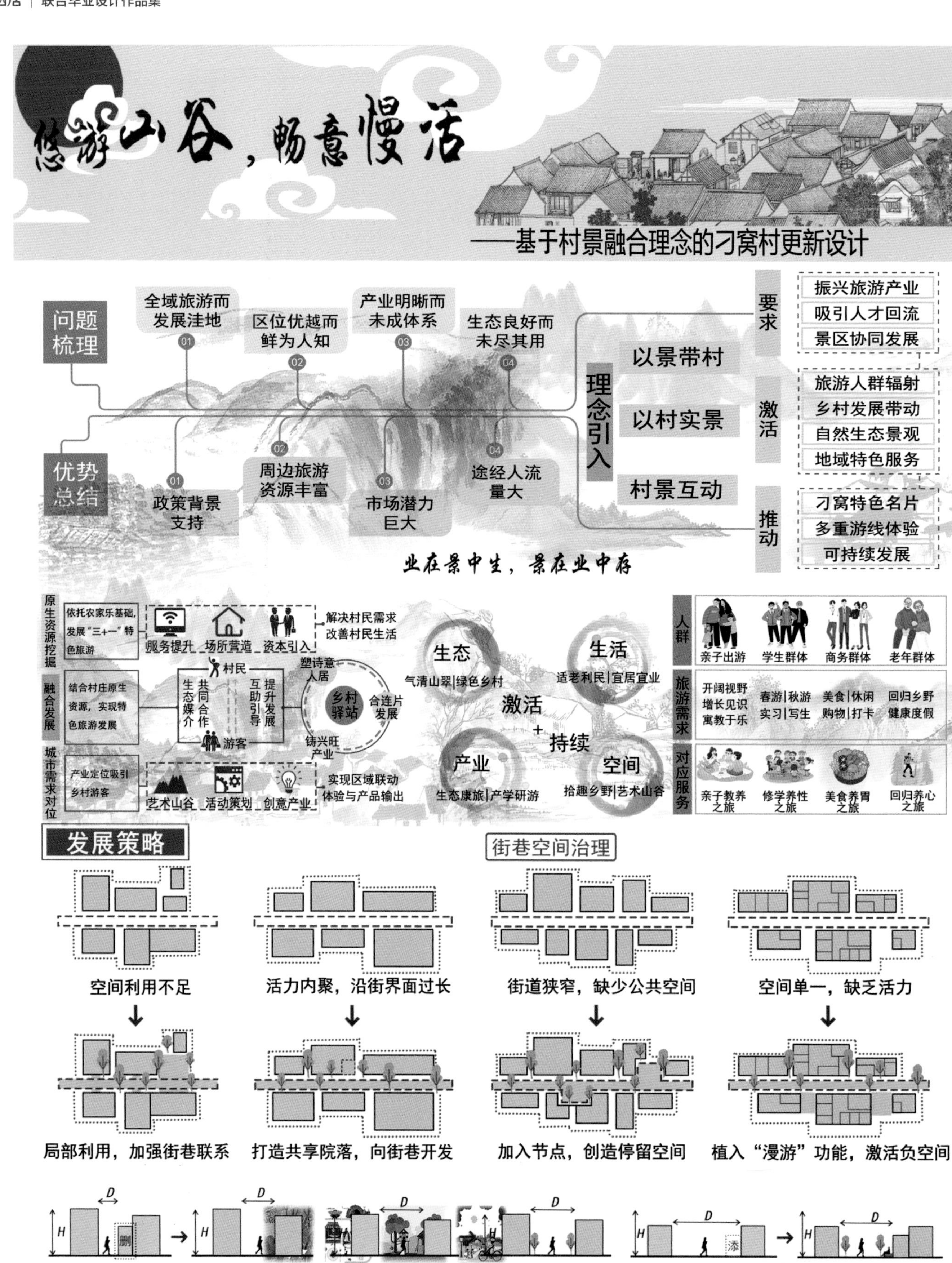

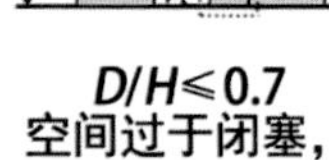

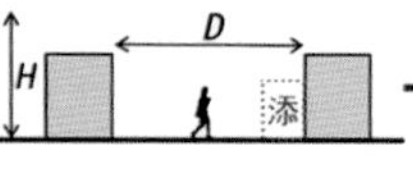

$D/H \leqslant 0.7$ 空间过于闭塞，拓宽空间

$0.7 < D/H \leqslant 1.0$ 空间过于闭塞，拓宽空间

$1.0 < D/H \leqslant 2.0$ 营造街道空间即可

$1.0 < D/H \leqslant 2.0$ 围合感与开敞度并具

$D/H > 2.0$ 空间过于开敞，增补建筑及绿化

$1.5 \leqslant D/H \leqslant 2.0$ 开敞空间，可停留

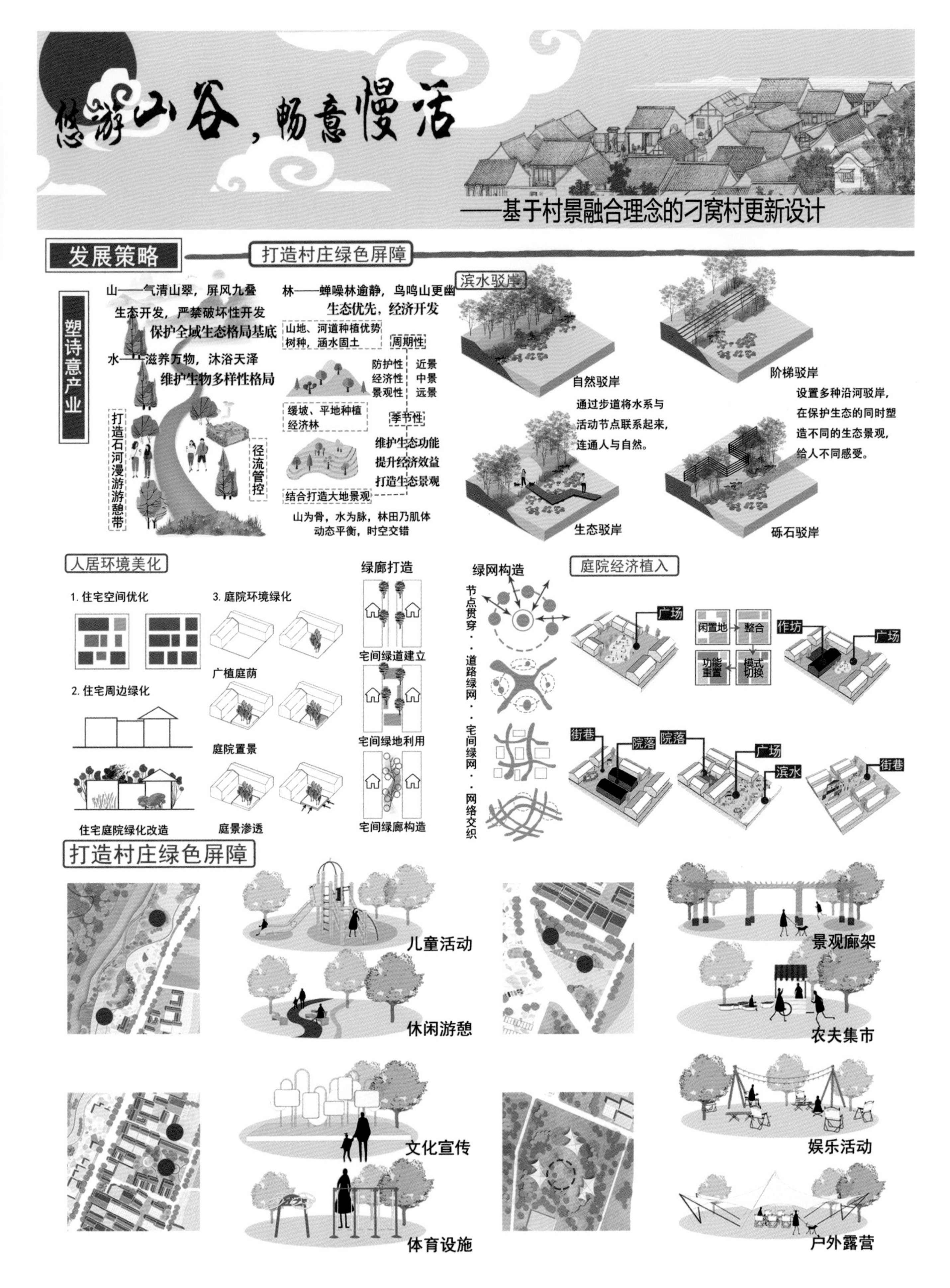

悠游山谷，畅意慢活
——基于村景融合理念的刁窝村更新设计
发展策略
打造村庄绿色屏障
塑诗意产业
山——气清山翠，屏风九叠
生态开发，严禁破坏性开发
保护全域生态格局基底
水——滋养万物，沐浴天泽
维护生物多样性格局
林——蝉噪林逾静，鸟鸣山更幽
生态优先，经济开发
山地、河道种植优势树种，涵水固土
周期性
防护性 经济性 景观性
近景 中景 远景
缓坡、平地种植经济林
季节性
维护生态功能
提升经济效益
打造生态景观
结合打造大地景观
山为骨，水为脉，林田乃肌体动态平衡，时空交错
打造石河漫游游憩带
径流管控
滨水驳岸
自然驳岸
阶梯驳岸
通过步道将水系与活动节点联系起来，连通人与自然。
设置多种沿河驳岸，在保护生态的同时塑造不同的生态景观，给人不同感受。
生态驳岸
砾石驳岸
人居环境美化
1. 住宅空间优化
2. 住宅周边绿化
住宅庭院绿化改造
3. 庭院环境绿化
广植庭荫
庭院置景
庭景渗透
绿廊打造
宅间绿道建立
宅间绿地利用
宅间绿廊构造
绿网构造
节点贯穿·道路绿网·宅间绿网·网络交织
庭院经济植入
广场
闲置地
整合
功能重置
模式切换
作坊
街巷
院落
滨水
打造村庄绿色屏障
儿童活动
休闲游憩
景观廊架
农夫集市
文化宣传
体育设施
娱乐活动
户外露营

——基于村景融合理念的刁窝村更新设计

铸兴旺产业

产品链条耦合

经济韧性构建

民宿经营优化

品质民宿打造 构建统一平台

特色主题营造 / 服务多元化 / 运营组织化

打造刁窝IP

长城文化展览馆 刁窝艺术工坊

开发文创品牌 / 搭建网络平台

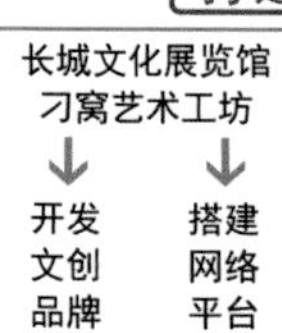

文旅配套

改造房屋

特色民宿

复合空间

设置消费吸引点

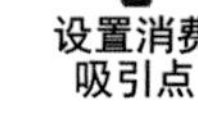

城 —消费→ 慢乡村 ←配套— 村

通过生态资源与完善的设施吸引城市人群及资金支持

露营产业培育

借助良好的生态环境基底，将轻介入式露营经济引入

活动多样 / 独具特色 / 面对市场

互联网多维度介入

传播→媒体营销 网络平台搭建

体验→新技术引入 传统+现代

互动→多重参与

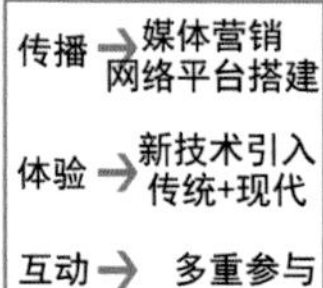

文旅产品

山林观光 / 旅游景点 / 艺术体验 / 农事体验

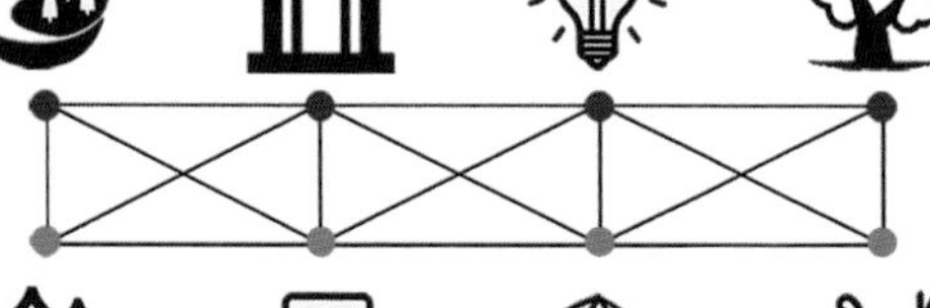

民宿度假 / 康养娱乐 / 户外活动 / 生态餐饮

以村景融合理念，将村庄景观与生活、旅游结合，打造全方位旅游体系。整合山水生态、农林花果、特产工艺、民俗文化等资源，融合露营活动、乡村研学、康养度假多功能为一体，联动生产、生活、生态。

文旅活动

类别	项目			标签	
游览	石林峡景区	景观节点	石河绿廊	乡土风情	文化展览
体验	文创工坊	林果采摘	民俗体验	艺术熏陶	农业体验
运动	山地徒步	农事劳动	趣味运动	生态氧吧	农业体验
娱乐	平谷桃花节	大地艺术节	草地音乐节	特色展览	节日庆典
居住	特色民宿	田园民居	露营帐篷	全龄友好	民宿管理
购物	特色美食	衍生产品	创意集市	生态餐饮	购物市集

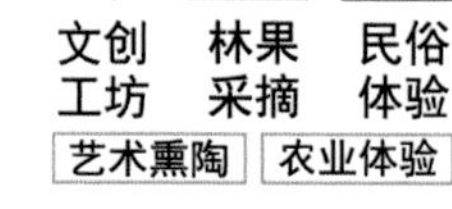

合连片发展

协作发展，利益联结

联合刁窝村周边几个村庄，打造共同发展体，不仅是空间上的连通，也是一种协同发展模式。

村群共创

政府 / 村民 / 乡村人才 / 规划师 / 企业家

共同发展理念

要素流动——信息互通、效益互显

空间互应——统一游线、空间串联

资源共享——力量聚集、快速支撑

空间聚集——特色鲜明、差异引流

多方主体参与的开发机制

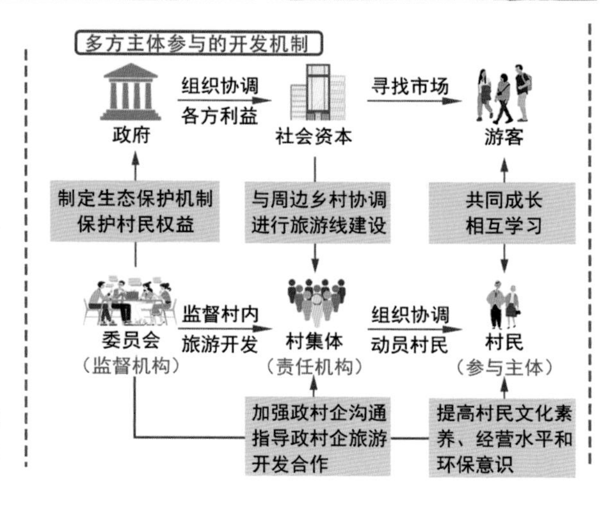

悠游山谷，畅意慢活

——基于村景融合理念的刁窝村更新设计

风险共担、收益共享的投资机制

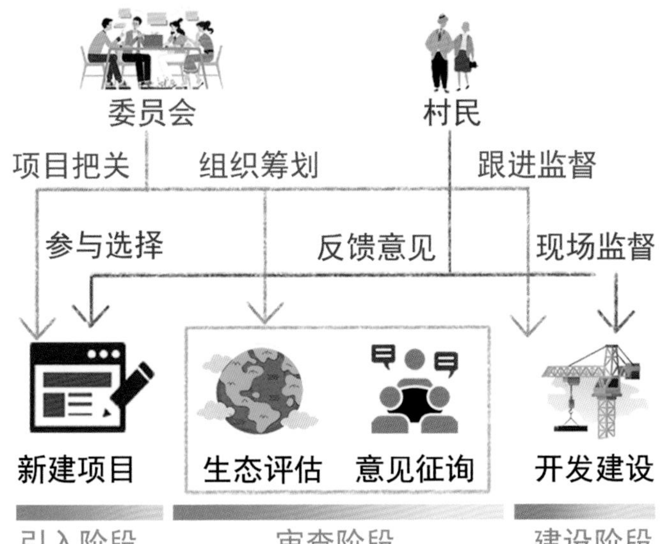

村群统筹安排，要素快速流动

村民众筹参股，发展真实收益

政府信誉担保，减小投资风险

乡村人才参与共建机制

加强外来人才及回乡人才的引入力度

建立“一对一”帮扶机制，快速熟悉村情

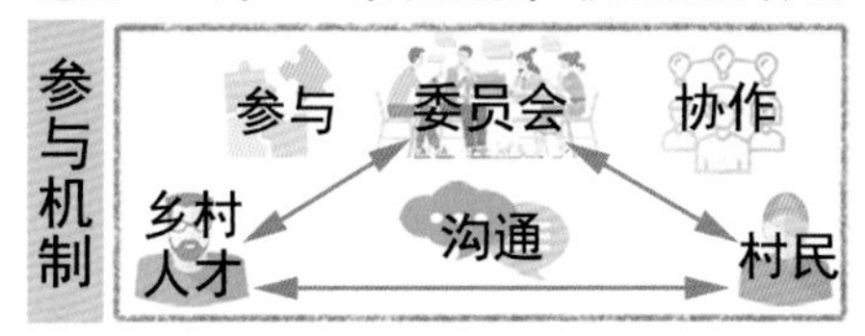

“村外人”变“村里人”的参与机制

全域旅游

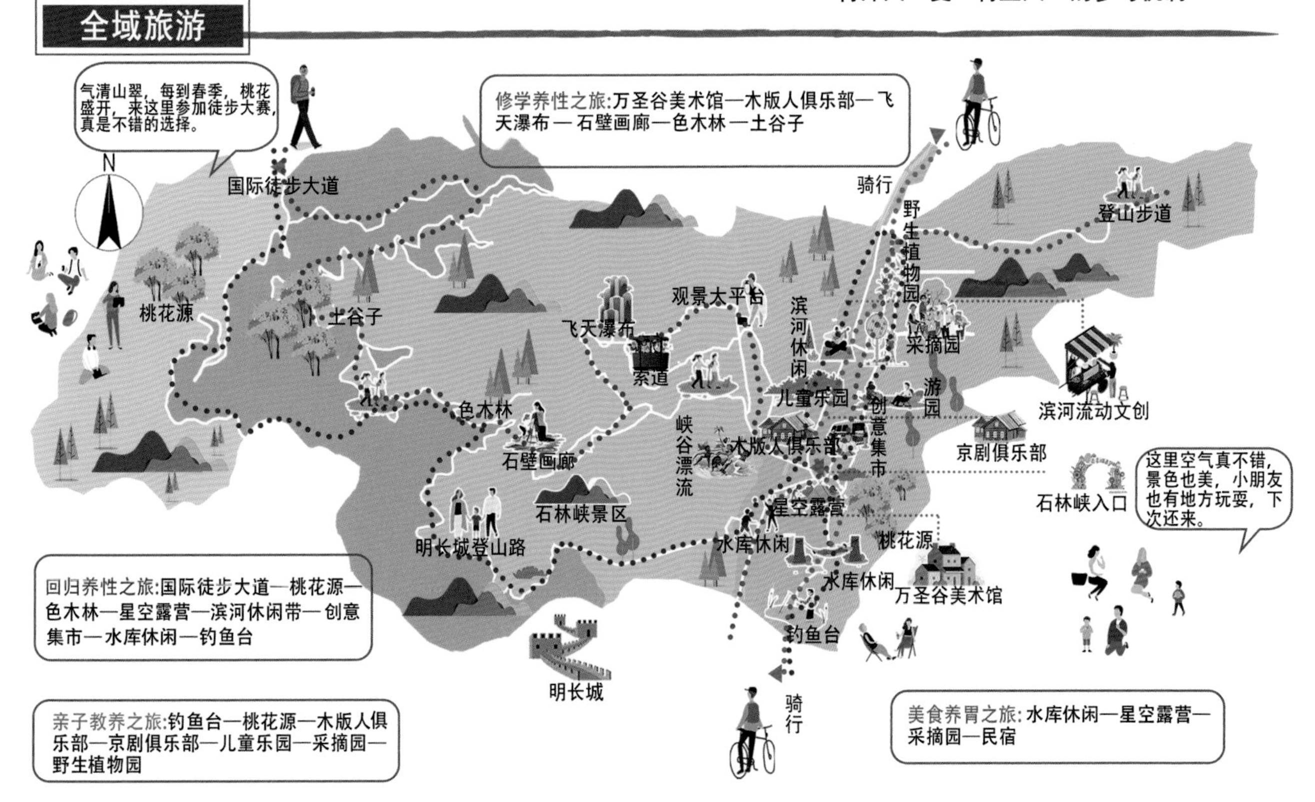

悠游山谷，畅意慢活

——基于村景融合理念的刁窝村更新设计

建筑空间设计

建筑空间改造

屋顶
（以灰瓦为主，暖红色瓦作为点缀）
青瓦　木材（深褐色）

墙面
（以红砖墙面为主，部分墙面可结合石材设计）
灰砖　土坯

地面
（增加草地，尽量减小硬质铺地面积）
草地　地砖

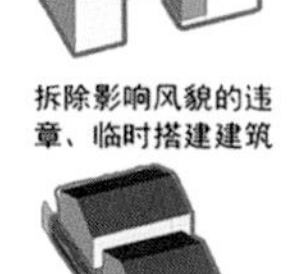

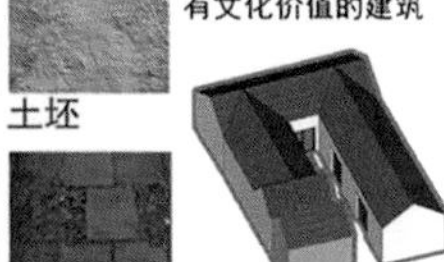
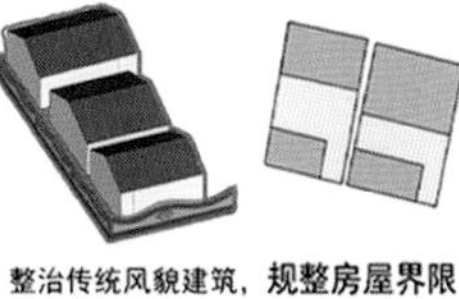

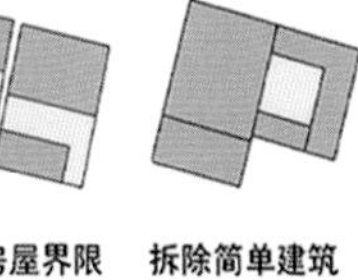
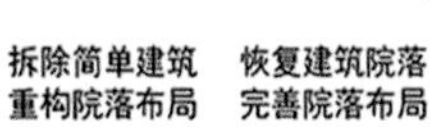

修缮质量较差但具有文化价值的建筑

拆除影响风貌的违章、临时搭建建筑

增补合适建筑，还原基地特有肌理

整治传统风貌建筑，更新建筑立面

规整房屋界限 统一建筑外观

拆除简单建筑 重构院落布局

恢复建筑院落 完善院落布局

整治建筑分布 延续院落布局

功能混乱不清，杂物摆放混乱，绿化极少。

院落清理，功能序化，植入景观。

清——清理院落内杂物

绿——植入景观绿化

整——功能分区有序化

住宅空间改造

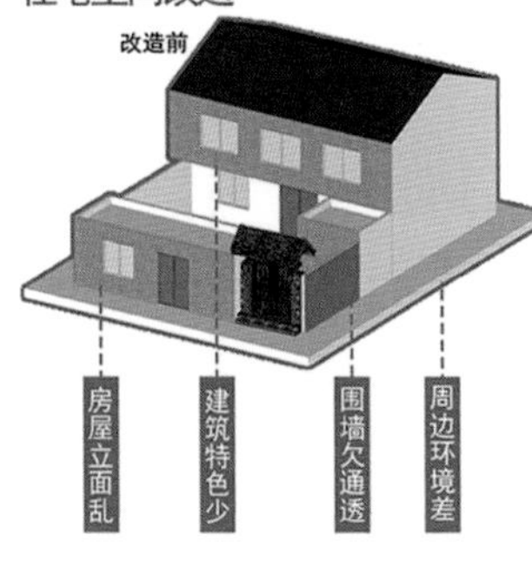

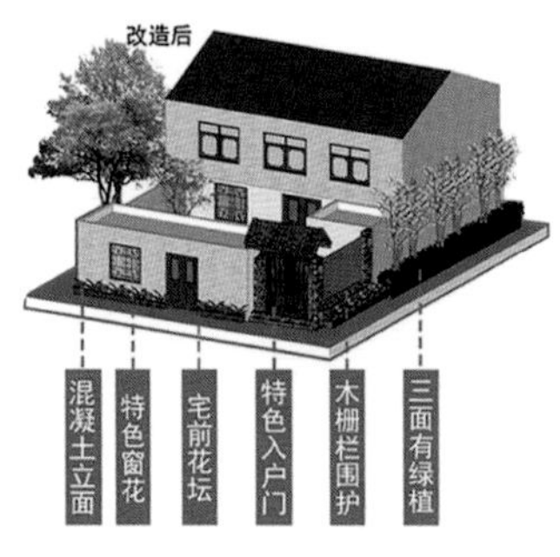
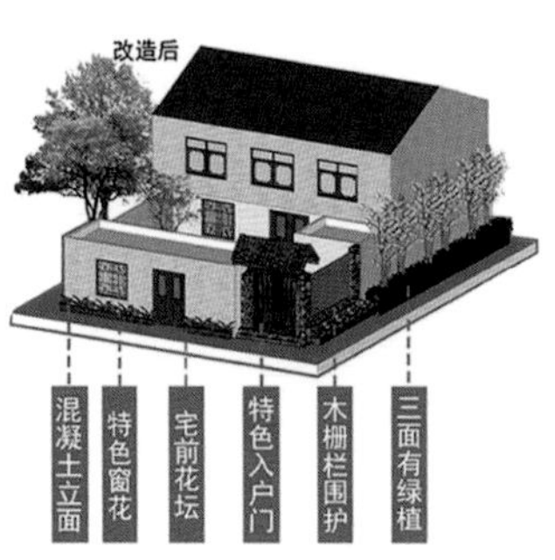

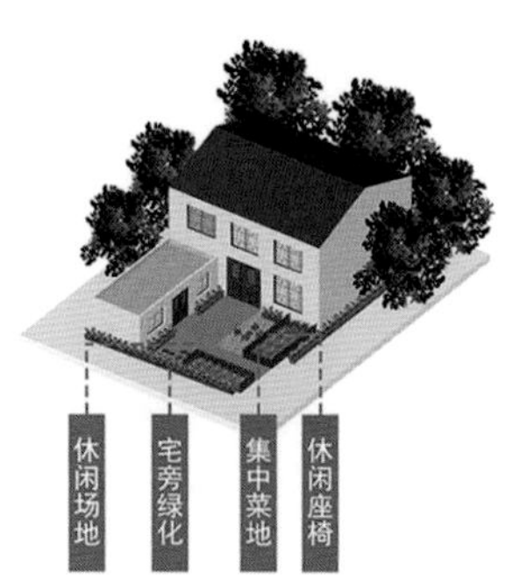

民俗空间改造

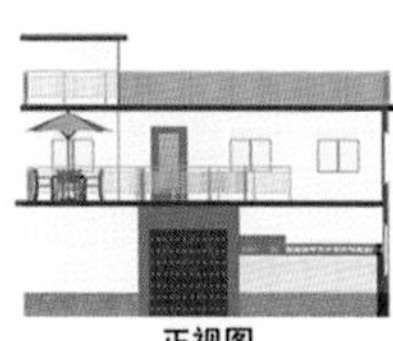
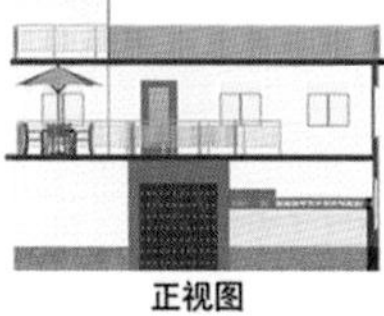
正视图

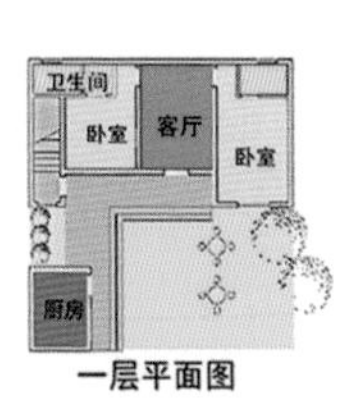

一层平面图

效果图

侧视图

二层平面图

效果图

将村庄院落重新组合，形成以下四种模式的院落，通过院落的布置，使得游客能够直接体验风土人情。

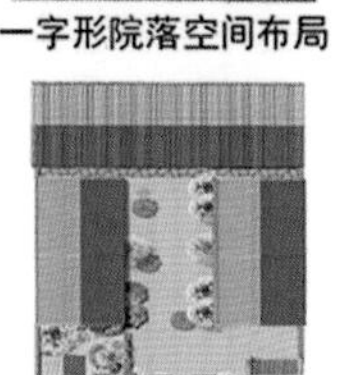
一字形院落空间布局

住宿　餐饮　种植　聊天　观赏

L形院落空间布局

住宿　餐饮　种植　聊天　观赏

三合院空间布局

住宿　餐饮　种植　聊天

四合院空间布局

住宿　餐饮　种植　聊天

街巷空间整治

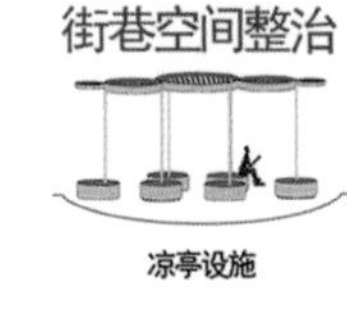
凉亭设施

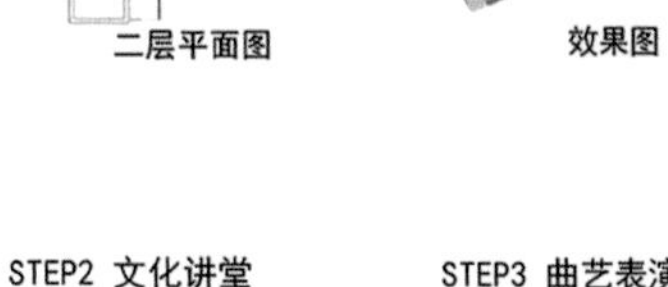

休息设施

运动设施

口袋花园

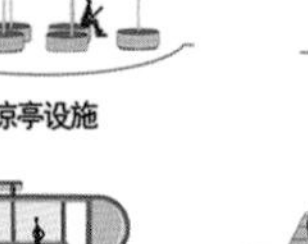
公交车站

模块化座椅

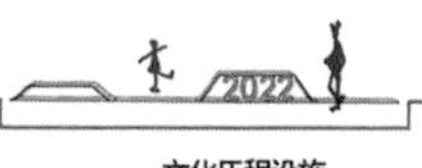

文化历程设施

文化空间嵌入

STEP1 文化墙绘

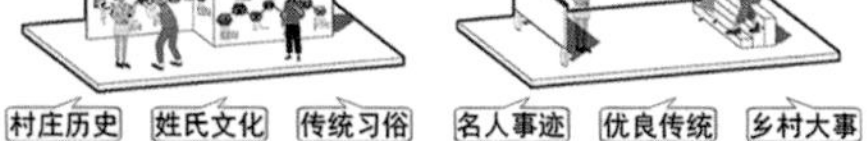

村庄历史　姓氏文化　传统习俗

STEP2 文化讲堂

名人事迹　优良传统　乡村大事

STEP3 曲艺表演

京剧表演　俱乐部　京剧普及

悠游山谷，畅意慢活

——基于村景融合理念的刁窝村更新设计

鸟瞰图

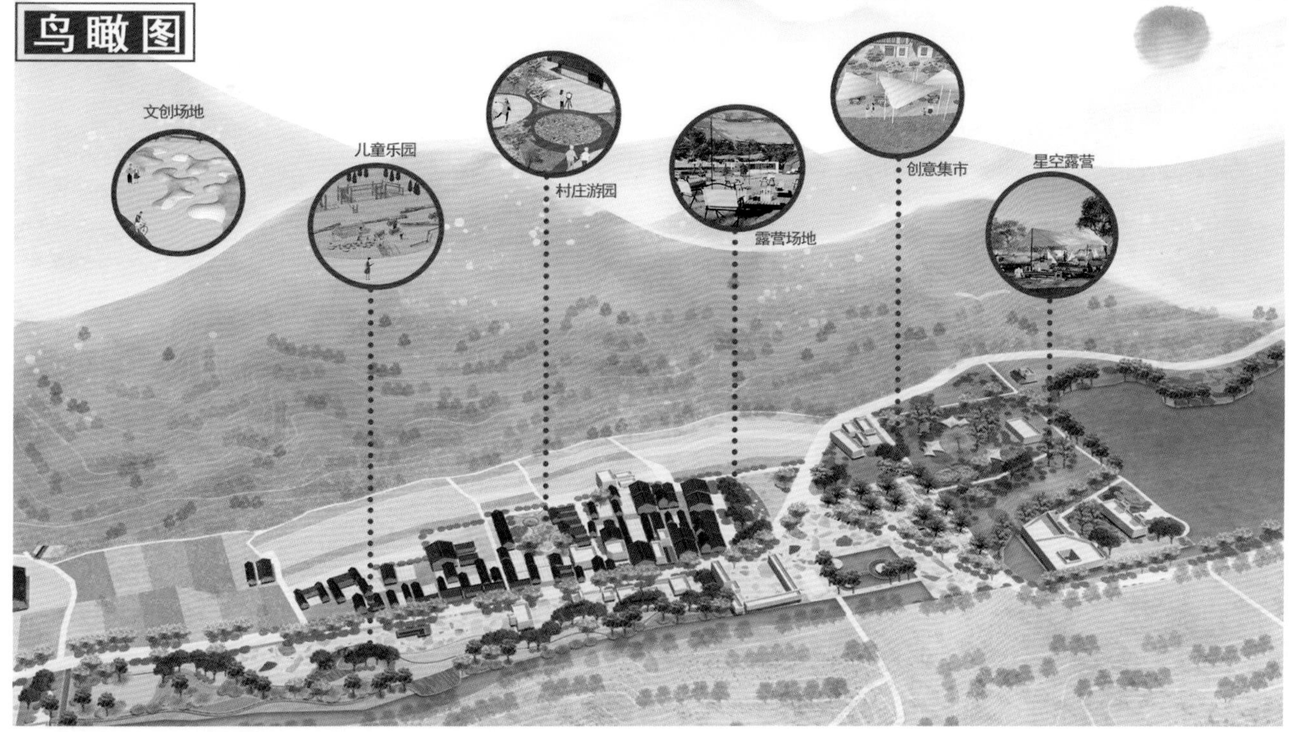
文创场地
儿童乐园
村庄游园
露营场地
创意集市
星空露营

总平面图

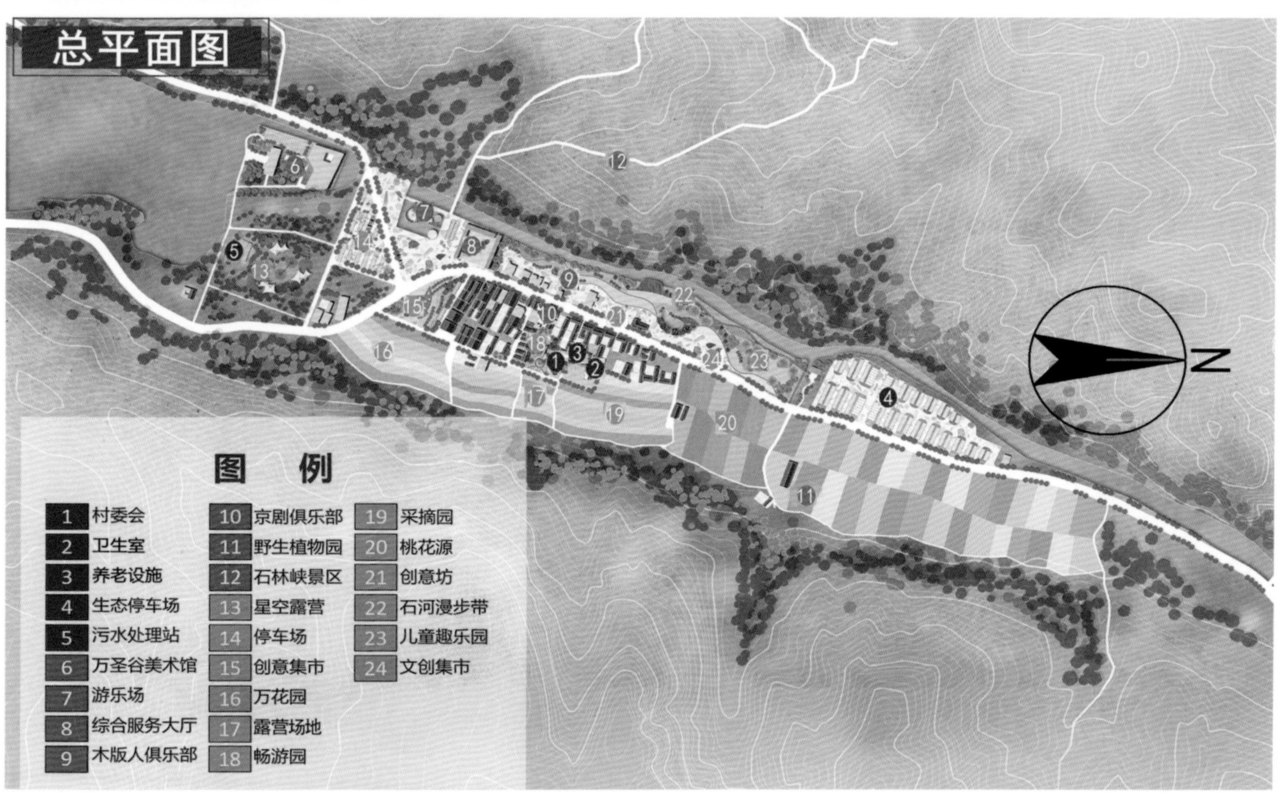
N
图 例
1 村委会
2 卫生室
3 养老设施
4 生态停车场
5 污水处理站
6 万圣谷美术馆
7 游乐场
8 综合服务大厅
9 木版人俱乐部
10 京剧俱乐部
11 野生植物园
12 石林峡景区
13 星空露营
14 停车场
15 创意集市
16 万花园
17 露营场地
18 畅游园
19 采摘园
20 桃花源
21 创意坊
22 石河漫步带
23 儿童趣乐园
24 文创集市